高等学校应用型本科计算机系列教材

C#程序设计与实例分析

郭奕　赵瑜　何建　编著

西安电子科技大学出版社

内 容 简 介

本书简明扼要地介绍了 C# 语言程序设计的基本方法和技巧。主要内容有：开发环境介绍，C# 面向对象程序设计基础，基于 C# 的计算器程序，常规 GUI 程序设计，图形图像和多媒体编程，文件操作，数据库编程，多线程和并行程序设计，网络通信程序设计，硬件编程和图书租赁系统等。

本书内容丰富，实例典型，知识讲解系统，适合作为大中专院校电子信息类相关专业的教材或参考书，也可作为软件开发人员及其他相关人员的自学参考书或培训教材。

注：本书有部分配套教学视频，有需要的老师可以联系作者，作者邮箱为：lpngy@vip.163.com。

图书在版编目(CIP)数据

C# 程序设计与实例分析/郭奕，赵瑜，何建编著. —西安：西安电子科技大学出版社，2016.5(2021.5 重印)
ISBN 978-7-5606-4087-7

Ⅰ.①C… Ⅱ.①郭… ②赵… ③何… Ⅲ.①C 语言—程序设计—高等学校—教材
Ⅳ.①TP312

中国版本图书馆 CIP 数据核字(2016)第 094587 号

策　　划　李惠萍
责任编辑　李惠萍　任倍萱
出版发行　西安电子科技大学出版社(西安市太白南路 2 号)
电　　话　(029)88202421　88201467　　邮　　编　710071
网　　址　www.xduph.com　　　　电子邮箱　xdupfxb001@163.com
经　　销　新华书店
印刷单位　陕西天意印务有限责任公司
版　　次　2021 年 5 月第 1 版第 2 次印刷
开　　本　787 毫米×1092 毫米　1/16　印　张　19.5
字　　数　459 千字
印　　数　3001～4000 册
定　　价　43.00 元
ISBN 978-7-5606-4087-7 / TP

XDUP 4379001-2
如有印装问题可调换

前　言

曾几何时，软件开发并不被人们看好。孰知风水轮流转，借着互联网技术发展的东风，程序员的春天来了。一个普通高校的本科毕业生做软件开发的薪资能够到达四千左右，工作一年之后几乎可以翻番。因此，对于高校课程的规划，也势必需要更接地气，尤其是对于非计算机专业，学习一两门程序设计语言是十分有必要的。

所谓编程，实际上就是在创造一个工具去解决用户的问题。面对一个要解决的问题，对于将要使用的编程语言的分析，应该像算法分析一样，知道一个语言的优势、劣势；知道使用这个语言能够带来的好处，以及产生的副作用。而要实现这些分析，需要对不同类型的编程语言有充分的了解，才能事半功倍。没有最好的语言，对于一个特定的问题来说，只有最适合解决问题的编程语言；而了解这些不同的语言——解决问题的工具，是相当必要的。在合适的时候，一个好的语言可以节省一个程序员大量的时间。

C#是微软公司开发的一种面向对象的、运行于.NET框架之下的高级程序设计语言。C#包含了类似Java的很多特征，它不仅拥有C++的某些执行效率和运算能力，还具备如VB一样的易用性。在2015年的程序开发语言排行榜中，C#名列前茅。在各大招聘网站上，对C#程序开发工程师的需求非常多。因此，学好C#语言，是一件很有"钱途"的事情。

本书主要介绍C#程序设计语言的应用、编程思想、软件开发的学习方法等，更主要的，对目前最新的前沿的应用案例进行分析学习，重点不在语法原理的乏味叙述，而是拟通过大量实际的案例分析提高读者的程序编写能力以及软件开发能力。

本书按内容可以分为两个主要部分。第一部分介绍软件开发的主要思想，如程序设计的基本思想介绍、VS2012开发环境介绍、面向对象程序设计基础、.NET和C#基础等，对应于第1章和第2章；剩下章节为第二部分，这部分强调通过实例分析提高读者软件开发的应用能力，每一类实例也尽量选取和信息工程相关的案例进行分析，如信号处理程序、图像处理程序、网络通信程序等。

全书基础知识介绍清晰，理论联系实际，具有很强的操作性。书中所举的实例涉及的知识面比较宽，不但复习了前面所学的内容，还增加了一定的创作技巧，同时，在介绍实例的同时，还提出了大量的衍生问题和练习，从而使读者能够举一反三，更全面地掌握C#程序设计语言。

本书在讲解过程中引用了大量的实例，且每个实例都包括了详细的操作步骤和技巧提示。实例之后所给的扩展思考问题，有助于初学者理解和把握问题的精髓，从而使他们能够在短时间内迅速掌握C#程序设计的方法，并能将其运用到实际项目开发过程中去。

本书适合作为电子信息工程专业本科高年级学生的教材，也适用于具有C语言和数据结构的基础知识，同时也学习过通信原理、移动通信、计算机网络等专业基础知识，而需要将这些专业知识和实际应用相结合的读者。

本书由西华大学电气与电子信息学院的郭奕、四川大学的赵瑜、电子科技大学自动化工程学院的何建共同编著。其中，郭奕为主编，负责编写第 1 章、第 2 章、第 3 章、第 5 章和第 10 章；赵瑜编写了第 4 章、第 6 章和第 8 章；何建编写了第 7 章、第 9 章和第 11 章。另外，肖舒予、李琼、徐冕、陈勇洁、廖唯宇、罗靖东、韩聪等参与了本书的整理、核对工作，在此一并表示感谢。

由于编者水平有限，加之时间仓促，当初的很多想法没有能够完全在书中展现出来，书中难免存在疏漏和不足之处，恳请专家和广大读者指正。

最后还想提醒读者，程序设计是一件非常辛苦的工作，不断变更的需求，不断涌现的 bug，每天都要加班，还有一堆的新技术要学。不过，快乐是发自内心的一种心态，是自己给自己的，希望大家坚持锻炼身体，保持一个好的心态，乐观面对生活，笑对人生，做个快乐的程序员。

编　者
2016 年 4 月

目　　录

第一部分　C#开发基础

第二部分　C#开发实例

第一部分　C#开发基础

第1章　开发环境介绍

　　C# 语言是 Microsoft .NET 框架重点推出的开发语言，它具备 C++ 语言的安全性能和 VB 语言的快速开发特点，简单地说，C# 其实就是一种基于 Microsoft .NET 平台上的编程开发语言。想要了解 C# 语言，必须了解基本的 .NET 的相关知识。本章将从以下几个方面进行介绍：NET 框架介绍，C# 的产生和发展，C# 和.NET 的关系，VS2012 开发环境介绍，C# 基本语法。

1.1　.NET 框架和 C# 语言概述

1.1.1　.NET 框架

　　.NET 技术到底是什么？一直以来就不断有人问这个问题，我们的回答总是随着时间的流逝而改变：最早我们说这是一个新的平台，后来说这是 Microsoft 的一个新战略。但是，现在的回答是：.NET 是一个概念，是一种构想，或者是微软的一个梦想。

　　对于 Microsoft .NET，微软官方有如下描述：

　　".NET 是 Microsoft 用以创建 XML Web 服务的平台，该平台将信息、设备和人以一种统一的、个性化的方式联系起来。"

　　"借助于 .NET 平台，可以创建和使用基于 XML 的应用程序、进程和 Web 站点以及服务，它们之间可以在任何平台或智能设备上共享和组合信息与功能，以向单位和个人提供定制好的解决方案。"

　　".NET 是一个全面的产品家族，它建立在行业标准和 Internet 标准之上，提供开发(工具)、管理(服务器)、使用(构造块服务和智能客户端)以及 XML Web 服务体验(丰富的用户体验)。.NET 将成为您今天正在使用的 Microsoft 应用程序、工具和服务器的一部分，同时，新产品不断扩展 XML Web 的服务能力以满足您的所有业务需求。"

　　这样晦涩的定义显然让初学者无法理解 .NET 到底是什么。其实我们不妨从微软公司为什么要提出 ".NET" 的角度进行理解。

　　一是微软公司先后推出了很多程序设计工具，如 Visual FoxPro、Visual Basic、Visual C、Visual C++ 等。这些开发工具采用不同的技术和不同的标准，开发出的应用程序只能在特定的环境下运行。比如，某公司采用某个版本的 Visual Basic 开发了一套业务系统，几年后，随着环境和业务需求的变化，决定采用 Visual C 开发新的业务系统。对于程序员来讲，以前用 Visual Basic 开发的应用系统几乎是废纸一堆，没有任何可以借鉴的东西。这是因为不同的标准、不同的运行环境导致了系统无法进行移植。

二是 Java 的成功让微软公司感觉到了竞争的压力。读者可能多少听说或者使用过 Java，Java 的"一次编写，到处运行"的跨平台特性轻易地征服了很多程序员。设想一下，你在 Windows 平台下开发的 Java 程序几乎可以原封不动地在 UNIX、Linux 环境下运行，而如果 Visual Basic 在 Windows 平台下开发的应用程序在 UNIX 或者 Linux 上几乎无法运行，那么你为什么不想学习 Java 呢？

　　正是基于上述两个主要的原因，微软公司利用自身的技术优势，在 2001 年首次提出了".NET"的概念。

　　".NET"的最终目的就是允许程序员利用各种不同的开发语言开发应用系统，但是在一个统一的".NET 框架"支持下可以跨平台互相交换和传递信息。不论是利用 Visual Basic.NET、Visual C# .NET、Visual J# .NET，还是 Visual C++ 开发的应用系统，最后在".NET 框架"支持下都可以跨平台相互交换和传递信息。程序员可以选用自己熟悉的语言进行开发，使这些系统之间具有良好的信息交换能力。

　　图 1-1 展示了 .NET 的框架结构。从图中可以看出，.NET 平台是由 .NET 框架和 .NET 开发工具两部分组成的。.NET 框架是整个开发平台的基础，包括公共语言运行时(Common Language Runtime，CLR)和 .NET 类库。公共语言运行时类似于 Java 虚拟机，负责内存管理和程序执行，是 .NET 的基础。.NET 类库是一个与公共语言运行时紧密集成的可重用的类型集合。.NET 开发工具包括 Visual Studio.NET 集成开发环境和 .NET 编程语言。.NET 编程语言包括 Visual Basic、Visual C++ 和新的 Visual C# 等，用于创建运行在公共语言运行时上的应用程序。

Visual Basic.Net	C#	托管C#	Jscript.NET	其他语言			
公共语言规范（CLS）							
ASP.NET Web 应用Web服务	Windows 应用程序	控制台 应用程序	WCF(Windows 通信基础)	WPF(Windows 呈现基础)	WWF(Windows 工作流基础)	WCS(Windows 卡空间)	
.NET框架基础类库							
公共语言运行时							
操 作 系 统							

图 1-1　.NET 框架结构

1.1.2　C# 和 .NET 的关系

　　C# 是 Microsoft 公司在 C++ 和 Java 两种编程语言的基础上针对 Microsoft .NET 框架开发的一种语言。C# 语言是一种简单、现代、优雅、面向对象、类型安全、平台独立的新型组建编程语言，其语法风格源于 C/C++ 家族，融合了 Visual Basic 的高效和 C/C++ 的强大，是 Microsoft 为奠定互联网霸主地位而打造的 Microsoft .NET 平台的主流语言。C# 一经推出便以其强大的操作能力、优雅的语法风格、创新的语言特性、便捷的面向组件编程的支持而深受世界各地程序员的好评和喜爱。

　　Microsoft 对 C# 的描述如下：

　　(1) C# 是一种简单、现代化、面向对象并且类型安全的程序设计语言，它从 C 和 C++

衍生而来；

　　(2) C# 紧密地植根于 C 和 C++ 的基础之上，因此 C 和 C++ 程序员可以很快熟悉它；

　　(3) C# 的设计意图是要将 Visual Basic 的高生产率和 C++ 直接访问机器的强大能力结合起来。

　　如果过去没有其他语言的编程经验，用 C# 编程则是一个良好的开端。如果有过其他语言的基础，就会发现 C# 除了像 VB 一样简单易学外，还是一种拥有强大功能的语言。甚至连 ASP.NET 平台也是完全通过 C# 语言开发的，这就决定了 C# 语言得天独厚的优势。但是在任何情况下，C# 语言都不可能孤立地使用，它必须和 Microsoft .NET Framework 一起使用，因为 C# 编写的所有代码总是在 Microsoft .NET Framework 中运行的。

　　有一个很重要的问题要弄明白：C# 就其本身而言只是一种语言，尽管它用于生成面向 .NET 环境的代码，但它本身并不是 .NET 的一部分。.NET 支持的一些特性，C# 并不支持；而 C# 语言支持的另一些特性，.NET 也不支持(例如运算符重载)。

　　但是，因为 C# 语言是和 .NET 一起使用的，所以如果要使用 C# 高效地开发应用程序，理解 Framework 就非常重要。

　　C# 程序在 .NET Framework 上运行，.NET Framework 是 Windows 的一个必要组件，包括一个称为公共语言运行时(CLR)的虚拟执行系统和一组统一的类库。CLR 是 Microsoft 的公共语言基础结构(CLI)的一个商业实现。CLI 是一种国际标准，是创建语言和库在其中无缝协同工作的执行和开发环境的基础。

1.1.3　.NET 程序的编译

　　用 C# 编写的源代码被编译为一种符合 CLI 规范的中间语言(IL)。IL 代码与资源(如位图和字符串)一起作为一种称为程序集的可执行文件存储在磁盘上，通常具有的扩展名为 .exe 或 .dll。程序集包含清单，它提供关于程序集的类型、版本、区域性和安全要求等信息。

　　执行 C# 程序时，程序集将加载到 CLR 中，这可能会根据清单中的信息执行不同的操作。如果符合安全要求，CLR 执行实时(JIT)编译以将 IL 代码转换为本机机器指令。CLR 还提供自动垃圾回收、异常处理和资源管理有关的其他服务。由 CLR 执行的代码有时称为"托管代码"，它与编译为面向特定系统的本机机器语言的"非托管代码"相对应。图 1-2 展示了 C# 源代码文件、基类库、程序集和 CLR 的编译时与运行时的关系。

　　语言互操作性是 .NET Framework 的一个关键功能。由于由 C# 编译器生成的 IL 代码符合公共类型规范(CTS)，因此从 C# 生成的 IL 代码可以与从 Visual Basic、Visual C++、Visual J# 的 .NET 版本或者其他 20 多种符合 CTS 的语言中的任何一种生成的代码进行交互。单一程序集可能包含用不同 .NET 语言编写的多个模块，并且类型可以相互引用，就像它们是用同一种语言编写的一样。

　　除了运行时服务，.NET Framework 还包含一个由 4000 多个类组成的内容详尽的库，这些类被组织为命名空间，为从文件输入和输出到字符串操作、到 XML 分析、到 Windows 窗体控件的所有内容提供多种有用的功能。典型的 C# 应用程序使用 .NET Framework 类库广泛地处理常见的"日常"任务。

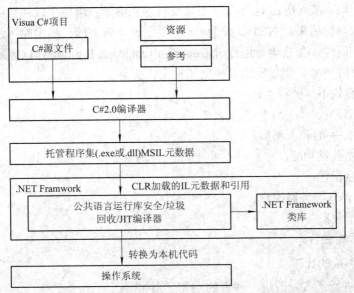

图 1-2　C# 源代码文件、基类库、程序集和 CLR 的编译时与运行时的关系

更简单地说，为了实现多语言开发，.NET 编写的程序都不是直接编译为本地代码的，而是编译成微软中间语言(Microsoft Intermediate Language，MSIL)代码，再由即时编译器 JIT(Just In Time)转换成机器代码。图 1-3 说明了 .NET 的编译原理。

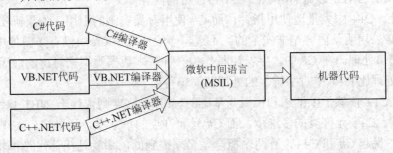

图 1-3　.NET 编译原理

1.1.4　C# 语言及其特点

C# 读做 "C sharp"，中文也读为 "C 井"。C# 是一种安全的、稳定的、简单的、优雅的、由 C 和 C++ 衍生出来的面向对象的编程语言。它在继承 C 和 C++ 强大功能的同时去掉了它们的一些复杂特性(例如没有宏和模板，不允许多重继承)。C# 综合了 VB 简单的可视化操作和 C++ 的高运行效率，以其强大的操作能力、优雅的语法风格、创新的语言特性和便捷的面向组件编程的支持成为 .NET 开发的首选语言，并且 C# 成为 ECMA 与 ISO 的标准规范。C# 看似基于 C++ 写成，但又融入了 Pascal、Java、VB 等其他语言。

C# 是微软公司在 2000 年 7 月发布的一种全新且简单、安全、面向对象的程序设计语言，是专门为 .NET 的应用而开发的语言。它吸收了 C++、Visual Basic、Delphi、Java 等语言的优点，体现了当今最新的程序设计技术的功能和精华。C# 继承了 C 语言的语法风格，同时又继承了 C++ 的面向对象特性。不同的是：C# 的对象模型已经面向 Internet 进行了重新设计，使用的是 .NET 框架的类库；C# 不再提供对指针类型的支持，使得程序不能随便访问内存地址空间，从而更加健壮；C# 不再支持多重继承，避免了以往类层次结构中由于多重继承带来的可怕后果。.NET 框架为 C# 提供了一个强大的、易用的、逻辑结构一致的程序设计环境。同时，公共语言运行时(Common Language Runtime)为 C# 程序语言提供了一个托管的运行时环境，使程序比以往更加稳定、安全。

C# 语言具有如下一些特点：

① 语言简洁；

② 保留了 C++ 的强大功能；

③ 快速应用开发功能；

④ 语言的自由性；

⑤ 强大的 Web 服务器控件；

⑥ 支持跨平台；

⑦ 与 XML 相融合。

1．C# 与 C++ 的比较

C# 对 C++ 进行了多处改进，两者的主要区别如下：

(1) 编译目标。C++ 代码直接编译为本地可执行代码，而 C# 默认编译为中间语言(IL)代码，执行时再通过 Just-In-Time 将需要的模块临时编译成本地代码。

(2) 内存管理。C++ 需要显式地删除动态分配给堆的内存，而 C# 不需要这么做，C# 采用垃圾回收机制自动在合适的时机回收不再使用的内存。

(3) 指针。C++ 中大量地使用指针，而 C# 使用对类实例的引用，如果确实想在 C# 中使用指针，必须声明该内容是非安全的。不过，一般情况下 C# 中没有必要使用指针。

(4) 字符串处理。在 C# 中，字符串是作为一种基本数据类型来对待的，因此在 C# 中对字符串的处理比 C++ 中对字符串的处理要简单得多。

(5) 库。C++ 依赖于以继承和模板为基础的标准库，C# 则依赖于 .NET 基库。

(6) 继承。C++ 允许类的多继承，而 C# 只允许类的单继承，通过接口实现多继承。

实际上，说起 C# 和 C++，有两个概念是必须提到的，那就是托管代码和非托管代码。

在前文中我们多次提到，.NET Framework 具有两个主要组件：公共语言运行库和 .NET Framework 类库。公共语言运行库是 .NET Framework 的基础。我们可以将运行库看做一个在执行时管理代码的代理，它提供核心服务(如内存管理、线程管理和远程处理)，而且还强制实施严格的类型安全性要求以及可确保安全性和可靠性的其他形式的代码准确性。事实上，代码管理的概念是运行库的基本原则。以运行库为目标的代码称为托管代码，而不以运行库为目标的代码称为非托管代码。在运行库的控制下执行的代码称做托管代码。相反，在运行库之外运行的代码称做非托管代码。COM 组件、ActiveX 接口和 Win32 API 函数都是非托管代码的示例。我们可以简单地理解为 C# 编写的代码大多都是托管代码，而 C++ 编写的代码大多都是非托管代码。当我们在 C# 程序中需要调用 Windows API 或其他语言编写的 DLL 时，或者是想用托管 C++ 包装现有的 DLL 供 C# 调用时，就会涉及托管代码和非托管代码之间的相互调用问题。具体的实现方式将在后续章节中介绍。

2．C# 与 Java 的比较

(1) C# 面向对象的程度比 Java 高，C# 中的基本类型都是面向对象的。

(2) C# 具有比 Java 更强大的功能。

(3) C# 语言的执行速度比 Java 快。

1.2 VS2012 开发环境介绍

每一个正式版本的 .NET 框架都会有一个与之对应的高度集成的开发环境(IDE)，微软称之为 Visual Studio(VS)，也就是可视化工作室，目前的最新版本为 Visual Studio 2015 版本，基于 .NET Framework 4.5.2，而比较常用的是 Visual Studio 2012。本书的所有案例都是在 VS2012 环境下实现的，因此下面将重点介绍 VS2012 集成开发环境。

1.2.1 安装 Visual Studio 2012

Visual Studio 2012 包括收费版和免费版，收费版包括以下一些版本：

- Ultimate 2012 with MSDN 旗舰版。该版本包含最全的 Visual Studio 套件功能及 Ultimate MSDN 订阅。除包含 Premium 版的所有功能外，还包含可视化项目依赖分析组件、重现错误及漏洞组件(IntelliTrace)、可视化代码更改影响、性能分析诊断、性能及负载测试及架构设计工具。
- Premium 2012 with MSDN 高级版。该版本包含 Premium 版 MSDN 订阅，除包含 Professional 2012 with MSDN 所有功能外，还包含同级代码评审功能、多任务处理时的挂起恢复功能(TFS)、自动化 UI 测试功能、测试用例及测试计划工具、敏捷项目管理工具、虚拟实验室、查找重复代码功能及测试覆盖率工具。
- Professional 2012 with MSDN 专业版。该版本包含 Professional 版 MSDN 订阅，除了包含 Professional 2012 所有功能包外，WindowsTFS 生产环境许可以及在线持续获取更新的服务。
- Professional 2012 专业版。该版本包含在一个 IDE 中为 Web、桌面、服务器、Azure 和 Windows Phone 开发解决方案的功能，应用程序调试、分析及代码优化的功能，通过单元测试进行代码质量验证的功能。
- Test Professional 2012 with MSDN 测试专业版。该版本包含 Test Professional 版本的 MSDN 订阅，包含测试、质量分析、团队管理的功能，但不包含代码编写及调试的功能，拥有 TFS 生产环境授权及包含 WindowsAzure 账号、Windows 在线商店账号、Windows Phone 商店账号。

除此之外，Visual Studio 2012 也提供了适合于学生和初学者的免费版本 Visual Studio Express 2012(速成版)。具体包括：

- Visual Studio Express 2012 for Web：针对 Web 开发者。
- Visual Studio Express 2012 for Windows 8：针对 Windows UI(Metro)程序的开发者。
- Visual Studio Express 2012 for Windows Desktop：针对传统 Windows 桌面应用开发者。
- Visual Studio Express 2012 for Windows Phone：针对 Windows Phone 7/7.5/8 应用的开发者。

安装 Visual Studio 2012 编程环境之前，首先应检查计算机硬件、软件系统是否符合要求。完全安装 Visual Studio 2012 编程环境后占用的空间大约在 10 GB，所以在安装前，应确保有足够的硬盘空间。具体的安装过程如下：

(1) 双击 Microsoft Visual Studio 2012 简体中文版安装程序的 Setup.exe 文件，会出现如图 1-4 所示的提示界面。提示界面之后，会出现如图 1-5 所示的安装主界面。

图 1-4　安装文件提示界面　　　　　　　　图 1-5　安装主界面

(2) 在图 1-5 所示界面中选中"我同意许可条款和条件(T)"，会出现如图 1-6 左图所示的界面，单击"下一步"按钮，进入如图 1-6 右图所示的安装界面。在该界面中单击"安装"按钮，进入安装进度界面(见图 1-7 左图)。

图 1-6　安装功能选择界面

（3）安装进度完成后，会出现安装成功界面(见图 1-7 右图)。

图 1-7　安装进度和成功提示

（4）安装成功后，在安装成功提示界面中单击"启动"按钮，会出现如图 1-8 所示的选择默认开发环境的提示界面。

图 1-8　开发语言选择界面

（5）在图 1-8 所示界面中，选择 Visual C# 开发设置，然后单击"启动 Visual Studio"按钮，进入 VS2012 的集成开发环境主界面，如图 1-9 所示。

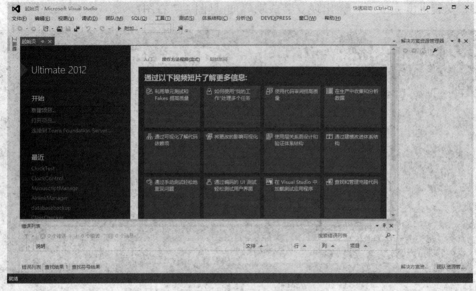

图 1-9　VS2012 主界面

1.2.2　集成开发环境的使用

1. 创建 C# .Net 项目

从开始菜单或桌面快捷方式启动 VS2012 集成开发环境：

(1) 选择"文件"->"新建"->"项目"菜单命令，弹出"新建项目"对话框，如图 1-10 所示。

图 1-10　"新建项目"对话框

(2) 在图 1-10 所示的"新建项目"对话框的左侧窗格显示了可以创建的项目类型，中间窗格显示了与选定的项目类型相对应的项目模版。在该对话框左侧选择"Visual C#"，再从中间窗格列出的模板中选择"控制台应用程序"或者"Windows 窗体应用程序"模板。选择完模板之后，在"名称"文本框中输入项目名称，并选择适当的保存位置，然后点击"确定"按钮，即可创建一个新的 C# 项目。

2．管理项目中的资源

当创建了一个新的项目之后，就可以利用"解决方案资源管理器"窗口对项目进行管理，可以浏览当前项目包含的所有资源，也可以向项目中添加新的资源，或者修改、复制和删除已经存在的资源，如图 1-11 所示。

图 1-11　解决方案资源管理器窗口

在项目的名称上点击鼠标右键，会弹出如图 1-12 所示的菜单，通过该菜单提供的功能，可以对该项目进行一些操作，包括编译生成可执行程序、重命名等。图中显示的就是选择了"添加"之后弹出的子菜单，通过该菜单中的内容，可以在该解决方案中添加项目。

图 1-12　项目名称右键菜单

3．使用"工具箱"

"工具箱"窗口中包含了可重用的控件，用于定义应用程序。使用可视化的方法编程时，可在窗体中拖放控件绘制出应用程序界面。"工具箱"中的控件分为几组，如"组件"

组、"菜单和工具栏"组、"数据"组等，通过单击组名称可展开一个组。工具箱界面如图1-13 所示。

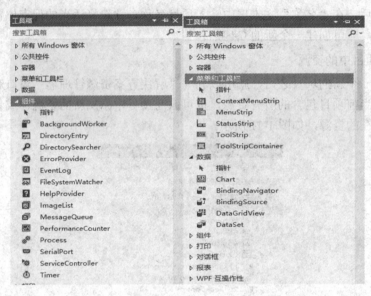

图 1-13　【工具箱】窗口

4. 使用"类视图"

"类视图"窗口用于显示正在开发的应用程序中定义、引用或调用的符号。【类视图】窗口有两个窗格：上部分"对象"窗格和下部分"成员"窗格。"对象"窗格包含一个可以展开的符号树，其顶级节点表示项目。"成员"窗格中列出了属性、方法、事件、变量和包含的其他项。在"类视图"窗口中双击类名，会在主工作区中打开这个类的代码；而双击类的成员，会在主工作区中显示该成员的代码。类视图的界面如图 1-14 所示。

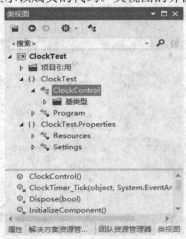

图 1-14　"类视图"窗口

5. 使用"属性"

"属性"窗口用于设置控件的属性。属性定义了控件的信息，如大小、位置和颜色等。"属性"窗口左边一栏显示了控件的属性名，右边一栏显示属性的当前值。同时，该控件的事件也在属性页中显示，可通过顶端的按钮进行切换，如图 1-15 所示。

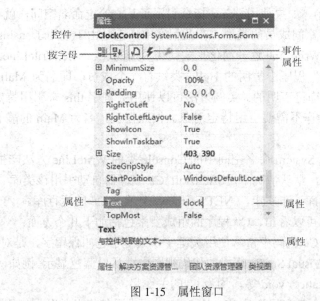

图 1-15 属性窗口

1.3 C# 语法基础

在继续进行更深入的分析和介绍之前，我们首先介绍一下 C# 的基本语法，包括 C# 的程序组成、基本编码规则、数据类型以及简单的流程控制方法等。

1.3.1 基本编码规则

1. C#程序的组成要素

按照惯例，我们还是从 Hello World 程序开始分析 C# 的基本语法。以下代码便是最简单的在屏幕上输出 Hello World 的程序代码。

```
using System;
class Hello
{
    static void Main() {
        Console.WriteLine("Hello，World");
        Console.ReadKey();
    }
}
```

C# 源文件的扩展名通常是 .cs，当此应用程序运行时，输出结果如下：

```
Hello，World
```

"Hello，World" 程序的开头是一个 using 指令，它引用了 System 命名空间。命名空间提供了一种分层的方式来组织 C# 程序和库。命名空间中包含了类型及其他命名空间，例如,System 命名空间包含若干类型(如此程序中引用的 Console 类)以及若干其他命名空间(如 IO 和 Collections)。如果使用 using 指令引用了某一给定命名空间,就可以通过非限定方式使用作为该命名空间成员的类型。在此程序中,正是由于使用了 using 指令,因此我们可以使用 Console.WriteLine 这一简化形式代替 System.Console.WriteLine。

"Hello,World"程序中声明的 Hello 类只有一个成员,即名为 Main 的方法。Main 方法是使用 static 修饰符声明的。实例方法可以使用关键字 this 来引用特定的封闭对象实例,而静态方法的操作不需要引用特定对象。按照惯例,名为 Main 的静态方法将作为程序的入口点。

该程序的输出由 System 命名空间中的 Console 类的 WriteLine 方法产生。此类由 .NET Framework 类库提供,默认情况下,Microsoft C# 编译器自动引用该类库。注意,C# 语言本身没有单独的运行库。事实上,.NET Framework 就是 C# 的运行库。

从上面的例子中可以看出,C# 程序的组成要素包括如下几个方面:

(1) 关键字。在 C# 代码中常常使用关键字,关键字也叫保留字,是对 C# 有特定意义的字符串。关键字在 Visual Studio 环境的代码视图中默认以蓝色显示。例如,代码中的 using、namespace、class、static、void 等,均为 C#的关键字。

(2) 命名空间。命名空间既是 Visual Studio 提供系统资源的分层组织方式,也是分层组织程序的方式。因此,命名空间有两种,一种是系统命名空间,一种是用户自定义命名空间。系统命名空间使用 using 关键字导入,System 是 Visual Studio.NET 中的最基本的命名空间,在创建项目时,Visual Studio 平台都会自动生成并导入该命名空间,并且放在程序代码的起始处。用户自定义命名空间需要先引用了相应的动态链接库之后,再用 using 关键字导入。

(3) 类和方法。C# 中,必须用类来组织程序的变量与方法。C# 要求每个程序必须且只能有一个"Main"方法。"Main"方法必须放在某一个类中。"Main"方法是应用程序的入口。

(4) 语句。语句就是 C# 应用程序中执行操作的指令。C# 中的语句必须用分号";"结束。可以在一行中书写多条语句,也可以将一条语句书写在多行上。

(5) 大括号。在 C# 中,括号"{"和"}"是一种范围标志,是组织代码的一种方式,用于标识应用程序中逻辑上有紧密联系的一段代码的开始与结束。大括号可以嵌套,以表示应用程序中的不同层次。

2. C# 程序的格式

1) 缩进与空格

缩进用于表示代码的结构层次,这在程序中不是必须的,但是缩进可以清晰地表示程序的结构层次,在程序设计中应该使用统一的缩进格式书写代码。

空格有两种作用:一种是语法要求,必须遵守;一种是为使语句不至于太拥挤而加的。例如:

```
int i = 3;
```

2) 字母大小写

C# 中的字母可以大小写混合,但是必须注意的是,C# 把同一字母的大小写当作两个不同的字符对待，如，大写"A"与小写"a"对 C# 来说，是两个不同的字符。

　　3) 注释

　　C# 中的注释基本有两种，一是单行注释，一是多行注释。单行注释以双斜线"//"开始，不能换行。多行注释以"/*"开始，以"*/"结束，可以换行。

1.3.2　主要数据类型

1. 整数类型

　　整数类型又分有符号整数与无符号整数。有符号整数可以带正负号，无符号整数不需带正负号，默认为正数。

　　有符号整数包括 sbyte(符号字节型)、short(短整型)、int(整型)、long(长整型)。

　　无符号整数包括 byte(字节型)、ushort(无符号短整型)、uint(无符号整型)、ulong(无符号长整型)。

2. 实数类型

　　实数类型包括 float(单精度浮点型)、double(双精度浮点型)、decimal(十进制型)。

3. Unicode 字符集

　　Unicode 字符集是一种重要的通用字符编码标准，是继 ASCII 字符码后的一种新字符编码，如 UTF-16 允许用 16 位字符组合为一百万或更多的字符。C#支持 Unicode 字符集。

4. char(字符型)

　　char(字符型)的数据范围是 0～65 535 之间的 Unicode 字符集中的单个字符，占用 2 个字节(注意，这个与 C++ 中的 char 类型不一样)。char(字符型)表示无符号 16 位整数，char(字符型)的可能值集与 Unicode 字符集相对应。

5. string(字符串型)

　　string(字符串型)指任意长度的 Unicode 字符序列，占用字节根据字符多少而定。string(字符串型)表示包括数字与空格在内的若干个字符序列，允许只包含一个字符的字符串，甚至可以是不包含字符的空字符串。

6. bool(布尔型)

　　bool(布尔型)表示布尔逻辑量。bool(布尔型)的数据范围是"true"(真)和"false"(假)。bool(布尔型)占用一个字节。bool(布尔型)的值"true"(真)和"false"是关键字。

7. object(对象型)

　　object(对象型)可以表示任何类型的值，其占用字节视具体表示的数据类型而定。

　　object(对象型)是所有其他类型的最终基类。C# 中的每种类型都是直接或间接从 object 类型派生出来的。

1.3.3　变量与常量

1. 变量命名规则

　　在 C# 中，变量命名规则如下：

(1) 变量名的第一个字符必须是字母(包括汉字)或下划线，其余字符必须是字母(包括汉字)、数字或下划线，不能是空格。

(2) 变量名不能是 C# 的关键字或库函数名。例如，sum，_S，都是合法的变量名，而 int，2A，Number Of Student 是非法变量名。

2. 声明变量

声明变量最简单的格式如下：

　　　数据类型名称 变量名列表;

例如：

```
int number;                 //声明一个整型变量
bool open;                  //声明一个布尔型变量
decimal bankBlance;         //声明一个十进制变量
```

可以一次声明多个变量，例如：

```
sbyte a，b;                  //声明两个有符号字节型变量
```

如果一次声明多个变量，变量名之间用逗号分隔。

3. 变量赋值

C# 规定，变量必须赋值后才能引用。为变量赋值需使用赋值号 "="。例如：

```
int number;
number = 32;                //为变量赋值 32
```

也可以使用变量为变量赋值，例如：

```
bool close;
close=open;      //为变量赋值 true(假设 open 为已声明的 bool 型变量，其值为 true)
```

可以为几个变量一同赋值，例如：

```
int a，b，c;
a = b = c = 32;
```

可以在声明变量的同时为变量赋值，相当于将声明语句与赋值语句合二为一。例如：

```
double area，radius = 16;
```

4. 整型常量

整型常量即整数，整型常量有三种形式：

(1) 十进制形式，即通常意义上的整数，如 123、48910 等。

(2) 八进制形式，输入八进制整型常量，需要在数字前面加 "0"，如 0123、038 等。

(3) 十六进制形式，输入十六进制整型常量，需要在数字前面加"0x"或"0X"，如 0x123、0X48910 等。

5. 实型常量

实型常量即带小数的数值，实型常量有两种表示形式：

小数形式，即人们通常的书写形式，如 0.123、12.3、.123 等。

指数形式，也叫科学记数，由底数加大写的 E 或小写的 e 加指数组成，例如，123e5 或 123E5 都表示 123×10^5。

6. 字符常量

字符常量表示单个的 Unicode 字符集中的一个字符，通常包括数字、各种字母、标点、符号和汉字等。

字符常量用一对英文单引号界定，如 'A'、'a'、'+'、'汉' 等。

在 C# 中，有些字符不能直接放在单引号中作为字符常量，这时需要使用转义符来表示这些字符常量，转义符由反斜杠 "\" 加字符组成，如 '\n'.

7. 字符串常量

字符串常量是由一对双引号界定的字符序列，例如：

"欢迎使用 C#！"

"I am a student."

需要注意的是，即使由双引号界定的一个字符，也是字符串常量，不能当做字符常量看待，例如，'A' 与 "A"，前者是字符常量，后者是字符串常量。

8. 布尔常量

布尔常量即布尔值本身，如前所述，布尔值 true(真)和 false(假)是 C#的两个关键字。

9. 符号常量

符号常量使用 const 关键字定义，其格式为如下：

const 类型名称　常量名 = 常量表达式;

常量定义中，"常量表达式"的意义在于该表达式不能包含变量及函数等值会发生变化的内容。常量表达式中可以包含其他已定义常量。

由于符号常量代表的是一个不变的值，所以符号常量不能出现在赋值号的左边。如果在程序中非常频繁地使用某一常量，可以将其定义为符号常量。

10. 类型转换

数据类型的转换有隐式转换与显式转换两种。

(1) 隐式转换。隐式转换是系统自动执行的数据类型转换。隐式转换的基本原则是允许数值范围小的类型向数值范围大的类型转换，允许无符号整数类型向有符号整数类型转换。

(2) 显式转换。显式转换也叫强制转换，是在代码中明确指示将某一类型的数据转换为另一种类型的转换。

显式转换的一般格式如下：

(数据类型名称)数据

例如：

```
int x = 600;
short z = (short)x;
```

显式转换中可能导致数据的丢失，例如：

```
decimal d = 234.55M;
int x = (int)d;
```

(3) 进行数据类型转换的两种方法：

- Parse 方法。Parse 方法可以将特定格式的字符串转换为数值。Parse 方法的使用格式如下：

> 数值类型名称.Parse(字符串型表达式)

例如：

```
int x = int.Parse("123");
```

- ToString 方法。ToString 方法可将其他数据类型的变量值转换为字符串类型。ToString 方法的使用格式如下：

> 变量名称.ToString( )

例如：

```
int x = 123;        string s=x.ToString( );
```

1.3.4　运算符与表达式

1. 算术运算符与算术表达式

算术运算符有一元运算符与二元运算符。一元运算符有–(取负)、+(取正)、++(增量)、––(减量)，二元运算符有+(加)、–(减)、*(乘)、/(除)、%(求余)。

由算术运算符与操作数构成的表达式叫算术表达式。

"–"与"+"只能放在操作数的左边。增量与减量符只能用于变量。

二元运算符的意义与数学意义相同，其中%(求余)运算符是以除法的余数作为运算结果，求余运算也叫求模。例如：

```
int x = 6，y = 2，z;
z = x%y; // x 除以 y 的结果不是 3(商)，而是 0(余数)
```

要注意数据类型。例如：

```
int a，b = 39;        a = b/2;    // a 的值为 19
```

2. 字符串运算符与字符串表达式

字符串运算符只有一个，即"+"运算符，表示将两个字符串连接起来。例如：

```
string connec = "abcd" + "ef";        // connec 的值为"abcdef"
```

"+"运算符还可以将字符型数据与字符串型数据或多个字符型数据连接在一起，例如：

```
string connec = "abcd" + 'e' + 'f';        // connec 的值为"abcdef"
```

3. 关系运算符与关系表达式

关系运算符有 >、<、>=、<=、==、!=，依次为大于、小于、大于等于、小于等于、等于、不等于。

用于字符串的关系运算符只有相等"=="与不等"!="运算符。

4. 逻辑运算符与逻辑表达式

在 C# 中，最常用的逻辑运算符是 !(非)、&&(与)、||(或)。

例如：

```
bool b1 = !true;                // b1 的值为 false
bool b2=5>3&&1>2;        // b2 的值为 false
```

```
bool b3=5>3||1>2              // b3 的值为 true
```

5. 条件运算符与条件表达式

条件运算符是 C# 中唯一的三元运算符。条件运算符由符号 "?" 与 ":" 组成，通过操作三个操作数完成运算，其一般格式如下：

> 布尔类型表达式?表达式 1:表达式 2

6. 赋值运算符与赋值表达式

在赋值表达式中，赋值运算符左边的操作数叫左操作数，赋值运算符右边的操作数叫右操作数。左操作数通常是一个变量。

7. 复合赋值运算符

复合赋值运算符有 "*="、"/="、"%="、"+="、"-=" 等。

1.3.5 简单的流程控制

一般应用程序代码都不是按顺序执行的，必须要求进行条件判断、循环和跳转等过程，这就需要实现流程控制。C# 程序的流程控制语句主要包括分支语句、循环语句和跳转语句等，下面将分别对其进行介绍。

1. 分支语句

1) if 语句

if 语句也称为条件语句、选择语句，用于实现程序的分支结构，根据条件是否成立来控制执行不同的程序段，完成相应的功能。

if 语句的一般形式如下：

```
if(表达式)
{
    语句块 1
}
else
{
    语句块 2
}
```

if 语句的逻辑意义为：如果表达式的值为 true，则选择执行 "语句块 1"，否则选择执行 "语句块 2"。

"if…else…" 的结构通常称为双分支结构。实际编程时，可省略 else 子句，构成单分支结构。当 "语句块 1" 或 "语句块 2" 只有一条语句时，可以省略花括号{}，还可以在同一行书写。例如，设 x 为 int 型变量，语句如下：

```
if(x%2==0)    Console.Write("x 为偶数");
```

这就是典型的单分支结构。

思考：主要利用 if 语句完成下面的程序，应该如何实现？创建一个 Windows 应用程序，先输入年龄值，再判断是否大于 18，最后显示判断结果，如果年龄大于 18，则显示已成年，否则显示未成年。运行效果如图 1-16 所示。

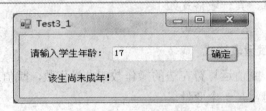

图 1-16　test 程序界面

2) switch 语句

当判断的条件较多，不止一两个分支时，可使用 switch 语句。switch 语句专用于实现多分支结构，其语法更简洁，能处理复杂的条件判断。

switch 语句的一般格式如下：

```
switch(表达式)
{
    case  常量 1：
        语句块 1；
        break；
    case  常量 2：
        语句块 2；
        break；
    ……
    case  常量 n：
        语句块 n；
        break；
    default: 语句块 n+1；
}
```

switch 语句的执行过程为：首先计算 switch 语句中表达式的值，再依次与每一个 case 后的常量比较，当表达式的值与某个常量相等时，则执行该 case 后的语句块，在执行 break 语句之后跳出 switch 结构，继续执行 switch 之后的语句，如图 3-3 所示。如果所有常量都不等于 switch 中表达式的值，则执行 default 之后的语句块。如果没有 default 子句，则执行 switch 语句后面的语句。

思考：创建一个 Windows 应用程序，使用 switch 语句来计算不同服装的应付款，运行效果如图 1-17 所示，其中休闲装单价为 480 一套，西装单价为 780 一套，皮衣类单价为 1300 一套。

无论是 if 语句，还是 switch 语句，其中的语句可以是任何语句，包括 if 语句或 switch。

如果 if 语句或 switch 语句中又包含了 if 或 switch 语句，则称之为嵌套的分支语句。其中，嵌套的 if 语句也可以用来构建多分支结构的程序，以替代 switch 语句。

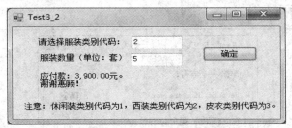

图 1-17　练习 test3_2 界面

2．循环语句

1) while 语句

while 语句表达的逻辑含义是：当逻辑条件成立时，重复执行某些语句，直到条件不成立时终止，从而不再循环。因此在循环次数不固定时，while 语句相当有用。while 语句的一般形式如下：

```
while(表达式)
{
    语句块;
}
```

其中，表达式必须是布尔型表达式，用来检测循环条件是否成立，语句块为循环体。

while 语句执行过程如下：首先计算表达式，当表达式的值为 true 时，执行一次循环体中的语句，重复上述操作到表达式的值为 false 时退出循环。如果表达式的值在开始时就为 false，那么不执行循环体语句直接退出循环。因此，while 语句的特点是：先判断表达式，后执行语句。

> 思考：编程求 $1+2+3+\cdots+100$ 的值。

2) do...while 语句

do...while 语句的特点是先执行循环体，然后判断循环条件是否成立，其一般形式如下：

```
do
{
    语句块;
}
while (表达式);
```

其中，语句块为循环体，表达式必须是布尔型表达式，用来检测循环条件是否成立。

do...while 语句执行过程如下：首先执行一次循环体，然后再计算表达式，如果表达式的值为 true，则再执行一次循环体，重复上述操作，直到表达式的值为 false 时退出循环。如果条件在开始时就为 false，那么执行一次循环体语句后退出循环。

由此可见，while 语句与 do...while 语句的区别在于：前者循环体执行的次数可能是 0 次，而后者循环体执行的次数至少是 1 次。

> **思考：** 创建一个 Windows 应用程序，统计从键盘输入一行字符中英文字母的个数。程序界面如图 1-18 所示。

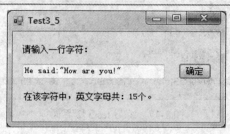

图 1-18　示例程序界面

3) for 语句

for 语句与 while 语句、do...while 语句一样，可以循环重复执行一个语句或语句块，直到指定的表达式计算为 false 值。for 语句的一般形式如下：

```
for(表达式 1; 表达式 2; 表达式 3)
{
    语句块;
}
```

其中：表达式 1 为赋值表达式，通常用于初始化循环控制变量；表达式 2 为布尔型的表达式，用来检测循环条件是否成立；表达式 3 为赋值表达式，用来更新循环控制变量的值，以保证循环能正常终止。

for 语句的执行过程详细如下：

(1) 首先计算表达式 1，为循环控制变量赋初值；

(2) 然后计算表达式 2，检查循环控制条件，若表达式 2 的值为 true，则执行一次循环体语句，若为 false，则终止循环。

(3) 执行完一次循环体语句后，计算表达式 3，对控制变量进行增量或减量操作，再重复第(2)步操作。

C# 允许省略 for 语句中的三个表达式，但注意两个分号不要省略，同时保证在程序中有起同样作用的语句。省略后的一般形式如下：

```
表达式 1;
for(;;)
{
    if(表达式 2==false)
    {
        break;
    }
    语句;
    表达式 3;
}
```

> **思考**：一个百万富翁遇到一个陌生人，陌生人找他谈一个换钱的计划，该项计划如下：我每天给你十万元，而你第一天只需给我一分钱，第二天我仍给你十万元，你给我二分钱，第三天我仍给你十万元，你给我四分钱，…，你每天给我的钱是前一天的两倍，直到满一个月(30 天)，百万富翁很高兴，欣然接受了这个契约。请编写一个程序计算这一个月中陌生人给了百万富翁多少钱，百万富翁给陌生人多少钱。

4) foreach 语句

C# 的 foreach 语句提供了一种简单明了的方法来循环访问数组或集合的元素，又称迭代器。foreach 语句的一般形式如下：

```
foreach(类型 循环变量 in 表达式)
{
    语句块；
}
```

其中，表达式一般是一个数组名或集合名，循环变量的类型须与表达式的类型一致。

foreach 语言的执行过程如下：

(1) 自动指向数组或集合中的第一个元素；

(2) 判断该元素是否存在，如果不存在，则结束循环；

(3) 把该元素的值赋给循环变量；

(4) 执行循环体语句块；

(5) 自动指向下一个元素，之后从第(2)步开始重复执行。

5) 循环语句的嵌套

在一个循环体内又包含另一个循环结构，称为循环嵌套。内层循环体中如果又包含了新循环结构，则称之为多重循环嵌套。C# 没有严格规定多重循环的层数，但为了便于理解程序逻辑，建议循环嵌套不要超过 3 层。

C# 语言允许各种循环结构任意组合嵌套，在使用循环嵌套时，要保证内层循环必须完全包含于外层循环之内，不允许循环结构交叉，因此一定要注意各循环语句的花括号的配对关系。

> **思考**：利用循环嵌套编程实现九九乘法表。

3. 跳转语句

1) goto 语句

goto 语句允许在程序内部进行随意跳转。它通常与 if 语句配合使用。在使用时，先在程序中设置跳转标记，之后用 if 语句判断是否需要跳转，如果需要，则用 goto 语句跳到标记所在的代码处向下继续执行。

跳转标记允许位于 if 语句之前，也允许位于语句之后。当跳转标记位于 if 语句之前时，实际上表示了反复执行跳转标记和 if 语句之前的代码的作用，因此使用 goto 语句可构造循环结构。

需要注意的是，因为 goto 语句既可向后跳转，也可向前跳转，大量使用 goto 语句很容易让人混淆程序运行的顺序，因此大部分的程序设计语言不建议采用 goto 语句来编写程序。

2) break 语句

break 语句既可用于 switch 语句，也可用于循环语句。break 语句用于 switch 语句时，表示跳转出 switch 语句；用于循环语句时表示提前终止循环。在循环结构中，break 语句可与 if 语句配合使用，通常先用 if 语句判断条件是否成立，如果成立，则用 break 来终止循环，跳转出循环结构。

3) continue 语句

continue 语句只能用于循环结构，与 break 语句不同的是，continue 语句不是用来终止并跳出循环结构的，而是忽略 continue 后面的语句，直接进入本循环结构的下一次循环操作。在 while 和 do...while 循环结构中，continue 立即转去检测循环控制表达式，以判定是否继续进行循环，在 for 语句中，则立即转向计算表达式 3，以改变循环控制变量，再判定表达式 2，以确定是否继续循环。

图 1-19 表示了 break 语句和 continue 语句的区别。

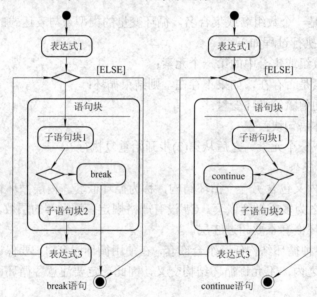

图 1-19　break 语句和 continue 语句的区别

综合运用各种流程控制语句就能够编写出简洁清晰的程序了。

 习题 1

1. 自己尝试安装 VS2012 集成开发环境。
2. 试编写一个 C# 程序，通过键盘输入自己的名字之后，在屏幕上打印一条欢迎信息。
3. 试编写一个简单的计算器程序。

第 2 章　C#面向对象程序设计基础

面向对象编程(Object Oriented Programming，OOP)是一种计算机编程架构。OOP 的一条基本原则是计算机程序是由单个能够起到子程序作用的单元或对象组合而成。OOP 达到了软件工程的三个主要目标：重用性、灵活性和扩展性。为了实现整体运算，每个对象都能够接收信息、处理数据和向其他对象发送信息。C# 是一种面向对象的程序设计语言，本章将简要介绍 C# 面向对象的有关知识。

2.1　面向对象程序设计概述

有这样一个问题，为什么火药、指南针、造纸术都是从无到有，从未知到发现的伟大发明，而活字印刷仅仅是从刻版印刷到活字印刷的一次技术上的进步？怎么就能成为四大发明之一呢？为什么不是评印刷术为四大发明之一呢？下面将给出答案，并结合此来说明面向对象程序设计的精髓。

2.1.1　四大发明之活字印刷

有这样一个故事：

三国时期，曹操带领百万大军攻打东吴，大军在长江的赤壁驻扎，军船连成一片，眼看就要灭掉东吴，统一天下了，曹操非常高兴，于是大宴文武百官，在酒席期间，曹操诗性大发，吟道：“喝酒唱歌，人生真爽。……”。众文武齐呼：“丞相好诗！”有一个臣子为了讨好曹操，于是立即命令印刷工匠将其刻版印刷，以便流传天下。

图 2-1 所示的样张很快就出来了，于是该大臣立即拿给曹操看。

曹操看后感觉有点不合适，说：“喝与唱，此话过俗，应改为‘对酒当歌’较好！”，于是该大臣就命工匠重新来过。工匠眼看连夜刻版的工作成果彻底白费，心中叫苦不喋，但也没有别的办法，只得照办，废掉之前的样张，得到了如图 2-2 所示的样张。

图 2-1　原始刻版的样张

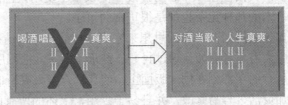

图 2-2　第一次修改之后的样张

样张再次出来请曹操过目，曹操细细一品，觉得还是欠妥，说：“人生真爽太过直接，应改问语才够意境，因此应改为‘对酒当歌，人生几何？……’！”当大臣将曹操的想法转告工匠时，工匠几乎晕倒！于是，不得不再次废掉以前的样张，修改后得到如图 2-3 所示的结果。

图 2-3　第二次修改之后的样张

三国时期，活字印刷还没有被发明，类似事情应该经常发生。有了活字印刷，只需更改几个字即可以完成整个工作，而其余工作也都不会白做，如图 2-4 所示。

图 2-4　引入活字印刷之后的样张示意图

总结一下以上问题，在引入活字印刷之后：第一，若要对样张作出修改，只需要更改需要更换的字就可以了，这个特性叫做可维护；第二，这些字并不是用完这次就再也没有别的地方可以用了，完全可以在后来的印刷中重复使用，这个特性叫做可复用；第三，这首诗如果需要增加字，只需要另外刻字加入就可以了，不需要推翻重来，这个特性是可扩展；第四，字的排列其实有可能是竖排，也有可能是横排，这个时候只需要将活字移动就可做到满足排列需求，这个特性叫做灵活性好。而在活字印刷术之前，上面的四种特性都无法满足，要修改，必须重刻，要加字，必须重刻，要重新排列；必须重刻，印完这本书后，此版已无任何可再利用的价值，十分浪费。

2.1.2　面向对象思想的胜利

做软件开发的过程中可能遇到的问题和上面说的故事非常相似，经常会遇到客户(曹操)对需求不断提出更改的情况，如果程序设计的方法选择不当，遇到这样的情况时，将对整个项目的进展产生重大影响。

坦白地讲，客户的要求也并不过分(改几个字而已)，但面对已完成的程序代码，却是需要几乎重头来过的尴尬，这实在是痛苦不堪。原因就是因为我们原先所写的程序，不容易维护，灵活性差，不容易扩展，更谈不上复用，因此面对需求变化，加班加点，对程序动大手术的那种无奈也就是很正常的事了。

如果采用面向对象的思想来完成这样的工作，情况就大不一样了。在面向对象的编程思想中，需要考虑如何通过封装、继承、多态，把程序的耦合度降低(传统印刷术的问题就在于所有的字都刻在同一版面上，使其耦合度太高所制)，需要利用恰当的设计模式使得程序更加灵活，容易修改，并且易于复用，上述的所有问题都将变得轻松容易许多。

再次回顾中国古代的四大发明，另三种应该都是科技的进步，伟大的创造或发现。而唯有活字印刷，实在是思想的成功，面向对象的胜利。

2.1.3　面向对象程序设计概述

面向对象程序设计是一种程序设计范型，同时也是一种程序开发的方法。对象指的是类的实例。它将对象作为程序的基本单元，将程序和数据封装其中，以提高软件的重用性、灵活性和扩展性。

要解释清楚面向对象程序设计思想，必须先搞清楚另外一种程序设计的方法，那就是面向过程的程序设计方法，又叫做结构化程序设计。"面向过程"(Procedure Oriented)是一种以过程为中心的编程思想。"面向过程"编程思想也可称之为"面向记录"编程思想，它不支持丰富的"面向对象"特性(比如继承、多态)，并且它不允许混合持久化状态和域逻辑。

面向过程就是分析出解决问题所需要的步骤，然后用函数一步一步地实现这些步骤，使用的时候一个一个依次调用就可以了。面向对象就是把构成问题的事务分解成各个对象，建立对象的目的不是为了完成一个步骤，而是为了描述某个事物在整个解决问题的步骤中的行为。面向过程就像是一个细心的管家，事无具细的都要考虑到。而面向对象就像是个家用电器，你只需要知道它的功能，不需要知道它的工作原理。面向过程是一种以事件为中心的编程思想，即分析出解决问题所需的步骤，然后用函数来实现这些步骤，并按顺序调用。面向对象是以"对象"为中心的编程思想。

这里我们以五子棋程序为例进行简要说明。如图 2-5 所示，面向过程的设计思想就是首先分析问题的步骤：① 开始游戏；② 黑子先走；③ 绘制画面；④ 判断输赢；⑤ 轮到白子；⑥ 绘制画面；⑦ 判断输赢；⑧ 返回步骤②；⑨ 输出最后结果。

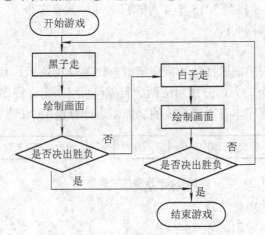

图 2-5　面向过程的五子棋游戏流程图

把上面的每个步骤分别用函数来实现，问题就解决了。这就是面向过程的程序设计思想。而面向对象设计则是从另外的思路来解决问题。整个五子棋程序可以分为：

① 黑白双方，这两方的行为是一模一样的。

② 棋盘系统，负责绘制画面。

③ 规则系统，负责判断诸如犯规、输赢等。第一类对象(玩家对象)负责接收用户的输入，并告知第二类对象(棋盘对象)棋子布局的变化，棋盘对象接收到了棋子的变化就要负责在屏幕上显示出这种变化，同时利用第三类对象(规则系统)来对棋局进行判定。

可以明显地看出，面向对象是以功能来划分问题，而不是步骤。同样是绘制棋局，这样的行为在面向过程的设计中分散在了多个步骤中，很可能出现不同的绘制版本，因为通常设计人员会考虑到实际情况进行各种各样的简化。而面向对象的设计中，绘图只可能在棋盘对象中出现，从而保证了绘图的统一。

功能上的统一保证了面向对象设计的可扩展性。比如要加入悔棋的功能，如果要改动面向过程的设计，那么从输入到判断到显示这一连串的步骤都要改动，甚至步骤之间的顺序都要进行大规模调整。如果是面向对象的话，只要改动棋盘对象就可以了，棋盘系统保存了黑白双方的棋谱，简单回溯就可以了，而显示和规则判断则不用顾及，同时整个对对象功能的调用顺序都没有变化，改动是局部的。

再比如要把这个五子棋游戏改为围棋游戏，如果当初采用的是面向过程设计，那么五子棋的规则就分布在了程序的每一个角落，要改动还不如重写。但是如果当初就是面向对象的设计，那么只用改动规则对象就可以了，五子棋和围棋的区别不就是规则不同么？当然，针对棋盘大小这样的小改动就更不是问题了，直接在棋盘对象中进行一些小改动就可以了。而下棋的大致步骤从面向对象的角度来看则没有任何变化。

下面用一个具体案例的不同思想方法的实现过程来对比一下面向过程的程序设计和面向对象的程序设计思想的不同。

2.1.4　案例 2-1　日期统计程序

【题目要求】

请问从 2008 年 7 月 8 日到 2015 年 4 月 6 日之间一共有多少天？请分别用面向过程的方法和面向对象的方法编程实现。

【实现思路】

我们首先将需要解决的问题抽象为程序模型，如图 2-6 所示，我们的工作就是开发这样一个程序：程序有两个输入，分别对应两个日期(起止日期)，程序有一个输出，即两个日期之间的间隔天数，程序本身需要完成的功能即为计算出两个日期之间的天数。

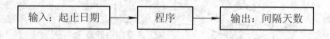

图 2-6　程序抽象模型

接下来研究程序的实现算法。

我们有这样一些基本常识：

① 普通的一年有 365 天，闰年一年有 366 天。

② 一年有 12 个月，其中大月 31 天，小月 30 天，二月除外。

③ 普通年份的二月有 28 天，闰年的二月有 29 天。

④ 符合下面条件之一的年份即为闰年：

 i) 能被 4 整除而不能被 100 整除；

 ii) 能被 400 整除。

根据上述常识开始设计计算步骤：

(1) 计算从 2008 年到 2015 年之间整年包含的天数：

2009、2010、2011、2012、2013、2014，共有 6 个整年，其中 2012 年是闰年，因此一共有 $365 \times 6 + 1 = 2191$ 天。

(2) 计算从 2008 年 7 月 8 日到当年年底(2008 年 12 月 31 日)之间的天数：

7 月 8 日到 12 月 31 日一共有 3 个整的大月(8 月、10 月、12 月)，2 个整的小月(9 月、11 月)，不包括特殊的二月，因此这部分天数为：$3 \times 31 + 2 \times 30 = 153$ 天。

7 月 8 日到 7 月底(31 日)的天数为：$31 - 8 + 1 = 24$ 天。

因此，从 2008 年 7 月 8 日到当年年底共有 $153 + 24 = 177$ 天。

(3) 计算从 2015 年元旦到 2015 年 4 月 6 日之间的天数：

1 月有 31 天，2015 年不是闰年，因此 2 月的天数为 28，3 月有 31 天，因此，从 2015 年 1 月 1 日到 2015 年 4 月 6 日之间的天数为：$31 + 28 + 31 + 6 = 96$ 天。

综上所述，从 2008 年 7 月 8 日到 2015 年 4 月 6 日之间的总天数：

$$2191 + 177 + 96 = 2464 \text{ 天}$$

上述计算过程其实就是一个计算机算法(algorithm)，由于步骤很明确，可以很容易地将这一过程转为程序实现。

1. 面向过程的程序设计过程

(1) 在面向过程程序设计方法当中，有一个重要的公式：程序＝数据结构＋算法，其中数据结构代表了要处理的信息，而算法则表明要对这些信息进行哪些处理工作。只要确定了数据结构和算法，一个程序就成形了。因此，将程序中要处理的数据抽象为某种数据结构是面向过程程序设计的基础。

(2) 为了更好地描述需要解决的问题，我们首先需要建立一个关于日期的结构体类型(RecDate)，该类型中包含一个日期的年、月、日等信息。结构体类型 RecDate 其实是一种数据结构(data structure)。我们正是在这个数据结构之上构建出整个程序的。

```csharp
public struct RecDate
{
    public int Year;      // 年
    public int Month;     // 月
    public int Day;       // 日
}
```

(3) 有了数据结构之后，我们开始设计算法。针对图 2-6 当中的"程序"部分进行功能细化分解。我们首先将"程序"方框完成的功能转化为由一个函数 CalculateDaysBetweenDates() 实现：

```csharp
/// <summary>
/// 计算两个日期之间的天数
/// </summary>
/// <param name = "beginDate">起始日期</param>
/// <param name = "endDate">终止日期</param>
/// <returns>两个日期之间的天数</returns>
static int CalculateDaysBetweenDates(RecDate beginDate, RecDate endDate)
```

剩下的开发工作就是要用代码来实现 CalculateDaysBetweenDates()函数，完成日期计算的功能。

(4) 本例的算法比较简单，可以直接把"实现思路"当中的算法步骤逐一用函数来实现即可。因此，我们需要设计并实现两个函数：

```
/// <summary>
/// 计算两个年份之间的整年天数，不足一年的部分去掉
/// </summary>
/// <param name = "beginYear">开始年份</param>
/// <param name = "endYear">结束年份</param>
/// <returns>返回两个年份之间的整年天数</returns>
static int GetDaysBetweenYears(int beginYear, int endYear)
```

以及

```
/// <summary>
/// 根据两个日期，计算出这两个日期之间的天数，不考虑中间的整年
/// </summary>
/// <param name = "beginDate">起始日期</param>
/// <param name = "endDate">终止日期</param>
/// <returns>返回的天数值</returns>
static int GetDaysBetweenMonthDate(RecDate beginDate, RecDate endDate)
```

第一个函数的功能是根据两个年份之间的整年数计算出天数，第二个函数的功能是根据月和日计算出两个日期之间的天数(不考虑中间的整年)。

在深入地考虑这两个函数的具体实现算法时，会发现它们都需要判断一年是否是闰年，于是，设计函数 IfLeapYear()完成此功能：

```
/// <summary>
/// 判断输入的年份是否为闰年
/// </summary>
/// <param name = "inYear">需要判断的年份</param>
/// <returns>是否为闰年，如果是闰年，则返回值为 true，否则为 false</returns>
static bool IfLeapYear(int inYear)
```

这样，函数 GetDaysBetweenYears ()和 GetDaysBetweenMonthDate ()可以在需要的时候调用 IfLeapYear()函数来判断某一年是否为闰年。

另外，还需要频繁判断某年的某个月份的天数，因此需要再设计一个函数用于计算此天数：

```
/// <summary>
/// 根据年份和月份判断当月天数
/// </summary>
/// <param name = "inYear">年份</param>
/// <param name = "inMonth">月份</param>
/// <returns>天数</returns>
```

static int GetDaysByMonthIndex(int inYear, int inMonth)

（5）设计工作到此为止就完成了，我们可以得到如图 2-7 所示的程序结果，图中的箭头表示了可能存在的调用关系。在整个结构化分析过程中，我们采用的是先设计出最顶层的 CalculateDaysBetweenDates() 函数，再设计第二层的两个函数 GetDaysBetweenYears() 和 GetDaysBetweenMonthDate()，最后抽象出第三层的函数 GetDaysByMonthIndex() 和 IfLeapYear()。

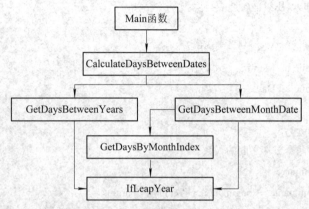

图 2-7　面向过程程序设计结果

现在有四个函数需要开发，我们必须先开发 IfLeapYear () 函数，因为此函数被其他函数调用，但它不调用其他的函数。接着可以开发 GetDaysBetweenYears() 和 GetDaysBetweenMonthDate() 两个函数，因为 GetDaysBetweenYears () 函数比较简单，所以先开发它。然后开发 CalculateDaysBetweenDates() 函数。最后实现 Main 函数，用于验证功能。得到的具体完整的程序代码如下：

```
namespace app2_1_1
{
    class Program
    {
        static void Main(string[] args)
        {   RecDate d1, d2;
            //起始日期和结束日期
            //2008 年 7 月 8 日
            d1.Year = 2008;
            d1.Month = 7;
            d1.Day = 8;
            //2015 年 4 月 6 日
            d2.Year = 2015;
            d2.Month = 4;
            d2.Day = 6;

            string str = "{0}年{1}月{2}日到{3}年{4}月{5}日共有天数：{6}";
```

```csharp
        str = String.Format(str, d1.Year, d1.Month, d1.Day,
        d2.Year, d2.Month, d2.Day, CalculateDaysBetweenDates(d1,d2));
        Console.WriteLine(str);
        Console.ReadKey();
}


public struct RecDate
{
        public int Year;          //年
        public int Month;         //月
        public int Day;           //日
}
/// <summary>
/// 计算两个日期之间的天数
/// </summary>
/// <param name = "beginDate">起始日期</param>
/// <param name = "endDate">终止日期</param>
/// <returns>两个日期之间的天数</returns>
static int CalculateDaysBetweenDates(RecDate beginDate, RecDate endDate)
{       int tmpdays1 = 0;
        int tmpdays2 = 0;
        int tmpdays3 = 0;
        RecDate tmp = new RecDate();
        tmpdays1 = GetDaysBetweenYears(beginDate.Year, endDate.Year);

        tmp.Year = beginDate.Year;
        tmp.Month = 12;
        tmp.Day = 31;
        tmpdays2 = GetDaysBetweenMonthDate(beginDate, tmp);

        tmp.Year = endDate.Year;
        tmp.Month = 1;
        tmp.Day = 1;
        tmpdays3 = GetDaysBetweenMonthDate(tmp, endDate);
        return tmpdays1 + tmpdays2 + tmpdays3;
}


/// <summary>
/// 计算两个年份之间的整年天数，不足一年的部分去掉
```

```csharp
/// </summary>
/// <param name = "beginYear">开始年份</param>
/// <param name = "endYear">结束年份</param>
/// <returns>返回两个年份之间的整年天数</returns>
static int GetDaysBetweenYears(int beginYear, int endYear)
{
    int tmpNormalyear = 0; //用于记录有多少个普通年份
    int tmpLeapyear = 0; //用于记录有多少个闰年
    for (int i = beginYear + 1;  i < endYear;  i++)
    {
        if (IfLeapYear(i))
            tmpLeapyear++;
        else
            tmpNormalyear++;
    }
    return 365 * tmpNormalyear + 366 * tmpLeapyear;
}


/// <summary>
/// 根据两个日期，计算出这两个日期之间的天数，不考虑中间的整年
/// </summary>
/// <param name = "beginDate">起始日期</param>
/// <param name = "endDate">终止日期</param>
/// <returns>返回的天数值</returns>
static int GetDaysBetweenMonthDate(RecDate beginDate, RecDate endDate)
{   if (beginDate.Month > endDate.Month)
    {
        return 0;
    }
    else
    {   int tmpDaysCount = 0;
        for (int i = beginDate.Month + 1;  i < endDate.Month;  i++)
        {//先判断首尾两月除外的月份
            tmpDaysCount = tmpDaysCount + GetDaysByMonthIndex(beginDate.Year,i);
        }
        int tmpdays = 0;
        //处理首月
        tmpdays = GetDaysByMonthIndex(beginDate.Year, beginDate.Month);
        tmpDaysCount = tmpDaysCount + tmpdays - beginDate.Day + 1;
```

```
            //处理尾月
            tmpDaysCount = tmpDaysCount + endDate.Day;
            return tmpDaysCount;
        }
    }

    /// <summary>
    /// 根据年份和月份判断当月天数
    /// </summary>
    /// <param name = "inYear">年份</param>
    /// <param name = "inMonth">月份</param>
    /// <returns>天数</returns>
    static int GetDaysByMonthIndex(int inYear, int inMonth)
    {   int tmpDaysCount = 0;
        switch (inMonth)
        {
            case 1:
            case 3:
            case 5:
            case 7:
            case 8:
            case 10:
            case 12:
                tmpDaysCount = 31;
                break;
            case 2:
                if (IfLeapYear(inYear))
                    tmpDaysCount = 29;
                else
                    tmpDaysCount = 28;
                break;
            case 4:
            case 6:
            case 9:
            case 11:
                tmpDaysCount = 30;
                break;
            default:
                break;
```

```
        }
        return tmpDaysCount;
    }


    /// <summary>
    /// 判断输入的年份是否为闰年
    /// </summary>
    /// <param name = "inYear">需要判断的年份</param>
    /// <returns>是否为闰年，如果是闰年，则返回值为 true，否则为 false</returns>
    static bool IfLeapYear(int inYear)
    {
        if (inYear < 0)
        { return false;    }
        if ((inYear % 4 == 0 && inYear % 100 != 0) || inYear % 400 == 0)
            return true;
        else
            return false;
    }
}
}
```

程序编译运行的结果如图 2-8 所示。

图 2-8　程序 2-1 的运行结果

【小结】　　可以对面向过程的程序设计方法做如下小结：
- 面向过程程序设计的基本编程单位是函数。
- 整个程序按功能划分为若干个模块，每个模块都由逻辑上或功能上相关的若干个函数构成，各模块在功能上相对独立。
- 公用的函数存放在公用模块中，各模块间可以相互调用，拥有调用关系的模块形成一个树型结构，这种调用关系应尽可能做到是单向的。

面向过程程序设计的程序架构如图 2-9 所示。整个程序的开发过程可以分为三个阶段：

(1) 分析阶段。在编程之前，需要仔细分析要解决的问题，确定好数据结构与算法。

(2) 设计阶段。面向过程程序设计的基本单元是函数，每个函数都完成整个程序的一个功能，整个设计过程就是函数接口的设计过程，这是一个"自顶向下，逐步求精"的过程，将一个大函数不断分解为多个小函数，直至可以很容易用某种程序设计语言实现时为止。

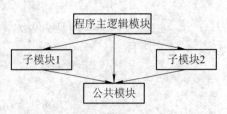

图 2-9　面向过程程序设计的程序架构

(3) 编码阶段。在开发时，根据在设计阶段得到的函数调用图，先开发最底层的函数，再开发上层函数。这是一个"自底向上，逐层盖楼"的方法。

面向过程程序设计中的"自顶向下，逐步求精"的"功能分解法"是一种重要的软件开发方法，其本质是一种"分而治之"的思维方式，在面向对象的程序中也有广泛的应用。掌握这种分析方法，对软件工程师而言是非常重要的。

2. 面向对象的程序设计过程

有了面向过程程序设计的分析基础，可以很容易的将原先结构化的程序转为面向对象的程序。首先创建一个 CalculateDates 类，将上述五个函数集成到该类当中，如图 2-10 所示。

由于外界只需要调用 CalculateDaysBetweenDates()一个函数，因此将此函数设置为公有(public)，而其他几个函数则成为类的私有(private)成员，外界不可访问。最后，修改 main 函数的内容，验证程序。限于篇幅，这里只给出 main 函数的验证代码，CalculateDates 类的具体实现留给读者来完成。代码如下：

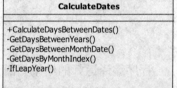

图 2-10　CalculateDates 类图

```
static void Main(string[] args)
{
    RecDate d1, d2;
    d1 = new RecDate();
    d2 = new RecDate();

    //起始日期和结束日期
    //2008 年 7 月 8 日
    d1.Year = 2008;
    d1.Month = 7;
    d1.Day = 8;
    //2015 年 4 月 6 日
    d2.Year = 2015;
    d2.Month = 4;
    d2.Day = 6;
```

```
string str = "{0}年{1}月{2}日到{3}年{4}月{5}日共有天数："；
str = String.Format(str, d1.Year, d1.Month, d1.Day, d2.Year, d2.Month, d2.Day);

CalculateDates TmpCal = new CalculateDates();
Console.WriteLine(str + TmpCal.CalculateDaysBetweenDates(d1,d2));
Console.ReadKey();
}
```

和面向过程的程序设计方法相比，发现面向对象的程序具有以下一些特点：

(1) 所有的函数都放入到一个类中，成为某个类的成员，类是编程的基本单元。

(2) 外界不能直接调用类的成员函数，必须先创建一个对象，再通过对象来调用这些函数。

(3) 只有声明为 public 的函数可以被外界调用，其余声明为 private 的函数是私有的，外界无法访问。

从这个实例可以看出，面向对象的程序与面向过程的程序有不一样的风格，但看不出面向对象程序有何优越之处。如果是大规模的软件系统，面向对象程序就有着结构化程序不可比拟的优势。简单地说，对于大规模的系统，采用面向对象技术开发可以达到较高的开发效率与较低的维护成本，系统的可扩展性也更好。

针对本案例，.NET Framework 本身所提供的 DateTime 和 TimeSpan 两个类可完成同样的功能。利用这两个类来实现本案例的功能，将大大简化程序，其关键代码如下：

```
DateTime dd1, dd2;
dd1 = new DateTime(2015, 4, 6);
dd2 = new DateTime(2008,7, 8);
//两个日期对象相减，得到一个 TimeSpan 对象，Days 是这个 TimeSpan 对象的属性
int ddays = (dd1 - dd2).Days;
Console.WriteLine(ddays);    //结果
```

对比上述所有代码可见，显然使用 .NET Framework 提供的现成类比我们手工编写代码完成同样的工作开发效率要高得多。.NET Framework 中所提供的现成代码都是以面向对象的形式封装的。实践证明，当需要大规模地复用代码以提高软件生产率时，面向对象比面向过程更有效。

> 思考：1. 上文只介绍了面向对象程序设计思想完成该案例的要点，并没有给出完整代码，完整代码应该如何实现？
> 2. 上述所有案例都是写的控制台程序，如果要将其修改为 Windows Form 的应用程序，应该如何实现最为方便？

2.1.5　面向对象程序的特性

面向对象的基本思想是使用对象、类、继承、封装和消息等基本概念来进行程序设计。从现实世界中客观存在的事物出发来构造软件系统，并且在系统构造中尽可能运用人类的

自然思维方式。面向对象的程序设计方法采用数据抽象与隐藏、层次结构体系、动态绑定等机制，提供一种模拟人类认知方式的软件建模方法，带来了系统的安全性、可扩充性、代码重用、易维护等优良特性。从理论上来讲，面向对象程序包括四个基本特征：抽象、封装、继承与派生、多态性。

1. 抽象

为了更好地说明抽象的概念，我们先说一个现实当中总是无法避免的学问——数学。面对着纷繁复杂的世间万物，数学不去研究各种事物的独特性，而只是抽取它们在某些方面的特性(主要是数量方面的特性)，深刻揭示世间万物在"数"方面表现出的共同规律。因此，我们可以说，数学是一门抽象的学科，而抽象则正是数学的本质。

同样的，当使用面向对象的方法设计一个软件系统时，首先就要区分出现实世界中的事物所属的类型，分析它们拥有哪些性质与功能，再将它们抽象为在计算机虚拟世界中才有意义的实体——类，在程序运行时，由类创建出对象，用对象之间的相互合作关系来模拟真实世界中事物的相互关联。

比如，对圆这一类对象的抽象：数据抽象——半径 radius，方法抽象——求面积 GetArea()。

对一个问题可能有不同的抽象结果，这取决于程序员看问题的角度和解决问题的需求。可以说，在从真实世界到计算机虚拟世界的转换过程中，抽象起了关键的作用。

2. 封装

封装就是把对象的数据和方法结合成一个独立的单位，并尽可能隐蔽对象的内部细节。案例 2-1 中的类 CalculateDates 将数据结构与算法隐藏在类的内部，外界使用者无需知道具体技术实现细节即可使用此类。封装这一特性不仅大大提高了代码的易用性，还使得类的开发者可以方便地更换新的算法，这种变化不会影响使用类的外部代码。

通俗地说，封装就是包起外界不需要知道的东西，只向外界展露可供展示的东西。在面向对象理论中，封装这个概念拥有更为宽广的含义。小到一个简单的数据结构，大到一个完整的软件子系统，静态的如某软件系统要收集数据信息项，动态的如某个工作处理流程，它们都可以封装到一个类中。

封装的作用包括：

(1) 彻底消除了对传统结构方法中数据与操作分离所带来的种种问题，提高了程序的复用性和可维护性。

(2) 把对象的私有数据和公共数据分离开来，保护了私有数据，减少了可能的模块间的干扰，达到了降低程序复杂性、提高可控性的目的。

(3) 增强使用的安全性，使用者不必了解很多实现细节，只需要通过设计者提供的外部接口来操作它。

(4) 容易实现高度模块化，从而产生软件构件，利用构件快速地组装程序。

具备这种"封装"的意识，是掌握面向对象分析与设计技巧的关键。

3. 继承和派生

一个类中包含了若干数据成员和成员函数。在不同的类中，数据成员和成员函数是不相同的。但有时两个类的内容基本相同或有一部分相同。

(1) 一个新类从已存在的类那里获得该类已有的特性叫做类的继承，已存在的类叫做父类，也叫做基类，产生的新类叫做子类或派生类。

(2) 从一个已有的类那里产生一个新类的过程叫类的派生。已存在的类叫做父类，也叫做基类，产生的新类叫做派生类或子类。

类的继承和派生是同一概念，前者是从子类的角度来说的，后者是从父类的角度来说的。我们通常说子类继承了父类，父类派生了子类。

图 2-11 是描述各级学生的类的继承关系图，从这个图中可以看出基类与派生类的关系：

- 派生类是基类的具体化，基类是派生类的抽象。
- 一个派生类的对象也是一个基类的对象，具有基类的一切属性和方法。
- 派生类除了具有基类的一切属性和方法外，还可以有自己所特有的属性和方法。

有了继承，使软件的重用成为可能。假设现在要开发一个 X 项目，架构设计师发现以前完成的 Y 项目中有部分类完全可以在 X 项目中重用，但需要增强这些类的功能以便适用于 X 项目。如果从 Y 项目中直接抽取这些类的源代码并加以修改，虽然可以满足 X 项目的需要，但现在却需要维护两套功能类似的类代码，加大了管理的成本。在这种情况下，选择从 Y 项目的类中用继承的方法派生出新类用在 X 项目中是一个可选的方案，这样做既满足了新项目的需要，又避免了大量的重复代码与双倍的代码维护成本。

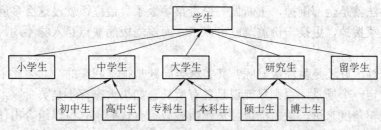

图 2-11　学生类的继承关系图

4．多态

简单来说，多态是具有表现多种形态的能力的特征。在 OO 中，多态是指语言具有根据对象的类型以不同方式处理，特别是重载方法和继承类这种形式的能力。多态被认为是面向对象语言的必备特性。

下面举例来说明面向对象的多态性。比如这样两件不同的事情："给小明一支钢笔"和"给小明一支铅笔"，虽然本身是两件不同的事情，但可以统一说成"给小明一支笔"。用后者来代替前者，虽然在语义上稍显"模糊"，但其适用性更广了。除了"钢笔"和"铅笔"之外，以后还可以表示"毛笔"、"中性笔"、"粉笔"等等。

这种用一个比较抽象的事物来取代具体的事物的表达方法，在面向对象软件中用"多态"这一特性来模拟。在编程中使用多态的方法，可以在代码中本应使用某一具体子类的地方使用较为抽象的基类对象，这种方法所带来的好处是多态的代码具有"变色龙"的特性，即在不同的条件下，同样代码可以完成不同的功能。

适当地在开发中应用多态特性，可以开发出可扩充性很强的系统。

2.1.6　小结

面向过程的程序设计的优点和缺点分别如下：

- 优点：性能比面向对象的高，因为类调用时需要实例化，开销比较大，比较消耗资源；比如单片机、嵌入式开发、Linux/Unix 等一般采用面向过程开发，性能是最重要的因素。
- 缺点：没有面向对象易维护、易复用、易扩展。

面向对象的程序设计的优点和缺点分别如下：

- 优点：易维护、易复用、易扩展，由于面向对象有封装、继承、多态性的特性，可以设计出低耦合的系统，使系统更加灵活、更加易于维护。
- 缺点：性能比面向过程的低。

打个比方，用面向过程的方法写出来的程序是一份蛋炒饭，而用面向对象写出来的程序是一份盖浇饭。所谓盖浇饭，就是在一碗白米饭上面浇上一份盖菜，你喜欢什么菜，你就浇上什么菜。

蛋炒饭制作的细节不用去深究，但最后一道工序肯定是把米饭和鸡蛋混在一起炒匀。而盖浇饭，则是把米饭和盖菜分别做好，如果需要一份红烧肉盖饭，就浇一份红烧肉；如果需要一份青椒土豆丝盖浇饭，就浇一份青椒土豆丝。

蛋炒饭的好处就是入味均匀，吃起来香。如果恰巧你不爱吃鸡蛋，只爱吃青菜的话，那么唯一的办法就是全部倒掉，重新做一份青菜炒饭了。盖浇饭就没这么多麻烦，你只需要把上面的盖菜拨掉，更换一份盖菜就可以了。而盖浇饭的缺点是入味不均，可能没有蛋炒饭那么香。

到底是蛋炒饭好还是盖浇饭好呢？其实这类问题是很难回答的，非要比个上下高低的话，就必须设定一个场景，否则只能说是各有所长。如果大家都不是美食家，没那么多讲究，那么从饭馆角度来讲，做盖浇饭显然比蛋炒饭更有优势，它可以组合出任意多的组合饭来，而且不会浪费。

盖浇饭的好处就是"菜""饭"分离，从而提高了制作盖浇饭的灵活性。饭不满意就换饭，菜不满意就换菜。用软件工程的专业术语就是"可维护性比较好"，"饭"和"菜"的耦合度比较低。蛋炒饭将"蛋""饭"搅和在一起，想换"蛋""饭"中任何一种都很困难，耦合度很高，以至于"可维护性"比较差。软件工程追求的目标之一就是可维护性，可维护性主要表现在三个方面：可理解性、可测试性和可修改性。面向对象的好处之一就是显著地改善了软件系统的可维护性。

归纳起来，对面向对象和面向过程可得如下结论：

- 面向对象是将事物高度抽象化。
- 面向过程是一种自顶向下的编程。
- 面向对象必须先建立抽象模型，之后直接使用模型就行了。

2.2 类 与 对 象

前面已经提到了不少关于面向对象内容的术语，从本小节开始，将逐步详细介绍这些面向对象程序设计的基础知识，首先从类和对象开始。

在客观世界中，任何事物都是由各种各样的实体组成的，在计算机中同样需要通过对客观事物进行抽象处理来表示。当用面向对象的方法来解决现实世界的问题时，需要先将物理存在的实体抽象成概念世界的抽象数据类型，这个抽象数据类型中包括了实体中与需要解决的问题相关的数据和操作；然后再用面向对象的工具(比如 C# 语言)将这个抽象数据类型用计算机逻辑表达出来，即构造计算机能够理解和处理的类；最后将类实例化，就得到了现实世界实体的映射——对象。在程序中对对象进行操作，就可以模拟现实世界中实际的问题并且解决它。具体的映射关系如图 2-12 所示。

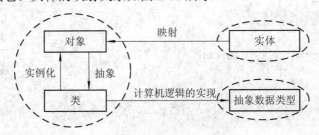

图 2-12　实体、对象和类的相互关系

再具体地说，我们在现实生活中所谓的"笔"这个概念，就是一个类，而具体的某一支笔，就是属于"笔"这个类的一个对象(实体)。在 C# 语言中，一切事物都是对象。类是现实世界或思维世界中的实体在计算机中的反映，它将数据以及这些数据上的操作封装在一起。而对象则是类的实例，它是构成系统的一个基本单位，是由数据和被允许的操作组成的封装体。使用 C# 编程，所有的程序代码几乎都放在类中，不存在独立于类之外的函数。因此，类是面向对象编程的基本单元。

2.2.1　类的定义

在 C# 语言中提供了很多标准的类，用户可以在开发程序的过程中直接使用。另外，用户也可以在 C# 语言中自己定义类。类使用 class 关键字来定义，可以包含数据成员、方法成员以及嵌套的类型成员。定义类的方法如下：

```
[类修饰符] class 类名称 [:基类以及实现的接口列表]
{
    [成员修饰符] 类的成员变量或者成员函数(即方法);
}
```

其中：
- 类修饰符用于对类进行修饰，表明类的可访问性(public、internal 等)和一些其他特性(abstract、sealed 等)。
- []表明其中的内容是可选的。
- 冒号表示后面是被继承的类(或接口)。一个类可以继承多个接口，若存在两个或两个以上的接口时，各项之间用逗号分开。
- 花括号括起的部分为类的内容，即类体。

如下示例定义了一个矩形类(Rectangle)，包含两个数据成员，分别表示矩形的长和宽，还包括一个用于求面积的方法成员。

using System;

```
namespace app2_2
{
    class Rectangle
    {
        public double longside;
        public double wideside;
        public double Getarea()
        {
            return longside * wideside;
        }
    }
}
```

> 注意：1. 类与类之间只能单向继承，但类可以在继承一个父类的同时继承一个或多个接口。如果类的声明中既有父类又有接口，则需要把父类放在冒号后面的第一项，然后再放接口名，之间用逗号隔开。
> 2. 在 C# 语言中，由于所有的类都是从 Object 类派生出来的，因此 Object 类被称为每个类的祖先类。

2.2.2　对象的创建和使用

声明对象就是用类来定义对象变量。声明对象的格式如下：

　　类名　对象名；

为了使对象在内存中分配到保存数据的空间，在声明对象之后，常常需要使用关键字 new 对对象进行实例化，其方法为

　　对象名 = new 类名()；

对象的声明和实例化可以连起来完成，方法为

　　类名　对象名 = new 类名()；

例如：

```
Rectangle myRectangle1;                          //声明一个对象
myRectangle1 = new Rectangle();                  //将对象实例化
Rectangle myRectangle2 = new Rectangle();        //声明并实例化一个对象
```

创建对象之后，它的成员可以通过运算符 "." 来访问。例如：

```
myRectangle1.longside = 0.0;        //表示对 myRectangle1 对象的 longside 这个成员赋值
```

2.3　方 法 与 属 性

方法和属性是 C# 语言中面向对象特性的重要体现部分，将在本节对其进行详细介绍。

2.3.1　方法的定义与调用

放在一个类中的函数(通常附加一个存取权限修饰符如 public 和 private)称为"方法(method)"。访问一个方法的最基本方式是通过类创建的对象。

定义方法的一般形式为

    [访问修饰符] 返回值类型　方法名称(参数列表)
    {
      语句序列
    }

其中访问修饰符包括存取修饰符，如 private、protected 和 public，其他修饰符还包括 new、static、virtual、sealed、override、abstract 等，除了 static 修饰符用于表示静态方法以外，其他修饰符都和继承机制有关。

上一小节的例子里就定义了一个名为 Getarea 的方法。定义此方法之后，就可以通过使用 new 关键字创建类 Rectangle 的对象来访问此 Getarea 方法。

```
class Program
{
    static void Main(string[] args)
    {   //创建 Rectangle 类的对象
        Rectangle obj = new Rectangle ();
        //通过对象调用类的方法，结果保存在局部变量中
        double result = obj.Getarea();
        //……
    }
}
```

2.3.2　案例 2-2　演示方法的参数类型

C#方法的参数有五种类型：值参数、引用参数、对象类型参数、输出参数和参数数组。

没有使用任何修饰符声明的值类型的参数为值参数。值参数在调用该参数所属的方法时创建，并用调用中给定的实参值初始化。当从该方法返回时值参数被销毁。对值参数的修改不会影响到原自变量。值参数通过复制原自变量的值来初始化。

用 ref 修饰符声明的参数为引用参数。引用参数就是调用者提供的自变量的别名。引用参数并不定义变量，而是直接引用原自变量，因此对引用参数的修改就将直接影响相应自变量的值。在方法调用中，引用参数必须被赋初值。

对象类型的参数传递的是地址，因此对参数的成员的修改将直接影响相应的实参。在方法调用时，对象参数必须被赋初值。

用 out 修饰符定义的参数称为输出参数。如果希望函数返回多个值，可使用输出参数。输出参数与引用参数类似，它并不定义自己的变量，而是直接引用原变量，这样当在函数内为输出参数赋值时，就相当于给原自变量赋值。与引用参数的差别在于：输出参数在调

用方法前无需对变量进行初始化。

　　用 params 修饰符声明的变量称为参数数组，它允许向函数传递个数变化的参数。在方法的参数类表中只允许出现一个参数数组，而且在方法同时具有固定参数和参数数组的情况下，参数数组必须放在整个参数列表的最后，同时参数数组只允许是一维数组。不能将 params 修饰符与 ref 和 out 修饰符组合起来使用。

　　【题目要求】

　　通过几个函数来演示五种方法的参数传递方式。

　　【技术要点】

　　定义五个方法：Switchab()、Switchab1()、Switchab2()、OutMultiValue()、MutiParams()，分别使用值参数、引用参数、对象参数、输出参数和参数数组的传递方式。

　　【设计步骤】

　　(1) 在 VS2012 中建立一个控制台应用程序 App2_2。

　　(2) 打开 Program.cs 文件，输入下列代码：

```csharp
namespace app2_2
{
    class AB
    {
        public int a;
        public int b;
    }

    class Program
    {   //a、b 为值参数
        static void Switchab(int a, int b)
        {
            int t;
            t = a;   a = b;   b = t;
        }

        //a、b 为引用参数
        static void Switchab1(ref int a, ref int b)
        {
            int t;
            t = a;   a = b;   b = t;
        }

        //x 为对象参数
        static void Switchab2(AB x)
        {   int t = 0;
            if (x.a > x.b)
```

```
        t = x.a;    x.a = x.b;    x.b = t;
    }

    //b 为输出参数
    static void OutMultiValue(int a, out int b)
    {
        b = a * a;
    }

    //a 为参数数组
    static void MutiParams(params int[] a)
    {
        for (int i = 0;    i < a.Length;    i++)
        {
            Console.WriteLine("a[{0}] = {1}", i, a[i]);
        }
    }

    static void Main(string[] args)
    {   int x = 10, y = 20;
        int[] b = { 10, 20, 30 };
        int v;
        Switchab(x, y);          //值参数传递
        Console.WriteLine("x = {0}, y = {1}", x, y);
        Switchab1(ref x, ref y);     //引用参数传递
        Console.WriteLine("x = {0}, y = {1}", x, y);
        AB t = new AB();
        t.a = 5;
        t.b = 2;
        Switchab2(t);            //对象参数传递
        Console.WriteLine("t.a = {0}, t.b = {1}", t.a, t.b);
        OutMultiValue(10, out v);    //输出参数传递
        Console.WriteLine("v = {0}", v);
        MutiParams(b);           //数组参数传递
        Console.ReadLine();
    }
}
}
```

程序的运行结果如图 2-13 所示。从图中我们可以清楚地看出这几种参数传递方法所带来的异同。比如，利用值传递的方法进行数据交换，结果并没有使外部数据发生改变，而是通过引用的参数传递方式使外部数值发生改变。读者可以思考一下，为什么各种不同的

参数传递方式会有不同的结果？每一种参数传递方式的适用环境是怎样的？

图 2-13　案例 2-2 运行结果

2.3.3　方法的重载

方法重载(overload)是指一个类有多个方法，名字相同，但方法的参数列表不一样，这里的不一样可能是个数或者类型不一样。重载和方法的返回值无关，返回值可以相同，也可以不同。

方法重载的好处可以归纳如下：

(1) 对方法调用的程序员来说，它是友好的(程序员只关心自己调用的方法签名即可，不用管参数为 NULL 怎么办这些逻辑。注：方法的签名是指方法的参数个数及其数据类型，以及返回参数及其数据类型)。

(2) 对于代码维护量来说，它是容易的(核心代码只放在参数签名最多的方法中)。

(3) 对于代码扩展来说，它是直接的(只要修改核心方法代码即可，而不用一个方法一个方法地去 COPY)。

例如下面一段代码，使用了多个 max 方法：

```csharp
class Program
{
    public static int max(int i, int j)
    {
        if (i > j)
            return i;
        else
            return j;
    }
    public static double max(double i, double j)
    {
        if (i > j)
            return i;
        else
            return j;
    }
```

```
static void Main()
{
    Console.WriteLine(max(1, 2));
    Console.WriteLine(max(1.1, 120.02));
    Console.ReadLine();
}
}
```

在这段代码中，虽然有多个 max 方法，但由于方法中的参数类型不相同，当在程序中调用 max 方法的时候，就会自动去寻找能匹配相应参数的方法。

2.3.4　属性

属性是一种间接访问数据成员的机制，它不允许直接操作数据内容，而是通过访问器(也称为属性方法)访问数据成员。给属性赋值的时候使用 set 访问器，set 访问器始终使用 value 设置属性值；获取属性值时使用 get 访问器，get 访问器通过 return 返回属性值。

属性的定义方式如下：

```
访问修饰符  属性类型  属性名称
{
    get { return 属性名; }
    set { 属性名 = value; }
}
```

在属性的声明中，如果只有 get 访问器，标志该属性是只读的；如果只有 set 访问器，则说明该属性是只写的；如果既有 get 访问器，也有 set 访问器，则说明该属性既可以读也可以写。

可以认为属性是一种特殊的方法，但属性和方法之间也是有区别的，它们的区别主要体现在下述几个方面：

- 属性不必使用圆括号，但方法一定要使用圆括号。
- 属性不能指定参数，但方法可以制定参数。
- 属性不能使用 void 类型，但方法可以使用 void 类型。

2.4　构造函数和析构函数

在 C#语言中，有两种特殊的函数——构造函数和析构函数。构造函数负责在对象形成时被调用，且执行一些如初始化之类的操作；而析构函数是在对象被释放的时候所调用的函数。

2.4.1　构造函数

有时候我们希望在创建对象的时候就直接给对象的数据赋初始值，利用类的构造函数就能完成这个任务。构造函数是一个与类名相同的函数，它的声明和普通方法类似，不同的是它没有返回值。

构造函数的声明语法格式为

```
类名称(可选参数表)
{
    语句块;
}
```

构造函数也是可以重载的。构造函数是在对象创建的时候自动调用的。在创建对象的时候，根据参数的不同将调用不同的构造函数。构造函数主要用来为对象分配存储空间，完成初始化操作(如给类的成员赋值等)。在 C# 当中，类的构造函数遵循以下一些规定：

- 构造函数的函数名称与类的名称相同。
- 一个类可以有多个构造函数，参数不同。
- 构造函数没有返回值，也没有返回类型。
- 构造函数只能由 new 操作符调用(即在创建对象的时候调用)。
- 一个类至少有一个构造函数，即使程序代码中没有构造函数，系统也将会提供一个默认的构造函数。默认的构造函数是一个无参的函数。但是如果类中定义了构造函数，系统就不会再为类自动添加构造函数了。如果自定义的构造函数是有参的，这时如果还利用无参的构造函数建立对象时就会报错。解决办法是手动为类增加一个无参的构造函数即可。

2.4.2　案例 2-3　构造函数使用示例

我们将通过下面的例子来简要说明构造函数的使用方法。

【题目要求】

通过实例说明几种构造函数的使用方法。

【实现步骤】

(1) 建立一个名为 App2_3 的控制台应用程序。

(2) 在 Program.cs 文件中输入下列代码：

```csharp
namespace App2_3
{   //雇员类
    public class employee
    {
        public int salary;
        //按日薪结算的构造函数
        public employee(int daySalary)
        {
            salary = daySalary * 290;
        }
        //按周薪结算的构造函数
        public employee(int weeklySalary, int weeks)
        {
```

```
            salary = weeklySalary * weeks;
        }
    }


    class Program
    {
        static void Main(string[] args)
        {
            employee p = new employee(100);
            System.Console.WriteLine("根据日薪的算法，员工的薪水等于：{0}", p.salary);
            employee f = new employee(500, 52);
            System.Console.WriteLine("根据员工周薪的算法，员工的薪水等与：{0}", f.salary);
            Console.ReadLine();
        }
    }
}
```

上述程序从主函数开始执行，首先调用的是含有一个参数的构造函数，其次调用的是含有两个参数的构造函数。上述代码的运行结果如图 2-14 所示。

图 2-14　构造函数示例运行结果

2.4.3　析构函数

析构函数(destructor)与构造函数相反，当对象脱离其作用域时(例如对象所在的函数已调用完毕)，系统自动执行析构函数。析构函数往往用来做"清理善后"的工作(例如在建立对象时用 new 开辟了一片内存空间，应在退出前在析构函数中用 delete 释放)。

析构函数名也与类名相同，只是在函数名前面加一个波浪符~，例如~stud()，以区别于构造函数。它不能带任何参数，也没有返回值(包括 void 类型)；只能有一个析构函数，不能重载。如果用户没有编写析构函数，编译系统会自动生成一个缺省的析构函数，它也不进行任何操作。所以许多简单的类中没有用显式的析构函数。

使用析构函数有以下一些注意事项：
- 析构函数是自动调用的，程序员是无法调用的。
- 析构函数没有修饰符，也不带参数。
- 一个类中有且仅有一个析构函数。
- 析构函数无法进行重载。

C#采用了一种称为垃圾回收器的方法来自动管理内存，垃圾回收器在后台操作，通过相应的垃圾回收算法，自动判断并回收所有废弃的对象。所以大部分内存释放工作在 C# 中基本上可以交给垃圾回收器去完成，而不需要写太多代码。尽管如此，在有些特殊情况下还是需要用到析构函数的，如在 C# 中释放非托管资源，具体的方法将在后续案例分析中说明。

2.5　命名空间与类库

使用面向对象技术开发的现代软件系统中拥有数百甚至上千个类，为了方便地管理这些类，面向对象技术引入了"命名空间(namespace)"的概念。命名空间只是一种逻辑上的划分，而不是物理上的存储分类。

2.5.1　命名空间

命名空间是一种组织 C# 程序中出现的不同类型的方式。命名空间在概念上与计算机文件系统中的文件夹有些类似。与文件夹一样，命名空间可使类具有唯一的完全限定名称。一个 C# 程序包含一个或多个命名空间，每个命名空间或者由程序员定义，或者作为之前编写的类库的一部分来定义。

例如，命名空间 System 包括 Console 类，该类包含读取和写入控制台窗口的方法。System 命名空间也包含许多其他命名空间，如 System.IO 和 System.Collections。.NET Framework 本身就有八十多个命名空间，每个命名空间有上千个类：命名空间被用来最大程度地减少名称相似的类型和方法引起的混淆。

如果在命名空间声明之外编写一个类，则计算机将为该类提供一个默认命名空间。

如果要使用在 System 命名空间中包含的 Console 类中定义的 WriteLine 方法，可以使用如下所示的代码行：

```
System.Console.WriteLine("Hello, World!");
```

注意，需要在 Console 中包含的所有方法之前加 System，这一做法很快便会令人厌倦，因此我们可以将 using 指令插入到 C# 源文件的开头，这样在具体调用的时候就不用再指明命名空间了，如下所示：

```
using System;
```

然后可以这样来调用：

```
Console.WriteLine("Hello, World!");
```

在较大的编程项目中，声明自己的命名空间可以帮助控制类名称和方法名称的范围。使用 namespace 关键字可声明命名空间，如下例所示：

```
namespace SampleNamespace
{
    class SampleClass
    {
        public void SampleMethod()
        {
            System.Console.WriteLine(
                "SampleMethod inside SampleNamespace");
```

```
        }
    }
}
```

　　.NET Framework 使用命名空间来管理所有的类。如果把类比喻成书的话，则命名空间类似于放书的书架，书放在书架上，类放在命名空间里。当我们去图书馆查找一本书时，需要指定这本书的编号，编号往往规定了书放在哪个书库的哪个书架上，通过逐渐缩小的范围：图书馆→书库→书架，最终可以在某个书架中找到这本书。类似地，可以采用与图书馆保存图书类似的方法来管理类，通过逐渐缩小的范围，即最大的命名空间→子命名空间→孙命名空间……，最终找到一个类。所以，命名空间是可以嵌套的。

2.5.2　类库

　　为了提高软件开发的效率，人们在整个软件开发过程中大量应用了软件工程的模块化原则，将可以在多个项目中使用的代码封装为可重用的软件模块，基于这些可复用的软件模块，再开发新项目就成为"重用已有模块，再开发部分新模块，最后将新旧模块组装起来"的过程。整个软件开发过程类似于现代工业的生产流水线，生产线上的每个环节都由特定的人员负责，整个生产线上的工作人员既分工明确又相互合作，大大地提高了生产效率。

　　在组件化开发大行其道的今天，人们通常将可以重用的软件模块称为"软件组件"。

　　在面向对象的 .NET 软件平台之上，软件组件的表现形式为程序集(Assembly)，可以通过在 Visual Studio 中创建并编译一个类库项目得到一个程序集。

　　在 Visual Studio 的项目模板中，可以很方便地创建类库(Class Library)项目(见图 2-15)。

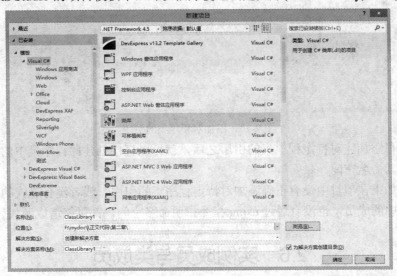

图 2-15　创建类库项目

　　Visual Studio 会自动在项目中添加一个名为 Class1.cs 的类文件，程序员可在此类文件中书写代码，或者添加新的类。一个类库项目中可以容纳的类数目没有限制，但只有声明为 public 的类可以被外界使用。

　　类库项目编译之后，会生成一个动态链接库(Dynamic Link Library，DLL)文件。这就

是可以被重用的 .NET 软件组件——程序集。默认情况下，类库文件名就是项目名加上".dll"后缀。

每个类库项目都拥有一个默认的命名空间，可以通过类库项目的属性窗口来指定。

需要仔细区分"类库项目"、"程序集"和"命名空间"这三个概念的区别：

- 每个类库项目编译之后，将会生成一个程序集。
- 类库项目中可以拥有多个类，这些类可属于不同的命名空间。
- 不同的类库项目可以定义相同的命名空间。

综上所述，可以得到如下结论：

"命名空间"是一个逻辑上的概念，它的物理载体是"程序集"，具体体现为"DLL"或"EXE"文件。在 Visual Studio 中，可通过创建"类库"类型的项目生成程序集。

一个程序集可以有多个命名空间，而一个命名空间也可以分布于多个程序集。一旦生成了一个程序集，在其他项目中就可以通过添加对这一程序集的引用而使用此程序集中的类，其方法是在"项目"菜单中选择"添加程序集"命令，激活"浏览"卡片，选择一个现有的程序集文件(DLL 或 EXE)，如图 2-16 所示。

图 2-16　添加对程序集的引用

一个项目添加完对特定程序集的引用之后，就可以直接创建此程序集中的类了，当然要注意指明其命名空间。

注意： 如果在项目中没有正确添加对特定程序集的引用，或者没有显式的通过命名空间来访问类中的成员，也没有通过 using 指令指明命名空间，都可能造成源代码编译错误。

2.6　实例成员与类成员

2.6.1　特性和访问规则

在类的成员类型或者返回值类型前面加上关键字 static，就能将该成员定义为静态成员(static member)。常量或类型声明会隐式地声明为静态成员，其他没有用 static 修饰的成员都是实例成员(instance member)或者称为非静态成员。静态成员属于类，被这个类的所有实例所共享；实例成员属于对象(类的实例)，每一个对象都有实例成员的不同副本。

1．访问类成员的基本方法

静态方法在使用时不需要创建对象，而是按以下格式直接调用：

类名 . 静态方法名(参数列表)

类的实例方法可以直接访问类的公有静态字段。.NET Framework 提供了大量的静态方法供开发人员使用，最典型的是数学库函数，.NET Framework 将常用的数学函数放到了类 Math 中，例如计算 2 的 3 次方的代码：

```
double ret = Math.Pow(2, 3);
```

2．类成员的基本特性

类的静态成员是供类的所有对象所共享的，下面将通过具体实例来说明这个问题。

给类 StaticMembers 增加一个普通的实例方法 increaseValue()和实例字段 dynamicVar，在 increaseValue()方法中，对类的静态字段 staticVar 和实例字段 dynamicVar 都进行了自增操作。

```
class StaticMembers
{    //静态字段
    public static int staticVar = 0;
    public int dynamicVar = 0;
    public void increaseValue()
    {
        staticVar++;
        dynamicVar++;
    }
}
```

通过下面的代码进行测试：

```
static void Main(string[] args)
{    StaticMembers obj = null;
    //创建 100 个对象
    for (int i = 0;   i < 100;   i++)
    {
        obj = new StaticMembers();
        obj.increaseValue();
    }
    //查看静态字段与普通字段的值
    Console.WriteLine("dynamicVar = " + obj.dynamicVar);
    Console.WriteLine("staticVar = " + StaticMembers.staticVar);
    //程序暂停，敲任意键继续
    Console.ReadKey();
}
```

程序的运行结果如下：

```
dynamicVar = 1

staticVar = 100
```

★请读者思考一下为什么会是这个结果。

在本示例中创建了 100 个对象，每个对象拥有 1 个 dyanmicVar 字段，一共有 100 个 dyanmicVar 字段，这些字段是独立的，"互不干涉内政"。而 staticVar 字段仅有一个，为所有对象所共享。因此，任何一个对象对 staticVar 字段的修改，都会被其他对象所感知(如图 2-17 所示)。

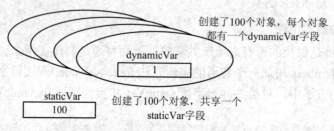

图 2-17　静态成员与实例成员

3. 静态成员和实例成员的使用方法分析

静态成员具有下列特征：

- 静态成员必须通过类名使用 . 运算符来引用，而不能用对象来引用。
- 一个静态字段只标识一个存储位置。无论创建了一个类的多少个实例，它的静态字段在内存中都只占同一块区域。
- 静态函数成员(方法、属性、事件、运算符或构造函数)不能作用于具体的实例，在这类函数成员中不能直接使用实例成员，必须通过类名来引用。

实例成员具有以下特点：

- 实例成员必须通过对象名使用 . 运算符来引用，而不能用类名来引用。
- 类的实例字段属于类的实例所有，每创建一个类的实例，都在内存中为实例字段开辟了一块区域。类的每个实例分别包含一组该类的所有实例字段的副本。
- 实例函数成员(方法、属性、索引器、实例构造函数或析构函数)作用于类的给定实例，在它们的代码体内可以直接引用类的静态和实例成员。

其实在前面的代码中大量使用的 Console 类的 WriteLine 等方法都是静态方法，都是通过类名 Console 来引用的。

下面这段代码有助于读者更好地体会静态成员和实例成员的使用方法。

```csharp
class Test
{
    int x;              //实例字段
    static int y;       //静态字段

    void F()            //实例方法
    {
        x = 1;          //正确：实例方法内可以直接引用实例字段
```

```
        y = 1;                //正确：实例方法内可以直接引用静态字段
    }

    static void G()           //静态方法
    {
        x = 1;                //错误：静态方法内不能直接引用实例字段
        y = 1;                //正确：静态方法可以直接引用静态字段
    }

    static void Main()        //静态方法
    {
        Test t = new Test();  //创建对象
        t.x = 1;              //正确：用对象引用实例字段
        t.y = 1;              //错误：不能用对象名引用静态字段
        Test.x = 1;           //错误：不能用类名引用实例字段
        Test.y = 1;           //正确：用类名引用静态字段
        t.F();                //正确：用对象调用实例方法
        t.G();                //错误：不能用对象名调用静态方法
        Test.F();             //错误：不能用类名调用实例方法
        Test.G();             //正确：用类名调用静态方法
    }
}
```

2.6.2　案例 2-4　类成员与实例成员使用示意——银行账户问题

【题目要求】

模拟一个银行账户系统，假设用户账户由系统自动产生，第一个顾客的账户为
201500001，第二个顾客的账户为 201500002，第三个顾客的账户为 201500003……。运行
结果如图 2-18 所示。

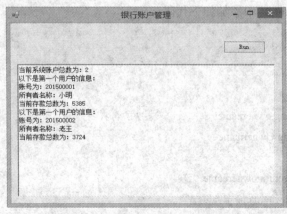

图 2-18　案例 2-4 最终运行结果图

【技术要点】

(1) 使用一个类变量 lastAccountNumbr 存储最后一个账户号，初始值设为 0，逐渐累加。因为它是类变量，其实质就是表示系统中的账户总数。

(2) 定义一个私有的类方法 NewUseraccountNum()，用于在内部产生新的账户号。

(3) 账户号属性只有 get 访问器，没有 set 访问器，表明外界只能读取，不能设置，账户号由系统自动生成。

【实现步骤】

(1) 在 VS2012 中建立一个 Windows 窗体应用程序 app2_4。

(2) 在项目中添加一个新类 Useraccount。具体的添加方法是：在 VS2012 的解决方案资源管理器视图上找到项目 app2_4，用鼠标选中它并点击右键，依此选择"添加"->"类"，或者使用"Shift+Alt+C"快捷键，在弹出的"添加新项"对话框中设置类名为 Useraccount，如图 2-19 所示，然后点击"添加"按钮。

图 2-19　在项目中添加一个类

(3) 在 Useraccount.cs 中添加如下代码：

```
namespace app2_4
{
    class Useraccount
    {
        private string ownername;              //所有者名称
        public string Ownername
        {
            get { return ownername;    }
            set { ownername = value;    }
        }
```

```csharp
    private string accountNumber;                //账号
    public string AccountNumber
    {
        get { return accountNumber;    }
    }

    private double balance;                      //账单金额
    public double Balance
    {
        get { return balance;    }
        set { balance = value;    }
    }

    private static int lastAccountNumbr = 0;        //账户总数

    public Useraccount()                         //默认的构造函数
        : this("", 0)
    { }
//重载的构造函数
    public Useraccount(string inownername, double inbalance)
    {
        this.ownername = inownername;
        this.accountNumber = NewUseraccountNum();
        this.balance = inbalance;
    }

    //生成新的账号
    private static string NewUseraccountNum()
    {
        lastAccountNumbr++;
        return (201500000 + lastAccountNumbr).ToString();
    }

    //存款
    public double Desposit(double inamount)
    {
        this.balance += inamount;
        return this.balance;
    }
```

```
//取款
public double Withdraw(double inamount)
{
    this.balance -= inamount;
    return this.balance;
}

//取账户总数
public static int GetUseraccountNum()
{
    return lastAccountNumbr;
}
    }
}
```

（4）根据图 2-18 修改 Form1 的界面。从工具箱中拖出一个"Button"控件，用鼠标选中它并点击右键，在弹出的菜单上选择"属性"，在属性页面修改其属性，将其 Name 属性修改为 buttonRun，将"Text"属性修改为 Run。从工具箱中拖出一个 richTextBox 控件，用同样的方法将其 Name 属性修改为 richTextBoxInfo。

注：做上述属性修改的意义在于将默认的以 1、2、3、4 命名的控件名称修改为带有实际含义的、容易被人们理解的名称。这是一个良好的操作习惯，也是新手最容易忽略的。

（5）双击界面上的 Button 按钮，会自动生成一个事件 buttonRun_Click，按照如下内容完善该事件：

```
private void buttonRun_Click(object sender, EventArgs e)
{
    Useraccount account1 = new Useraccount("小明",5000.0);        //建立第一个账户
    Useraccount account2 = new Useraccount();                    //建立第二个账户
    account2.Ownername = "老王";                                  //设置账户人名
    account2.Balance = 3782.0;                                   //设置初始存款数
    account1.Desposit(385.0);                                    //向第一个账户存款
    account2.Withdraw(58.0);                                     //向第二个账户取款

    this.richTextBoxInfo.AppendText("当前系统账户总数为：" + Useraccount.GetUseraccountNum().
ToString() + "\n");
    this.richTextBoxInfo.AppendText("以下是第一个用户的信息：" + "\n");
    this.richTextBoxInfo.AppendText("账号为：" + account1.AccountNumber + "\n");
    this.richTextBoxInfo.AppendText("所有者名称：" + account1.Ownername + "\n");
    this.richTextBoxInfo.AppendText("当前存款总数为：" + account1.Balance.ToString() + "\n");
    this.richTextBoxInfo.AppendText("以下是第一个用户的信息：" + "\n");
    this.richTextBoxInfo.AppendText("账号为：" + account2.AccountNumber + "\n");
```

```
this.richTextBoxInfo.AppendText("所有者名称："+ account2.Ownername + "\n");
this.richTextBoxInfo.AppendText("当前存款总数为："+ account2.Balance.ToString() + "\n");
}
```

（6）保存所有代码，点击"启动"按钮，或者选择菜单中的"调试"->"开始调试"菜单，或直接通过快捷键 F5 启动程序，在弹出的界面当中点击"Run"按钮，即可看到如图 2-18 所示的结果。

（7）请读者自行分析程序运行结果。

2.7　继承与多态

关于继承、派生和多态的概念在 2.1.5 小节已作了简单介绍，这里主要对代码实现和运用方面做进一步的介绍。

2.7.1　继承和派生

1．派生类的声明格式
派生类的声明格式如下：

```
类修饰符  class 派生类类名：基类类名
{
    类体
}
```

在类的声明中，通过在类名后面加上冒号，再跟上基类名称来表示继承关系。例如，下面的代码就表示了狮子类和动物类的继承关系：

```
class Animal
{

}
class Lion : Animal
{

}
```

★读者可以思考一下，上述的代码中，谁继承自谁？谁派生出谁？

2．访问权限控制
在 C# 的类中，关键字 this 指类的实例自己，而关键字 base 则是指父类。关键字 base 的作用主要有两个：调用父类的构造函数和调用父类的方法。

面向对象编程的一大特点就是可以控制类成员的可访问性。当前主流的面向对象语言都拥有三种基本的可访问性，如表 2-1 所示。其中 public 和 private 主要用于定义单个类的成员存取权限，当外界创建一个类的对象后，只能访问其公有实例字段，类私有实例字段只能被自身的实例方法所使用。只要是类直接定义的实例方法，不管它是公有的还是私有的，都可以访问类自身的私有实例字段。

表 2-1　类成员访问权限说明

可访问性	C#关键字	含　义
公有	public	访问不受限制
私有	private	只有类自身成员可以访问
保护	protected	子类可以访问，其他类无法访问

在形成继承关系的两个类之间，可以定义一种扩充权限——protected。当一个类成员被定义为 protected 之后，所有外界类都不可以访问它，但其子类可以访问，如下面的代码所示：

```
class Parent
{
    public int publicField = 0;
    private int privateFiled = 0;
    protected int protectedField = 0;
    protected void protectedFunc()
    { }
}
class Son:Parent
{
    public void ChildFunc()
    {
        publicField = 100;      //正确! 子类能访问父类的公有字段
        privateFiled = 200;     //错误! 子类不能访问父类的私有字段
        protectedField = 300;   //正确! 子类能访问父类的保护字段
        protectedFunc();        //正确! 子类能访问父类的保护方法
    }
}
```

当创建子类对象后，外界可以访问子类的公有成员和父类公有成员，如下代码所示：

```
Son obj = new Son ();          //可以调用子类的公有方法
    obj.ChildFunc();           //可以访问父类的公有字段
obj.publicField = 1000;
```

下面三句话即可总结 C#当中的类成员访问权限问题：
- 所有不必让外人知道的东西都是私有的。
- 所有需要向外提供的服务都是公有的。
- 所有的"祖传绝招"、"秘不外传"的都是保护的。

C#中还有一种可访问性，就是由关键字 internal 所确定的"内部"访问性。internal 有点像 public，外界类也可以直接访问声明为 internal 的类或类的成员，但这只局限于同一个程序集内部。读者可以简单地将程序集理解为一个独立的 DLL 或 EXE 文件。一个 DLL 或 EXE 文件中可以有多个类，如果某个类可被同一程序集中的类访问，但其他程序集中的类不能访问它，则称此类具有 internal 访问性。

2.7.2　多态及实现

Polymorphism(多态性)来源于希腊单词，指"多种形态"。多态性的一个重要特征是方法的调用是在运行时确定而不是编译时确定。在 .NET 中用于实现多态性的关键词有 virtual、override、abstract、interface，下面分别介绍之。

1. 用虚函数 virtual 实现多态

在下面的例程当中，shape 类是通用的基类，draw 是一个虚方法，每个派生类都可以有自己的 override 版本，在运行时可以用 shape 类的变量动态地调用 draw 方法。

```
public class Shape
{
    public virtual void Draw()
    {
        Console.WriteLine("base class drawing");
    }
}
public class Rectangle :Shape
{
    public override void Draw()
    {
        Console.WriteLine("Drawing a Rectangle");
    }
}
public class Square :Rectangle
{
    public override void Draw()
    {
        Console.WriteLine("Drawing a Square");
        base.Draw();
    }
}
class Program
{
    static void Main(string[]args)
    {
        System.Collections.Generic.List<Shape> shapes = new List<Shape>();
        shapes.Add(new Rectangle());
        shapes.Add(new Square());
```

```
        foreach(Shape s in shapes)
        {
            s.Draw();
        }
        Console.ReadKey();
    }
}
```

上述程序的运行结果如图 2-20 所示。

图 2-20　程序运行结果(1)

方法、属性、事件、索引器都可以被 virtual 修饰，但是字段不可以。派生类必须用 override 表示类成员参与虚调用。假如把 Square 中的 draw 方法替换为用 new 修饰，则表示 draw 方法不参与虚调用，而且是一个新的方法，只是名字和基类方法重名。

```
public new void Draw()
{
    Console.WriteLine("Drawing a Square");
    base.Draw();
}
```

这个方法在 Main 方法中的 foreach 中不会被调用，它不是虚方法。用 new 修饰符后的程序运行结果如图 2-21 所示。

图 2-21　程序运行结果(2)

假如虚方法在 rectangle 扩展后，而不希望 square 扩展，可以在方法前加上 sealed 修饰符，修改代码如下：

```
public class Rectangle :Shape
{
    public sealed override voidDraw()
    {
        Console.WriteLine("Drawing a Rectangle");
    }
}
```

2. 用抽象 abstract 实现多态

被 abstract 修饰的方法，默认是虚拟的，但是不能出现 virtual 关键词修饰。被 abstract 修饰的类可以有已实现的成员，可以有自己的字段，也可以有非 abstract 修饰的方法，但是不能实例化，因为抽象的东西是没有实例对应的。比如，有人只说让我们画个图形(抽象)，这是画不出来的，但是让画个矩形(具体)是可以画出来的。下面是用 abstract 实现多态的代码：

```csharp
public abstract class Shape
{
    public abstract void Draw();
}
public class Rectangle :Shape
{
    public override void Draw()
    {
        Console.WriteLine("Drawing a Rectangle");
    }
}
public class Square :Rectangle
{
    public override void Draw()
    {
        Console.WriteLine("Drawing a Square");
        base.Draw();
    }
}
class Program
{
    static void Main(string[]args)
    {
        System.Collections.Generic.List<Shape>shapes = new List<Shape>();
        shapes.Add(new Rectangle());
        shapes.Add(new Square());
        foreach(Shape s in shapes)
        {   s.Draw();
        }
        Console.ReadKey();
    }
}
```

上述代码的运行结果如图 2-20 所示，读者可以比较一下利用虚函数和抽象类实现多态的区别。被 abstract 修饰的方法，在派生类中同样用 override 关键词进行扩展。同样可以用关键词 sealed 阻止派生类进行扩展。

3. 用接口 interface 实现多态

接口可由方法、属性、事件、索引器或这四种成员类型的任何组合构成。接口不能包含字段。接口成员默认是公共的、抽象的、虚拟的。若要实现接口成员，类中的对应成员必须是公共的、非静态的，并且与接口成员具有相同的名称和签名。下面的代码是 interface 实现的多态，其运行结果和前几种方法的结果一样。

```csharp
public interface IShape
{
    void Draw();
}
public class Rectangle :IShape
{
    public void Draw()
    {
        Console.WriteLine("Drawing a Rectangle");
    }
}
public class Square: IShape
{
    public void Draw()
    {
        Console.WriteLine("Drawing a Square");
    }
}
class Program
{
    static void Main(string[]args)
    {
        System.Collections.Generic.List<IShape>shapes = new List<IShape>();
        shapes.Add(new Rectangle());
        shapes.Add(new Square());
        foreach(IShape s inshapes)
        {
            s.Draw();
        }
        Console.ReadLine();
    }
}
```

一个类可以实现无限个接口，但仅能从一个抽象(或任何其他类型)类继承。从抽象类派生的类仍可实现接口。MSDN 在接口和抽象类的选择方面给出了一些建议：

(1) 如果预计要创建组件的多个版本，则创建抽象类。抽象类提供简单易行的方法来控制组件版本。通过更新基类，所有继承类都随更改自动更新。另一方面，接口一旦创建就不能更改。如果需要接口的新版本，必须创建一个全新的接口。

(2) 如果创建的功能将在大范围的全异对象间使用，则使用接口。抽象类应主要用于关系密切的对象，而接口最适合为不相关的类提供通用功能。

(3) 如果要设计小而简练的功能块，则使用接口；如果要设计大的功能单元，则使用抽象类。

(4) 如果要在组件的所有实现间提供通用的已实现功能，则使用抽象类。抽象类允许部分实现类，而接口不包含任何成员的实现。

2.7.3　案例 2-5　多态的实现方式

【题目要求】

通过实例展示各种多态的实现方式，程序运行结果如图 2-22 所示。

```
Square override Draw()
Square override Draw()
Shape virtual Draw()
Rectangle IShape.Draw()
```

图 2-22　程序运行结果(3)

【实现步骤】

(1) 在 VS2012 中建立一个控制台应用程序 app2_5。

(2) 在 Program.cs 中输入下列代码，并编译运行，查看结果：

```csharp
public interface IShape
{
    void Draw();
}
public class Shape:IShape
{
    void IShape.Draw()
    {
        Console.WriteLine("Shape IShape.Draw()");
    }
    public virtual void Draw()
    {
        Console.WriteLine("Shape virtual Draw()");
    }
}
```

```csharp
}
public class Rectangle :Shape,IShape
{
    void IShape.Draw()
    {
        Console.WriteLine("Rectangle IShape.Draw()");
    }
    public newvirtual void Draw()
    {
        Console.WriteLine("Rectangle virtual Draw()");
    }
}
public class Square :Rectangle
{
    public override void Draw()
    {
        Console.WriteLine("Square override Draw()");
    }
}
class Program
{
    static void Main(string[]args)
    {
        Square squre = new Square();
        Rectangle rect = squre;
        Shape shape = squre;
        IShape ishape = squre;
        squre.Draw();
        rect.Draw();
        shape.Draw();
        ishape.Draw();
        Console.ReadLine();
    }
}
```

【结果分析】

在上述程序中，把派生类实例赋给父类变量或者接口。对第一行输出结果不需要进行过多解释。

对于第二行输出结果，因为 Draw 方法是虚方法，虚方法的调用规则是调用离实例变量最近的 override 版本方法，Square 类中的 Draw 方法是离实例 squre 最近的方法，即使是把 Square 类型的实例赋值给 Rectangle 类型的变量去访问，仍然调用的是 Square 类重写的方法。

对于第三行输出结果，也是虚方法调用，在子类 Rectangle 中的 draw 方法用 new 修饰，这就表明 shape 类中的 virtual 到此中断，后面 Square 中的 override 版是针对 Rectangle 中的 Draw 方法，此时，离 square 实例最近的实现就是 Shape 类中的 Draw 方法，因为 Shape 类中的 Draw 方法没有 override 的版本，只能调用本身的 virtual 版了。

对于第四行输出结果，因为 Rectangle 重新声明实现接口 IShape，接口调用同样符合虚方法调用规则，调用离它最近的实现，Rectangle 中的实现比 Shape 中的实现离实例 square 更近。Rectangle 中的 IShape.Draw()方法是显式接口方法实现，对于它不能有任何的访问修饰符，只能通过接口变量访问它，同时也不能用 virtual 或者 override 进行修饰，也不能被派生类型调用，只能用 IShape 变量进行访问。如果类型中有显式接口的实现，而且用的是接口变量，则默认调用显式接口的实现方法。

2.8　委托与事件

2.8.1　委托概述

委托是一种新的面向对象语言特性，在历史比较长的面向对象语言比如 C++ 中并未出现过。微软公司在设计运行于 .NET Framework 平台之上的面向对象语言(如 C# 和 Visual Basic.NET)时引入了这一新特性。

委托(delegate)也可以看成是一种数据类型，可以用于定义变量。但它是一种特殊的数据类型，它所定义的变量能接收的数值只能是一个函数。更确切地说，委托类型的变量可以接收一个函数的地址，类似于 C++ 语言的函数指针。委托是事件的基础。

委托用于将方法作为参数传递给其他方法。事件处理程序就是通过委托调用的方法。用户可以创建一个自定义方法，当发生特定事件时，某个类(例如 Windows 控件)就可以调用该方法。下面的示例演示了一个委托声明：

```
public delegate int PerformCalculation(int x, int y);
```

与委托的签名(由返回类型和参数组成)匹配的任何可访问类或结构中的任何方法都可以分配给该委托。方法可以是静态方法，也可以是实例方法。这样就可以通过编程方式来更改方法调用，还可以向现有类中插入新代码。只要知道委托的签名，就可以分配自己的方法。

需要说明的是，在方法重载的上下文中，方法的签名不包括返回值。但在委托的上下文中，签名的确包括返回值。换句话说，方法和委托必须具有相同的返回值。

将方法作为参数进行引用的能力使委托成为定义回调方法的理想选择。例如，用于比较两个对象方法的，可以被作为参数传递到排序算法中。由于比较代码在一个单独的过程中，因此可通过更常见的方式写入排序算法。

委托具有以下特点：

· 委托类似于 C++ 函数指针，但它们是类型安全的。

· 委托允许将方法作为参数进行传递。

- 委托可用于定义回调方法。
- 委托可以链接在一起；例如，可以对一个事件调用多个方法。
- 方法不必与委托签名完全匹配。

C# 2.0 版引入了匿名方法的概念，此类方法允许将代码块作为参数传递，以代替单独定义的方法。C# 3.0 引入了 Lambda 表达式，利用它们可以更简练地编写内联代码块。匿名方法和 Lambda 表达式(在某些上下文中)都可编译为委托类型。这些功能统称为匿名函数。有关 Lambda 表达式的更多信息，请参见 MSDN 的相关章节。

2.8.2 案例 2-6 委托的应用示例

【题目要求】

通过示例阐释声明、实例化和使用委托的方法。下面的实例中，BookDB 类封装一个书店数据库，它维护一个书籍数据库。它公开 ProcessPaperbackBooks 方法，该方法在数据库中查找所有平装书，并对每本平装书调用一个委托。使用的 delegate 类型名为 ProcessBookDelegate。Test 类使用该类打印平装书的书名和平均价格。程序运行结果如图 2-23 所示。

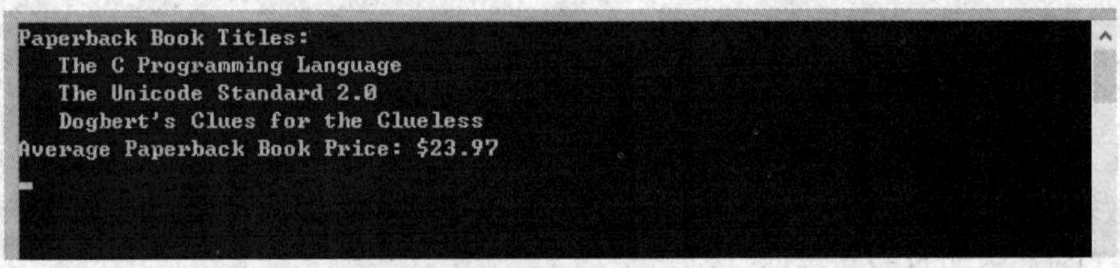

```
Paperback Book Titles:
    The C Programming Language
    The Unicode Standard 2.0
    Dogbert's Clues for the Clueless
Average Paperback Book Price: $23.97
```

图 2-23　委托示例程序运行结果

【实现步骤】

(1) 在 VS2012 中建立一个控制台应用程序 app2_6。

(2) 在该解决方案中新建一个名为 Bookstore 的类。

(3) 在 Bookstore.cs 中输入以下代码：

```csharp
using System;
using System.Collections;
using System.Collections.Generic;
using System.Linq;
using System.Text;
using System.Threading.Tasks;

//A set of classes for handling a bookstore
namespace Bookstore
{
    //Describes a book in the book list:
    public struct Book
    {
```

```csharp
        public string Title;                // Title of the book.
        public string Author;               // Author of the book.
        public decimal Price;               // Price of the book.
        public bool Paperback;              // Is it paperback?

        public Book(string title, string author, decimal price, bool paperBack)
        {
            Title = title;
            Author = author;
            Price = price;
            Paperback = paperBack;
        }
    }

//Declare a delegate type for processing a book:
public delegate void ProcessBookDelegate(Book book);

//Maintains a book database.
public class BookDB
{
    //List of all books in the database:
    ArrayList list = new ArrayList();

    //Add a book to the database:
    public void AddBook(string title, string author, decimal price, bool paperBack)
    {
        list.Add(new Book(title, author, price, paperBack));
    }

    //Call a passed-in delegate on each paperback book to process it:
    public void ProcessPaperbackBooks(ProcessBookDelegate processBook)
    {
        foreach (Book b in list)
        {
            if (b.Paperback)
                // Calling the delegate:
                processBook(b);
        }
    }
}
```

(4) 在 Program.cs 中输入以下代码：

```csharp
using Bookstore;
using System;
using System.Collections.Generic;
using System.Linq;
using System.Text;
using System.Threading.Tasks;

namespace app2_6
{

    // Class to total and average prices of books:
    class PriceTotaller
    {
        int countBooks = 0;
        decimal priceBooks = 0.0m;

        internal void AddBookToTotal(Book book)
        {
            countBooks += 1;
            priceBooks += book.Price;
        }

        internal decimal AveragePrice()
        {
            return priceBooks / countBooks;
        }
    }

    class Program
    {
        // Print the title of the book.
        static void PrintTitle(Book b)
        {
            System.Console.WriteLine("    {0}", b.Title);
        }

        // Initialize the book database with some test books:
        static void AddBooks(BookDB bookDB)
        {
            bookDB.AddBook("The C Programming Language", "Brian W. Kernighan and Dennis M.
```

```
Ritchie", 19.95m, true);
            bookDB.AddBook("The Unicode Standard 2.0", "The Unicode Consortium", 39.95m, true);
            bookDB.AddBook("The MS-DOS Encyclopedia", "Ray Duncan", 129.95m, false);
            bookDB.AddBook("Dogbert's Clues for the Clueless", "Scott Adams", 12.00m, true);
        }

        static void Main(string[] args)
        {
            BookDB bookDB = new BookDB();

            // Initialize the database with some books:
            AddBooks(bookDB);

            // Print all the titles of paperbacks:
            System.Console.WriteLine("Paperback Book Titles:");

            // Create a new delegate object associated with the static
            // method Test.PrintTitle:
            bookDB.ProcessPaperbackBooks(PrintTitle);

            // Get the average price of a paperback by using
            // a PriceTotaller object:
            PriceTotaller totaller = new PriceTotaller();

            // Create a new delegate object associated with the nonstatic
            // method AddBookToTotal on the object totaller:
            bookDB.ProcessPaperbackBooks(totaller.AddBookToTotal);

            System.Console.WriteLine("Average Paperback Book Price: ${0:#.##}",
                    totaller.AveragePrice());
            Console.ReadKey();
        }
    }
}
```

【结果分析】

　　委托的使用促进了书店数据库和客户代码之间功能的良好分隔。客户代码不知道书籍的存储方式和书店代码查找平装书的方式。书店代码也不知道找到平装书后将对平装书执行什么处理。

【方法小结】

(1) 声明委托。代码格式如下：

```
public delegate void ProcessBookDelegate(Book book);
```

每个委托类型都描述参数的数目和类型，以及它可以封装的方法的返回值类型。每当需要一组新的参数类型或新的返回值类型时，都必须声明一个新的委托类型。

(2) 实例化委托。声明了委托类型后，必须创建委托对象并使之与特定方法关联。在上一个示例中，我们通过按下面示例中的方式将 PrintTitle 方法传递到 ProcessPaperback Books 方法来实现这一点：

```
bookDB.ProcessPaperbackBooks(PrintTitle);
```

这将创建与静态方法 Test.PrintTitle 关联的新委托对象。类似地，对象 totaller 的非静态方法 AddBookToTotal 是按下面示例中的方式传递的：

```
bookDB.ProcessPaperbackBooks(totaller.AddBookToTotal);
```

上述两行代码都向 ProcessPaperbackBooks 方法传递了一个新的委托对象。委托创建后，它的关联方法就不能更改；委托对象是不可变的。

(3) 调用委托。创建委托对象后，通常将委托对象传递给将调用该委托的其他代码。通过委托对象的名称(后面跟着要传递给委托的参数，括在括号内)调用委托对象。下面是委托调用的示例：

```
processBook(b);
```

可以通过使用 BeginInvoke 和 EndInvoke 方法同步或异步调用委托。

(4) 委托和接口。委托和接口都允许类设计器分离类型声明和实现。任何类或结构都能继承和实现给定的接口。可以为任何类上的方法创建委托，前提是该方法符合委托的方法签名。接口引用或委托可由不了解实现该接口或委托方法的类的对象使用。既然存在这些相似性，那么类设计器何时应使用委托，何时又该使用接口呢? 在 MSDN 中是如下说明的：

在以下情况时，请使用委托：

- 当使用事件设计模式时；
- 当封装静态方法可取时；
- 当调用方不需要访问实现该方法的对象中的其他属性、方法或接口时；
- 需要方便的组合；
- 当类可能需要该方法的多个实现时。

在以下情况时，请使用接口：

- 当存在一组可能被调用的相关方法时；
- 当类只需要方法的单个实现时；
- 当使用接口的类想要将该接口强制转换为其他接口或类类型时；
- 当正在实现的方法链接到类的类型或标识时，例如比较方法。

2.8.3 事件概述

事件是对象发送的消息，以发信号通知操作的发生。事件可以由用户交互引起，例如单击按钮，也可能是由某些其他程序的逻辑引发，例如更改的属性值。引发事件的对象称为 event sender，事件发送方不知道哪个对象或方法将接收到(处理)它引发的事件。

可以使用 C# 中的 event 关键字在事件类中签名并指定事件的委托来定义一个事件。

下面的代码段显示如何声明名叫 ThresholdReached 的事件，事件与 EventHandler 委托相关联并且被一个叫 OnThresholdReached 的方法引发。

```
class Counter
{
    public event EventHandler ThresholdReached;

    protected virtual void OnThresholdReached(EventArgs e)
    {
        EventHandler handler = ThresholdReached;
        if (handler != null)
        {
            handler(this, e);
        }
    }

    // provide remaining implementation for the class
}
```

2.8.4　案例 2-7　委托与事件综合案例

【题目要求】

通过实现一个汽车挡位模拟程序，演示如何通过委托来定义事件。程序运行界面如图 2-24 所示。

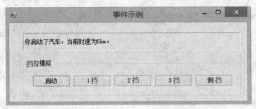

图 2-24　委托和事件示例程序运行界面

【实现步骤】

(1) 在 VS2012 中建立一个 Windows 窗体应用程序 app2_7。

(2) 打开窗体 Form1，按照图 2-24 放置窗体控件，并设置相关属性，其中包括一个 label 控件，一个 groupbox 控件和 5 个 button 控件。设置"启动"按钮的 tag 属性为 0，"1 挡"按钮的 tag 属性为 1，"2 挡"按钮的 tag 属性为 2，"3 挡"按钮的 tag 属性为 3，"倒挡"按钮的 tag 属性为 4。

(3) 在项目中添加一个名为 ShiftArgs 的类，并输入以下代码：

```
namespace app2_7
{
    public class ShiftArgs : EventArgs
    {
        private int gear;
```

```
        public int Gear
        {
            get { return gear;   }
            set { gear = value;   }
        }
    }
}
```

(4) 在项目中添加一个名为 Stalls 的类，并输入以下代码：

```
namespace app2_7
{
    //声明一个委托
    public delegate void OnShiftHandle(object sender, ShiftArgs e);

    //建立一个类，该类声明了一个事件
    public class Stalls
    {
        public event OnShiftHandle OnShift;
        public void Shift(object sender, ShiftArgs e)
        {
            if (OnShift != null)
            {
                OnShift(sender,e);
            }
        }
    }
}
```

(5) 在 Form1.cs 中输入以下代码：

```
    public partial class Form1 : Form
    {
        public Form1()
        {
            InitializeComponent();
        }

        private Stalls stalls; //挡位信息
        private void button_click(object sender, EventArgs e)
        {
            ShiftArgs shiftargs = new ShiftArgs(); //建立 shiftargs 的实例并传入挡位数
            shiftargs.Gear = Convert.ToInt32(((Button)sender).Tag);
```

```
                stalls.Shift(sender, shiftargs); //引发事件
        }

        //事件的实际处理函数
        private void GearChanged(object sender, ShiftArgs e)
        {
            switch (e.Gear)
            {
                case 0:
                    label1.Text = "你启动了汽车，当前时速为 5km/h。";
                    break;
                case 1:
                    label1.Text = "当前挡位为 1 挡，当前时速为 10km/h。";
                    break;
                case 2:
                    label1.Text = "当前挡位为 2 挡，当前时速为 20km/h。";
                    break;
                case 3:
                    label1.Text = "当前挡位为 3 挡，当前时速为 40km/h。";
                    break;
                case 4:
                    label1.Text = "当前挡位为倒挡，当前时速为-5km/h。";
                    break;
            }
        }
    }
```

(6) 打开窗体，为窗体添加 Load 事件，并输入如下代码：

```
private void Form1_Load(object sender, EventArgs e)
    {
        stalls = new Stalls(); //建立挡位实例
        stalls.OnShift += new OnShiftHandle(GearChanged); //绑定事件处理程序
    }
```

(7) 为 5 个按钮添加 Click 事件，事件处理代码均设置为 button_Click。

(8) 运行程序。

 习题 2

1. 什么是类？什么是对象？它们之间的关系是怎样的？

2. 面向对象技术的核心特性是什么？

3. 什么是封装？为什么要将类封装起来？封装的原则是什么？

4. 类的构造方法和析构方法有什么作用？它们分别被谁调用？它们的访问权限范围应该是怎样的？是否每个类都必须设计构造方法和析构方法？没有设计构造方法和析构方法的类执行什么构造方法和析构方法？

5. this 引用有什么作用？this 引用有几种使用方法？

6. 说明类成员与实例成员的区别。

7. 什么是继承？继承机制的作用是什么？子类继承了父类中的什么？子类不需要父类中的成员时怎么办？能够删除它们吗？C# 允许一个类有多个父类吗？

8. 子类能够访问父类中什么样权限的成员？如果子类声明的成员与父类成员同名会怎么样？

9. 什么是多态性？什么是方法的重载？方法的重载和覆盖有何区别？

10. 什么是抽象类？在什么情况下需要设计抽象类？抽象类中是否必须有抽象方法？

第二部分 C#开发实例

第3章　基于C#的计算器程序

前面章节介绍了 C# 语言的开发环境和基础语法知识等，从本章开始将正式进入 C# 程序的实例分析，在介绍每个实例的时候都会先给出题目要求，分析要完成相应的要求需要具备哪些基础知识，然后给出实例并对其进行具体的分析。本章将从一个最简单的 C# 程序开始分析——计算器程序。看似简单的计算器程序却有非常多的实现方法，能够体现出非常多的编程思想，比如，可以有控制台的实现方法，可以有 Windows Form 的实现方法，也可以有 WPF(Windows Presentation Foundation，Windows 呈现基础)的实现方法，有面向过程的实现方法，也有面向对象的实现方法。本书较少涉及控制台编程(本章除外)，主要从 Windows Form 方面举例，但也并非每个实例都给出这两种实现方式，有兴趣的读者可以自行完成书中未给出的实现方式。

3.1　最简单的计算器

有这样一道面试题目：

"请用 C++、Java、C# 或 VB.NET 任意一种面向对象语言实现一个计算器控制台程序，要求输入两个数和运算符号，得到结果。"

单看题目，这道题非常简单，完全没有难度，但是，作为面试题出现，其中必有深意，下文将详细分析。

3.1.1　案例 3-1　计算器控制台程序

【题目要求】

利用 C# 语言实现一个计算器控制台程序，要求输入两个数以及运算符号，最终得出计算结果。

【技术要点】

· 要求用 C# 语言实现。

· 要求实现的是控制台程序。

· 要求的程序输入参数包括操作数 1、操作数 2 和运算符号共三个。

· 要求的程序输出为最终的计算结果，直接在控制台界面显示即可。

【设计步骤】

(1) 在 Visual Studio 2012 中新建一个项目名称为 app3_1 的控制台程序，具体方法为：在 VS2012 主界面依次选择菜单"文件"->"新建"->"项目"，在弹出的"新建项目"对话框当中选择"控制台应用程序"，并将名称修改为"app3_1"，选择一个合适的保存位置，点击"确认"按钮。

(2) 根据题目要求，将建立的代码按如下格式进行完善：

```
class Program
{
    static void Main(string[] args)
    {
        Console.Write("请输入数字 A： ");
        string A = Console.ReadLine();
        Console.Write("请选择运算符号(+、-、*、/)： ");
        string B = Console.ReadLine();
        Console.Write("请输入数字 B： ");
        string C = Console.ReadLine();
        string D = "";

        if (B== "+")
            D = Convert.ToString(Convert.ToDouble(A) + Convert.ToDouble(C));
        if (B == "-")
            D = Convert.ToString(Convert.ToDouble(A) - Convert.ToDouble(C));
        if (B == "*")
            D = Convert.ToString(Convert.ToDouble(A) * Convert.ToDouble(C));
        if (B == "/")
            D = Convert.ToString(Convert.ToDouble(A) / Convert.ToDouble(C));

        Console.WriteLine("结果是： " + D);
    }
}
```

(3) 生成解决方案之后，运行该程序，得到的结果依次如图 3-1～图 3-4 所示，程序会依次要求输入第一个操作数、运算符号、第二个操作数，回车之后得出最终的计算结果。

这段程序似乎完全符合题目的要求，但总好像缺少点什么，请大家思考到底少点什么？

图 3-1 运行结果——输入第一个操作数

图 3-2 运行结果——输入运算符号

图 3-3 运行结果——输入第二个操作数

图 3-4 最终运行结果

【思考】

(1) 上述程序是否完全符合题目要求?

(2) 上述程序中的变量 A、C、D 的最大值分别是多少? 如果超过了最大值会怎样?

(3) 如果选择的运算符为除,第二个操作数输入为 0,会产生什么样的结果? 如何解决?

3.1.2　代码特性分析

本章开篇已经提到，这个简单的例题是一道面试题，上述案例也是某人在面试时候给出的答案。面试的结果是这个人没有被录取。

单从代码上来看，基本功能是符合题目要求的，但这一定是最好的答案吗？

先不说出题人的意思，单就上述代码，有很多不足的地方需要改进：

(1) 变量命名。现在的命名就是 A、B、C、D，变量不带有任何具体含义，这是非常不规范的。

(2) 判断分支。上述写法，意味着每个条件都要做判断，等于计算机做了三次无用功。

(3) 数据输入有效性判断等。如果用户输入的是字符符号而不是数字怎么办？如果除数时，客户输入了 0 怎么办？

根据上面的分析，我们可以将上述代码重写如下：

```csharp
class Program
{
    static void Main(string[] args)
    {
        try
        {
            Console.Write("请输入数字 A: ");
            string strNumberA = Console.ReadLine();
            Console.Write("请选择运算符号(+、-、*、/): ");
            string strOperate = Console.ReadLine();
            Console.Write("请输入数字 B: ");
            string strNumberB = Console.ReadLine();
            string strResult = "";

            switch (strOperate)
            {
                case "+":
                    strResult = Convert.ToString(Convert.ToDouble(strNumberA) +
                        Convert.ToDouble(strNumberB));
                    break;
                case "-":
                    strResult = Convert.ToString(Convert.ToDouble(strNumberA) –
                        Convert.ToDouble(strNumberB));
                    break;
                case "*":
                    strResult = Convert.ToString(Convert.ToDouble(strNumberA) *
                        Convert.ToDouble(strNumberB));
```

```
                        break;
                    case "/":
                        if (strNumberB != "0")
                            strResult = Convert.ToString(Convert.ToDouble(strNumberA) /
                                    Convert.ToDouble(strNumberB));
                        else
                            strResult = "除数不能为 0";
                        break;
                }
                Console.WriteLine("结果是：" + strResult);
                Console.ReadLine();
            }
            catch (Exception ex)
            {
                Console.WriteLine("您的输入有错：" + ex.Message);
            }
        }
    }
```

　　和第一段程序相比，上面这段程序将变量名从无意义的 A、B、C、D，变成了更加规范的命名方式，用 switch 替换了 if 判断，增加了对除数为 0 的情况的判断和处理，同时加上了程序的异常处理。C# 当中程序的异常处理通常使用 try…catch 或者 try…finally…catch 来完成，这种异常处理方式是最简单最基础的方式，可以移植到任何一个程序段中。

　　经过上述修改，该程序基本能满足题目的要求，且考虑了一些异常输入的情况。但总体而言，并没有体现任何面向对象的思想，代码没有任何可以封装和重用的部分。上述题目要求使用 C# 语言来实现，C# 语言是一种面向对象的语言，如果代码中没有体现任何面向对象的思想，那么整个代码就是失败的。

3.2　面向对象的简单计算器

3.2.1　简单程序中的面向对象思想

　　所有的编程初学者都可能会有这样的问题，当他们拿到一个需要解决的题目的时候，首先会简单的凭者直觉，用计算机能够理解的逻辑来描述和表达待解决的问题以及具体的求解过程，这其实是用计算机的方式去思考。比如上一小节提到的这个计算器程序，先要求输入两个数和运算符号，然后根据运算符号判断选择如何运算，得到结果，这本身没有错，但这样的思维却使得我们的程序只为满足实现当前的需求而按部就班的一一对照实现，这样的结果是使得程序不容易维护，不容易扩展，更不容易复用。从而达不到高质量代码的要求。

假如现在要求设计一个如图 3-5 所示的 Windows 平台的计算器程序，上述代码就完全不能复用。注意，我们这里说的是复用，而不是复制。有人拿到这样的问题，会觉得很简单，直接把核心代码粘贴过去就行了，可是这样却会对代码维护带来灾难性的后果。Ctrl+C 和 Ctrl+V 被认为是初级程序员的工作，这其实是非常不好的编码习惯，因为当代码中重复的代码多到一定程度，对其维护，可能就是一场灾难。越大的系统，这种方式带来的问题也越严重。假如复制的这段代码有一些 bug 需要修改，哪怕是很小的一个错误，也有很多份拷贝需要修改，这样带来的工作量是非常巨大的。编程有一个原则，就是用尽可能多的办法去避免重复，准确地说，就是让业务逻辑与界面逻辑分开，让它们之间的耦合度下降。只有分离开，才容易达到维护或扩展。下面章节将详细介绍计算器程序的面向对象化改造。

3.2.2　案例 3-2　简单的 Windows 计算器程序

【题目要求】

利用 C# 语言实现一个如图 3-5 所示的 Windows 环境的简单计算器，要求尽量使用面向对象的程序设计思想。

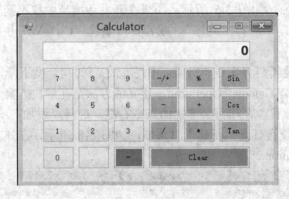

图 3-5　Windows 计算器界面示意图

【技术要点】

● 设计语言依然是 C#(此项条件以后在题目和技术要点当中将不再重复)。
● 要求实现一个 Windows Form 的应用程序。
● 要求利用面向对象的程序设计思想。面向对象三大特性是封装、继承和多态，需要在这个程序里面尽量多的体现这三大特性。

【实现步骤】

(1) 在 Visual Studio 2012 中新建一个项目名称为 app3_2 的 Windows 窗体应用程序，具体方法为：在 VS2012 主界面依次选择菜单"文件"-> "新建"-> "项目"，在弹出的"新建项目"对话框中选择"Windows 窗体应用程序"，并将名称修改为 app3_2，选择一个合适的保存位置，点击"确认"按钮。

(2) 点击"确定"按钮以后，系统将默认建立一个名称为 app3_2 的解决方案，如图 3-6 所示，并同时生成一个空白的 Windows 窗体 Form1。为了规范起见，将 Form1.cs 重命名为 FormCalculator.cs，同时将 Form1 窗体的标题修改为 Calculator(通过设置 Form 的 Text 属性来完成标题的修改)，如图 3-7 所示。

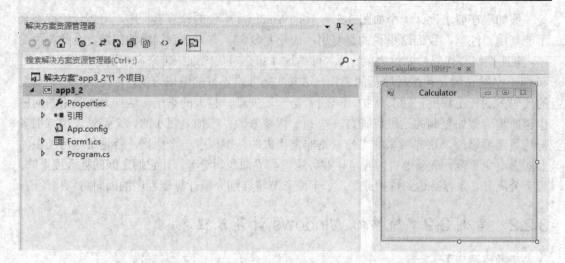

图 3-6　新建立的解决方案结构示意图　　　　图 3-7　系统自动建立的 Form 窗体

(3) 通过拖放控件的方式，从工具箱当中拖放控件到窗体上，将默认的计算器界面修改成为题目要求的界面，如图 3-5 所示。如果在开发环境当中找不到"工具箱"选项卡，可以打开菜单"视图"下的"工具箱"，或者直接通过"Ctrl+W"快捷键和"X"打开工具箱。

(4) 为了让业务逻辑与界面逻辑分开，让它们之间的耦合度下降，我们单独建立一个负责操作执行的逻辑类 CalculateOperation，建立的方法是在解决方案管理器中的树形列表中找到 app3_2 这个项目，在项目名称上面点击右键，选择"添加"->"类"，或者直接通过"Shift+Alt+C"快捷键打开"新建"对话框，如图 3-8 所示，在弹出的界面中，将名称修改为 CalculateOperation.cs。

图 3-8　"添加类"对话框

(5) 修改 CalculateOperation 这个类的代码，使其能完成基本的数据运算操作，具体代码如下所示：

```
/// <summary>
///该类主要完成具体的数据计算操作，并返回相应的结果
/// </summary>
class CalculateOperation
{
    /// <summary>
    ///该函数完成获取计算结果的功能，设置为静态函数，可以直接通过类名调用
    /// </summary>
    /// <param name = "numberA">第一个操作数</param>
    /// <param name = "numberB">第二个操作数</param>
    /// <param name = "operate">具体的运算符号(运算类型)</param>
    /// <returns>返回值为计算得出的结果</returns>
    public static double GetResult(double numberA, double numberB, string operate)
    {
        double result = 0; //声明一个临时变量，用于保存计算结果

        //此段代码实现针对不同运算的不同计算操作，并得出结果
        switch (operate)
        {
            case "+":
                result = numberA + numberB;
                break;
            case "-":
                result = numberA - numberB;
                break;
            case "*":
                result = numberA * numberB;
                break;
            case "/":
                result = numberA / numberB;
                break;
            case "%":
                result = numberA % numberB;
                break;
            case "sin":
                result = System.Math.Sin(numberA);
                break;
```

```
                case "cos":
                        result = System.Math.Cos(numberA);
                        break;
                case "tan":
                        result = System.Math.Tan(numberA);
                        break;
        }

        return result; //返回计算结果
    }

}
```

上述代码段是到目前为止我们设计的负责处理计算逻辑的类的完整代码，代码当中加了一些注释，分别用于说明整个类的功能、类中某一个函数的功能以及函数当中某些关键代码的功能。其中对函数功能说明的时候，又具体说明了函数的主要功能、每个输入参数的主要含义以及返回值的含义。

(6) 定义全局变量。为了进行数据的保存，需要在 FormCalculator 类中定义一些全局变量，具体代码如下：

```
//全局变量
private double FirstNumber = 0.0;       //用于保存第一个操作数，默认为 0
private double SecondNumber = 0.0;      //用于保存第二个操作数，默认为 0
private string OperatorString = "+";    //用于保存操作运算符，默认为＋
private double Result = 0.0;    //用于保存运算结果
```

问题：1. C#当中定义一个变量并对其赋初值的方法是怎样的？有哪些方法？
　　　2. 上面代码中对于成员变量 FirstNumber 赋初值为 0，为什么不是直接等于 0，而是要等于 0.0？

(7) 修改 FormCalculator 类的内容，为每一个界面按钮控件添加相应的响应处理事件。此处需要重点说明的是，在添加具体的响应事件之前需要将所有拖放的控件名称修改为有具体含义的名称。比如将一个按钮控件从工具箱当中拖放到窗体中的时候，该按钮的默认名称是 Button1，如果按钮多了，就会依次出现 Button2、……、ButtonN，这其实是非常不利于维护和管理的，我们必须养成将按钮名称修改为有具体含义的习惯，如本例中所有的数字按钮可以按照 OneButton，……，ZeroButton 等方式来命名，使得任何人在阅读代码的时候都能一眼看出该控件的作用。

在为按钮添加响应事件的时候又有一些问题需要考虑。比如，按键 0 到按键 9 的功能非常相似，只是具体的某个内容不一样，因此我们可以用一个共同的函数来处理逻辑，将不同的内容作为参数传入即可。具体来说，我们在 FormCalculator 类中设计一个 ZeroRemove 函数，该函数的主要功能是响应各个数字按键的输入，并在文本框中作出相应的显示。其具体代码如下：

```
//zero remove function and here other number will add on the texbox
private void ZeroRemove(int number)
{
    if (CalcTextBox.Text == "0")        //如果原文本框中显示的内容是 0，则显示新输入
        CalcTextBox.Text = number.ToString();
    else                                //否则，将对字符串进行连接，避免清除原有数据
        CalcTextBox.Text += number.ToString();
}
```

有了这个函数之后，数字 0 到数字 9 的按键响应代码就非常简单。添加的方式是直接在相应的 button 上双击，即会在代码当中产生默认的响应代码段，在其中填入相应的代码即可。具体给出按钮 0 到按钮 9 的响应代码如下：

```
//zero button click event
private void ZeroButton_Click(object sender, EventArgs e)
{
    ZeroRemove(0);
}

//one button click event
private void OneButton_Click(object sender, EventArgs e)
{
    ZeroRemove(1);
}

//two button click event
private void TwoButton_Click(object sender, EventArgs e)
{
    ZeroRemove(2);
}

//three button click event
private void ThreeButton_Click(object sender, EventArgs e)
{
    ZeroRemove(3);
}

private void FourButton_Click(object sender, EventArgs e)
{
    ZeroRemove(4);
}
```

```
private void FiveButton_Click(object sender, EventArgs e)
{
    ZeroRemove(5);
}

private void SixButton_Click(object sender, EventArgs e)
{
    ZeroRemove(6);
}

private void SevenButton_Click(object sender, EventArgs e)
{
    ZeroRemove(7);
}

private void EightButton_Click(object sender, EventArgs e)
{
    ZeroRemove(8);
}

private void NineButton_Click(object sender, EventArgs e)
{
    ZeroRemove(9);
}
```

从上面的代码段中大家都可以看出，对于数字 0 到 9 的按键响应函数，实际上都是在直接调用函数 ZeroRemove，只是传入的参数不一样而已。如果发现输入响应操作处理有问题，则修改函数 ZeroRemove 即可，而不需要依次修改 0 到 9 的响应函数，这种设计充分体现了公共函数的优越性。

按照上述思路，对于加减乘除这类操作按钮来说，也可以设计一个共同的处理函数。因为在按下这一类按钮之后，程序需要做的处理动作几乎是一致的，不同的仅仅是记录的数据。因此，对于操作类按钮，我们设计了一个共同的处理函数 SuppliedOperator，具体代码如下：

```
// It is general function which recieve the coming operator
private void SuppliedOperator(string operatorString)
{
    OperatorString = operatorString;      //记录操作符号
    FirstNumber = double.Parse(CalcTextBox.Text);            //保存第一个操作数
    CalcTextBox.Text = "0";                   //将显示文本框内容置 0，方便输入第二个操作数
}
```

在上述代码中需要保存第一个操作数。操作数在输入的时候是以字符串形式保存在文

本框里面的，但是作为一个数据保存的时候是 double 类型的数据，因此在保存的时候需要进行一次数据类型的强制转换。

在设计了操作处理函数之后，相应的加减乘除的按钮响应函数即可被实现了，具体代码如下：

```
//plus button
private void PlusButton_Click(object sender, EventArgs e)
{

    SuppliedOperator("+");

}

private void MinusButton_Click(object sender, EventArgs e)
{

    SuppliedOperator("-");

}

private void DivisionButton_Click(object sender, EventArgs e)
{

    SuppliedOperator("/");

}

private void MultiplyButton_Click(object sender, EventArgs e)
{

    SuppliedOperator("*");

}
```

有了数据输入和操作运算符的输入之后，接下来需要实现的一个重要功能就是等号按键的响应函数。在这个函数中需要完成的事情包括：获取第二个操作数；调用操作处理类的相关函数计算出响应的结果；将结果显示在界面的文本框当中。在实际的代码中也是按照这样的流程来实现的。具体代码如下：

```
//Equal button
private void EqualButton_Click(object sender, EventArgs e)
{

    //获取第二个操作数.
    SecondNumber = double.Parse(CalcTextBox.Text);
    //调用之前设计好的相关函数获取计算结果
    Result = CalculateOperation.GetResult(FirstNumber, SecondNumber, OperatorString);
    //更新界面显示
    CalcTextBox.Text = Result.ToString();

}
```

上述代码中的第一行是在获取第二个操作数，方法和获取第一个操作数时一样，需要做一个字符串到 double 数据类型的强制转换。第二行是在调用之前设计好的 CalculateOperation 类中的 GetResult 函数获取计算结果，由于 GetResult 函数是一个静态函数，因此只需要通过类名调用即可。第三行完成界面显示的更新，把保存在全局成员变量 Result 中的结果显示在界面上的文本框中。由于文本框只能显示字符串类型的数据，而 Result 当中保存的数据是 double 类型的，因此在这里又需要将 double 类型的数据转换成 string 类型。

> 问题：1. 上述代码中用到了将数据类型从 string 转变成 double，也用到了将 double 类型转换成 string，请总结一下，转换方法分别是什么？
> 2. 再进一步思考一下，如何完成 string 和 int 类型之间的转换呢？

到此为止，我们的计算器就能够进行简单的数据的加减乘除运算了。剩下的按键功能还需要进一步完善，相关代码如下。

(1) 小数点按键的响应函数：

```
private void DoButton_Click(object sender, EventArgs e)
{
    if (!CalcTextBox.Text.Contains("."))
        CalcTextBox.Text += ".";
}
```

在上述代码段中，首先做一个判断，如果当前的字符串当中不包含小数点，则在当前字符串结尾处增加一个小数点，否则不做任何操作。

(2) 正负号切换按键的响应函数：

```
private void MinusPlusButton_Click(object sender, EventArgs e)
{
    if (!CalcTextBox.Text.Contains("-"))
        CalcTextBox.Text = "-" + CalcTextBox.Text;
    else
        CalcTextBox.Text = CalcTextBox.Text.Trim('-');
}
```

上述代码段的功能主要是将当前输入数据的符号进行反号，＋号隐藏显示。如果原来是正数，则在前面加上一个负号，如果原来是负数，则去掉前面的负号(表示是正数)。

(3) 百分号按键功能：百分号按键希望达到的功能是取余数，也就是输出结果等于操作数一除以操作数二得到的余数，会涉及到两个操作数，因此该按键的响应函数和加减乘除号的完全一致，只需要做操作符的标记即可，需要按等号键得到最后的结果。

```
private void PercentageButton_Click(object sender, EventArgs e)
{
    SuppliedOperator("%");
}
```

(4) 三角函数按键功能：由于三角函数都只需要一个操作数即可，因此在按了相应的三角函数按键之后就需要调用计算结果的函数获取结果，而不需要等到按下等号键再给出结果。具体代码如下：

```
//sin button
private void SinButton_Click(object sender, EventArgs e)
{
    SuppliedOperator("sin");
    Result = CalculateOperation.GetResult(FirstNumber, 0, OperatorString);
    CalcTextBox.Text = Result.ToString();
}
//cos button
private void CosButton_Click(object sender, EventArgs e)
{
    SuppliedOperator("cos");
    Result = CalculateOperation.GetResult(FirstNumber, 0, OperatorString);
    CalcTextBox.Text = Result.ToString();
}
//Tan button
private void TanButton_Click(object sender, EventArgs e)
{
    SuppliedOperator("tan");
    Result = CalculateOperation.GetResult(FirstNumber, 0, OperatorString);
    CalcTextBox.Text = Result.ToString();
}
```

　　(5) 输入清除按键功能：按下此按键之后，程序将清除当前文本框当中显示的内容，并同时清除已经记录的操作数一、操作数二以及操作符等信息。具体的响应代码如下：

```
private void ClearButton_Click(object sender, EventArgs e)
{
    CalcTextBox.Clear();
    CalcTextBox.Text = "0";
    FirstNumber = 0.0;
    SecondNumber = 0.0;
    Result = 0.0;
}
```

　　到此，图 3-5 所示的基于 Windows 的简单计算器的代码就完成了，大家可以通过生成解决方案之后启动程序查看运行结果，或者直接按 F5 键查看结果，验证结果是否和预想的一致。

　　上述代码中，我们把界面逻辑和业务逻辑完全分离开了，对于 CalculateOperation 类来说，它只完成和计算相关的所有业务逻辑，并不参与用户交互，因此，如果我们需要写一个控制台的应用程序，可以使用 CalculateOperation 类当中的业务逻辑，直接将其引入解决方案，直接调用即可，不需要重新再写重复的代码。同样，在写另外一个 Windows 程序，或 Web 程序、手机程序等各种表现方式的程序的时候，都可以使用同样的业务逻辑底层。

【思考】　面向对象的三大特性是封装、继承和多态，这里我们只是用到了其封装特性，那么剩下的两个特性需要如何在这么小的一个程序中体现呢？

【改进】　在上述代码中，我们把界面逻辑和业务逻辑进行了分离，一定程度上提高了程序的灵活性，但这样就足够了吗？

现在如果希望增加一个开根号(sqrt)运算，应该如何来修改程序呢？因为我们单独写了一个运算类，因此要增加一个运算符，我们只需要修改 CalculateOperation 类当中的获取结果的函数，使其具有计算开根号的功能即可。但是，本来只是要求增加一个新的功能，却需要将原有的加减乘除等功能都参与编译一次，如果在修改的过程当中，不小心将原来写好的加减乘除的处理过程修改错了，那岂不是因小失大了？在这样的一个小程序中，这样的影响还不足以引起重视，我们再来看一个例子。

现有一个公司的薪资管理系统需要做维护，在该系统中，原有的三种计算薪资的方法分别是：技术人员(月薪)、市场销售人员(底薪＋提成)、经理(年薪＋股份)，现在需要增加兼职工作人员的薪资计算方法(时薪)。按照上述思路，公司就必须得让程序员修改包含原有三种算法的运算类。这样做是有一定的风险的，因为可能会在有意或者无意间影响到原来运行良好的代码性能。比如有的程序员可能会将原来运行良好的代码进行恶意修改，使其自身的薪资结算方法乘以一个大于 1 的系数，就会使其在薪资结算时候获得更多的利益，这无疑是一个很大的风险。

那么怎样做才更好呢？最好能够做到把加减乘除等运算分离，修改其中一个时不影响另外的几个，增加运算算法也不影响其他代码。

将上述代码进行改写，引入继承和多态的概念。

(1) 首先定义一个基础操作类 Operation，其具体代码如下：

```
/// <summary>
/// 运算类
/// </summary>
class Operation
{
    private double _numberA = 0;
    private double _numberB = 0;

    /// <summary>
    /// 数字 A
    /// </summary>
    public double NumberA
    {
        get { return _numberA; }
        set { _numberA = value; }
    }

    /// <summary>
```

```
        /// 数字 B
        /// </summary>
        public double NumberB
        {
            get { return _numberB; }
            set { _numberB = value; }
        }

        /// <summary>
        /// 得到运算结果
        /// </summary>
        /// <returns></returns>
        public virtual double GetResult()
        {
            double result = 0;
            return result;
        }
    }
```

在上述代码段中，有两个私有成员变量_numberA 和_numberB，分别用于保存两个操作数，通过公有属性 NumberA 和 NumberB 将其引出。然后定义了一个共有成员函数 GetResult，注意，该函数是一个虚函数，需要在派生类被重写之后才能被使用。

问题：1. 什么是虚函数？如何声明一个虚函数？

　　　2. 虚函数应该如何被使用？

---

(2) 接下来，定义加减乘除四个派生类，并重写 GetResult 函数。

```
/// <summary>
/// 加法类
/// </summary>
class OperationAdd : Operation
{
    public override double GetResult()
    {
        double result = 0;
        result = NumberA + NumberB;
        return result;
    }
}

/// <summary>
```

```csharp
/// 减法类
/// </summary>
class OperationSub : Operation
{
    public override double GetResult()
    {
        double result = 0;
        result = NumberA - NumberB;
        return result;
    }
}


/// <summary>
/// 乘法类
/// </summary>
class OperationMul : Operation
{
    public override double GetResult()
    {
        double result = 0;
        result = NumberA * NumberB;
        return result;
    }
}


/// <summary>
/// 除法类
/// </summary>
class OperationDiv : Operation
{
    public override double GetResult()
    {
        double result = 0;
        if (NumberB == 0)
        throw new Exception("除数不能为 0。");
        result = NumberA / NumberB;
        return result;
    }
}
```

分析上述代码我们会发现，如果要修改任何一个算法，都不需要提供其他算法的代码了，只需要修改相应的代码即可。但是问题又来了，如何让计算器知道我是希望用哪一个算法呢？

　　(3) 现在的问题其实就是如何去实例化对象的问题，通过"简单工厂模式"能解决这个问题。在这个问题当中，到底要实例化谁，将来会不会增加实例化的对象(比如增加开根运算)，这是很容易变化的地方，应该考虑用一个单独的类来做这个创造实例的过程，这就是工厂。此例当中建立的运算类工厂代码如下：

```
/// <summary>
/// 运算类工厂
/// </summary>
class OperationFactory
{
    public static Operation createOperate(string operate)
    {
        Operation oper = null;

        switch (operate)
        {
            case "+":
                oper = new OperationAdd();
                break;
            case "-":
                oper = new OperationSub();
                break;
            case "*":
                oper = new OperationMul();
                break;
            case "/":
                oper = new OperationDiv();
                break;
        }
        return oper;
    }
}
```

　　(4) 建立好上述工厂类之后，只需要输入运算符号，工厂就实例化出合适的对象，通过多态，返回父类的方式，实现计算器的结果。简单的调用说明如下：

```
Operation oper;
oper = OperationFactory.createOperate("+");
oper.NumberA = 1;
```

```
oper.NumberB = 2;
double result = oper.GetResult();
```

其界面的调用就可以采用类似的代码。不管是控制台程序、Windows 程序、Web 程序、PDA 或手机程序，都可以用这段代码来实现计算器的功能。当我们需要更改加法运算时，只需要修改 OperationAdd 即可；当我们需要增加各种复杂运算，比如平方根、立方根等，只需要增加相应的运算子类，然后修改运算类工厂，在 switch 中增加相应的分支即可。如果要修改界面，则完全不会影响到我们的业务逻辑。

> 问题：1. 上文只介绍了对加、减、乘、除四种运算的改进处理，对于取余和三角函数的运算，又需要进行怎么样的改进处理？
> 　　　2. 请尝试将"改进"中提到的继承和多态处理方法引入到案例 3-2 的代码当中去，并编译查看修改结果。

一个简单的计算器程序就可以引申出如此多的讨论，由此可见，在进行计算机程序设计的时候，没有最好的代码，只有最适合的代码。读者以后在遇到具体问题的时候，也应该尽量多思考，以写出更优秀的代码。

 习题 3

1. 利用面向对象思想，参考 Windows 自带的计算器界面，完成一个科学计算器的程序。
2. 利用面向对象的思想，完成一个商场收银软件，营业员根据客户购买商品单价和数量，向客户收费。

第 4 章　常规 GUI 程序设计

通过上一章的学习，大家对 C# 程序设计有了一定的认识，本章将详细介绍常规的 GUI 程序设计。图形用户界面(Graphical User Interface，GUI)，又称图形用户接口，是指采用图形方式显示的计算机操作用户界面。

4.1　GUI 程序设计的基本方法

GUI 程序可以帮助开发人员为用户设计出操作更加友好、直观的用户界面。通常，GUI 程序设计需要控件库作为支撑，设计人员使用控件库中提供的控件在 WinForm 窗体上进行用户界面布局设计。通过设置控件属性，可以改变控件的显示外观；通过为控件绑定事件函数，可以设置控件的动态行为。

高级语言都提供了完善的控件库，其 IDE 开发工具也为 GUI 程序设计人员提供了简单易用、所见即所得的 GUI 设计环境。因此，学习 GUI 程序设计需要首先掌握常用控件的基本使用方法，然后熟悉 IDE 开发工具例(如 VS)的操作方法。

在 VS.NET 中进行 GUI 程序设计的一般步骤如下：

1) 建立 Windows 窗体应用程序项目

启动 Visual Studio，选择菜单栏中的"文件"->"新建"->"项目"命令，打开"新建项目"对话框，从模板中选择"Windows 窗体应用程序"，为项目设置名称、位置等信息后，点击"确定"，完成新项目的创建。

2) 在项目中定义一个或多个窗体

新创建的 Windows 窗体应用程序项目自动添加了一个 Form1 的窗体，可以直接对这个窗体进行设计，即通过"项目"->"添加 Windows 窗体"菜单命令，打开"添加新项"对话框，在向导中输入必要的信息，点击"添加"即可新增加一个空白新窗体。

3) 使用工具箱设计窗体界面

在每个窗体的所见即所得的"设计器"视图中，可以对当前窗体的界面进行设计，设计的常用步骤包括：

(1) 向窗体上添加控件。从工具箱各个控件分组中选择需要使用的控件，鼠标左键按下控件后不松开，移动鼠标将控件拖曳至主窗体中，松开鼠标左键，选中的控件即被添加到窗体上。也可以双击工具箱中的控件，控件被自动添加至窗体上，默认放置的位置是窗体的左上角。

(2) 改变控件大小。需要改变控件大小时，选中窗体上的控件，控件四周出现了用于改变大小的小方块，在小方块上按下鼠标左键拖动即可将控件调整至所需的大小。

(3) 调整控件位置。当需要改变控件在窗体上的摆放位置时，鼠标左键选中控件并按下不动，拖曳至希望摆放的位置后，松开鼠标左键即可。

(4) 设置控件属性。选中窗体上的控件时，控件的全部属性将出现在属性窗口中，如果 VS.NET 工作界面上没有属性窗口，可通过按 F4 键快速打开属性窗口。在属性窗口上选中某个属性，即可设置该属性。

4) 为窗体和控件添加事件处理程序

Windows 窗体应用程序是基于事件的，因此，在设计完成窗体界面后，可以为窗体和控件添加必要的事件，并编写事件处理程序。事件的添加可以通过控件的属性窗口的事件页来完成。通常，事件页会显示出当前窗体或控件上的全部事件，双击事件即可自动添加事件并产生事件处理程序框架，只需要在事件处理程序框架中添加必要的事件处理程序代码即可。

4.2 图形界面使用基础

在 VS 中设计开发 GUI 程序并不难，因为 VS 提供了丰富的控件库，并且对控件进行了高度的封装，只要开发人员熟悉控件库中的常用控件，并了解 VS 下图形界面的开发基础，就能够将主要精力放在如何设计出用户体验好的图形界面，而无需花费大量时间和精力在控件本身的编程工作上，因为 VS 框架帮助开发人员完成了大部分代码工作。

在 VS 下创建 GUI 程序可以通过创建"Windows 窗体应用程序"类型的项目实现，如图 4-1 所示。

图 4-1 VS 创建 GUI 程序

一个"Windows 窗体应用程序"在 VS 中的 IDE 工作界面如图 4-2 所示。

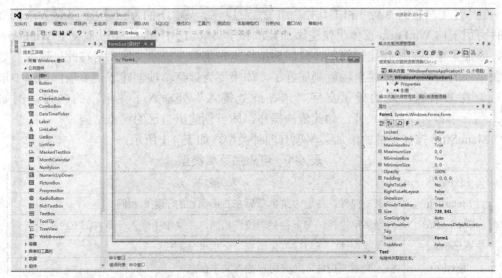

图 4-2　VS 中 WinForm 程序工作界面

WinForm 程序工作界面左侧是 VS 为 GUI 程序设计人员提供的控件库，设计人员可以从中选择控件拖曳至中央部位的主窗体上，右侧是对窗体或控件设置属性的区域。除了 Windows 自带的控件库外，还有很多第三方公司提供的控件库，当安装了第三方控件库之后，这些控件同样会出现在这个位置。

4.3　菜单、工具栏和状态栏

本小节讲解 C# 菜单、工具栏和状态的使用方法。

1. 菜单的使用方法

VS 提供了简单易用的菜单控件，通过菜单控件的使用，可以快速地实现带功能菜单的 WinForm 窗体，如图 4-3 所示。

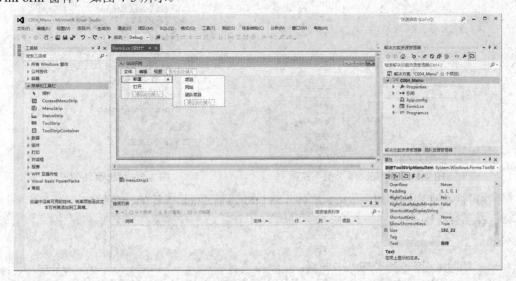

图 4-3　VS 中 GUI 菜单示例

在 VS 工具箱的"菜单和工具栏"组 ◢ 菜单和工具栏 下的 🖫 MenuStrip MenuStrip 控件可用于向 WinForm 窗体上快速添加菜单和子菜单。选中 MenuStrip 拖曳至 WinForm 窗体，添加菜单项的操作比较简单，只需要鼠标点击菜单项提示文字"请在此处键入"处输入菜单项的名称，一个菜单项就制作好了。如果要为该菜单项创建子菜单项，则选中该菜单项，在其右侧出现的提示文字"请在此处键入"处输入子菜单项的名称，例如：

打开 ▶ 请在此处键入 ，如此依次操作，即可创建出自己的菜单结构。

MenuStrip 控件支持的添加菜单项有四种类型，如表 4-1 所示。

表 4-1　可添加菜单类型

控件名称	功　能　描　述
MenuItem	子菜单控件，与选中菜单项后在右侧添加的子菜单相同
ComboBox	内嵌菜单控件，与下拉列表控件相同，在菜单中嵌入一个内部下拉列表
Separator	分隔线控件，在当前位置添加一个水平分割线
TextBox	输入文本域控件，允许用户输入文本信息

上述四种类型的菜单项可以通过将鼠标移至"请在此处键入"处时出现的黑色下拉三角打开下拉选择列表，如图 4-4 所示，读者可自行选择每种类型的菜单项观察其菜单项特点。

菜单是功能的入口，因此，只有菜单及其层级结构还不够，还要根据实际需求，为菜单项设置菜单被选中时需要启动的代码块，这可以通过为菜单项绑定 Click 事件来实现。例如，选中需要添加事件的菜单项，此处选中菜单中的"打开"项，在该菜单项属性窗口中切换至事件页(闪电图标)，出现如图 4-5 所示的可选事件列表。

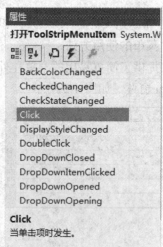

图 4-4　可添加菜单类型下拉框　　　　　　　　图 4-5　可选事件列表

在可选事件列表中双击 Click 事件，将自动添加 Click 事件的代码框架：

```
namespace C004_Menu
{
    public partial class Form1 : Form
    {
```

```
public Form1()
{
    InitializeComponent();
}

private void 打开 ToolStripMenuItem_Click(object sender, EventArgs e)
{
    MessageBox.Show("菜单项被选中");
}
}
}
```

上述代码在菜单项"打开"的 Click 事件中添加了一行显示消息框的代码，当菜单项"打开"被单击时，将触发该事件的执行，执行后会显示"菜单项被选中"的消息框。

2．工具栏的使用方法

VS 提供了 ToolStrip 和 ToolStripContainer 两个控件，用于实现 WinForm 窗体上的工具栏，其中 ToolStripContainer 用于在 WinForm 上控制工具栏面板的位置，可从工具箱中拖曳 ToolStripContainer 控件到 WinForm 窗体上，接下来可以在 ToolStripContainer 中通过拖放 ToolStrip 控件完成工具栏的设计，通过 ToolStrip 控件可以向工具栏添加的工具项如表 4-2 所示。

表 4-2 可添加的工具项

控件名称	功 能 描 述
ToolStripButton	表示一个按钮。用于带文本和不带文本按钮
ToolStripLable	表示一个标签。这个控件还可以显示图像，也就是说这个控件可以用于显示一个静态图像
ToolStripSplitButton	显示一个右端带下拉按钮的按钮，单击下拉按钮，就会在它下面显示一个菜单
ToolStripDropDownButton	类似 ToolStripSplitButton，唯一的区别是去除了下拉按钮，代之以下拉数组图像
ToolStripComboBox	显示一个组合框
ToolStripProgressBar	在工具栏上嵌入一个进度条
ToolStrpTextBox	显示一个文本框
ToolStripSeparator	为每个项创建水平或垂直分隔符

可以通过 ToolStrip 右侧的添加工具项的操作打开选择工具项列表菜单，如图 4-6 所示。

以添加"Button"工具项为例，在工具项列表菜单中选中 Button，工具栏下将新增一个 Button 工具项 ，可在工具项的属性窗口中为工具项设置属性，例如设置 Image 属性改变工具项上的显示图片等，属性窗口如图 4-7 所示。

图 4-6　选择工具项列表菜单

　　同菜单项类似，通过工具项属性窗口的事件页，还可以为工具项绑定事件函数，如图 4-8 所示，绑定事件操作请参见菜单项，这里不再赘述。

图 4-7　button 工具项属性设置窗口　　　　　　图 4-8　绑定事件函数操作

3．状态栏的使用方法

　　VS 还提供了 StatusStrip 状态栏控件用于快速在窗体上设计状态栏，从工具箱中拖曳状态栏控件 StatusStrip 至 WinForm 窗体，状态栏上控件的添加方式和工具栏上工具项的添加方式一样，如图 4-9 所示。

图 4-9　状态栏添加控件

VS 提供了四种控件用于添加至状态栏,添加至状态栏后可通过控件的属性窗口设置控件的属性信息并绑定特定的事件函数。

4.4 基本控件使用方法

VS 提供了丰富的控件库,用于快速设计 WinForm 窗体 GUI 界面,在 VS 工具箱中,公共控件组下的控件是经常使用到的控件,如图 4-10 所示。

本节仅对其中使用频率最高的基本控件进行说明。

1. Label

Label 用于在 WinForm 窗体上显示静态文本字符串的标签控件,可通过属性设置文本的字体、大小、颜色等属性信息。

2. Button

Button 用于在 WinForm 窗体上放置按钮,可通过控件的属性窗口设置按钮的显示文本和控件样式等,可以通过控件属性窗口的事件页绑定按钮响应事件函数。

3. CheckBox

CheckBox 用于在 WinForm 窗体上放置可选框,通常用于接收用户的选择,CheckBox 控件的值是布尔值,选中时其值为 true,未选中时其值为 false。

4. CheckedListBox

CheckedListBox 是一组 CheckBox 的列表,通常用于接收用户在一个特定候选列表中最终选定的一个或多个选项,设计时,可将 CheckedListBox 拖曳至 WinForm 窗体上,调整位置和大小,可通过右上角的黑色小三角形打开"编辑项…"菜单入口,如图 4-11 所示。

图 4-10 公共控件库

在字符串集合编辑器中输入 CheckedListBox 中需要显示的备选项,每个备选项占用一行,字符串集合编辑器界面如图 4-12 所示。

图 4-11 Checkbox 窗口调整大小

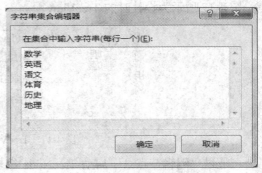

图 4-12 字符串集合编辑器

通过字符串集合编辑器输入完所有需要显示的备选项之后，点击"确定"按钮，即可在 CheckedListBox 中看到之前编辑过的备选项列表，如图 4-13 所示。

5．ComboBox

ComboBox 用于向 WinForm 窗体添加单选列表，选中 WinForm 窗体上的 ComboBox 并显示"编辑项…"入口菜单，如图 4-14 所示。

编辑项的对话框和操作同 CheckedListBox 一样，不再赘述。

图 4-13　已编辑的备选列表结果

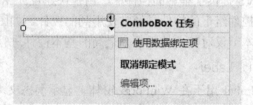

图 4-14　ComboBox 控件下拉菜单

6．DateTimePicker

DateTimePicker 控件用于选择一个日期，直接将控件拖曳至 WinForm 即可使用，可通过控件的属性窗口设置其属性。如图 4-15 所示。

7．ListBox

ListBox 用于列表显示字符串信息，其编辑方式同 CheckedListBox 一样，如图 4-16 所示。

图 4-15　DateTimePicker 窗口控件

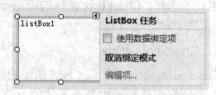

图 4-16　ListBox 控件下拉菜单

8．TreeView

TreeView 可用于向 WinForm 窗体上放置树形结构控件，用于显示具有层级关系的数据结构，例如文件系统的目录结构等，TreeView 由根节点和子节点嵌套形成，既可以在设计时通过绑定节点数据初始化 TreeView，也可以在程序运行时由代码动态操作 TreeView 的节点。图 4-17 所示为设计时的 TreeView。

图 4-17　TreeView 设计界面

可通过"编辑节点…"启动 TreeNode 编辑器对 TreeView 的节点进行编辑，TreeNode 编辑器界面如图 4-18 所示。

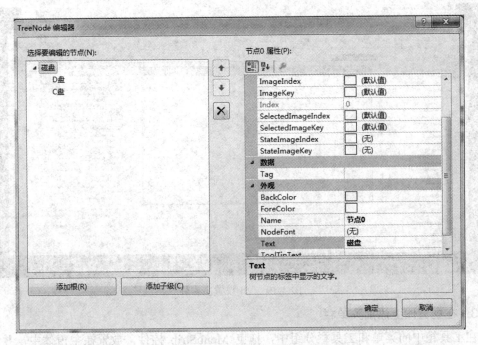

图 4-18 TreeNode 编辑窗口

4.5 案例 4-1 简易聊天客户端界面设计

【题目要求】

综合运用前面所介绍的窗体、菜单、工具栏、状态栏和基本控件，设计出 Windows 窗体应用程序的界面，本案例在 VS.NET 中设计实现一个简易聊天客户端界面，分步骤说明设计操作。

【实现步骤】

1．创建一个窗体应用程序

在 VS.NET 中创建一个 Windows 窗体应用程序，具体操作步骤如下：

(1) 新建项目，打开新建项目对话框；

(2) 在"模板"->"Visual C#"->"Windows"项中选"Windows 窗体应用程序"；

(3) 设置项目名称；

(4) 设置项目保存位置目录；

(5) 其余设置保持默认；

(6) 点击"确定"按钮。

2．设置主窗体大小和标题

选中主窗体，通过鼠标拖曳方式可以将主窗体调整成希望的大小，通过在主窗体控件的属性窗格内改变 Text 属性的方式，将主窗体的标题设置为"简易聊天应用"，设置好的主窗体如图 4-19 所示。

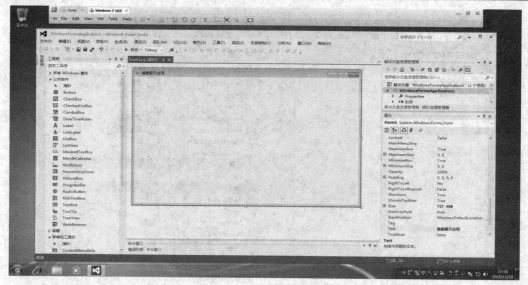

图 4-19　VS 设置主窗体

3．在主窗体上添加菜单栏

在工具箱中的菜单和工具栏分组中，拖曳 MenuStrip 控件，放置在主窗体中，并添加一个菜单项"设置"，添加了菜单的主窗体如图 4-20 所示。

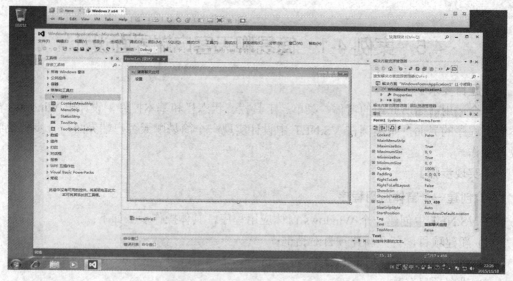

图 4-20　VS 添加菜单后的主窗体

4．在主窗体上添加聊天信息显示区域

从工具箱的公共控件组拖曳 RichTextBox 控件放置于主窗体中菜单栏下方，调整 RichTextBox 控件大小，使其适应主窗体的宽度，高度适中，留出主窗体下方的区域用于后面放置工具栏、聊天信息输入框、状态栏等控件。选中 RichTextBox 控件，在属性框中设置 ReadOnly 属性值为 True，因为聊天消息显示框只用于显示，用户不能编辑，因此，通过该属性将 RichTextBox 控件设置为只读；设置 Text 属性值为"欢迎使用简易聊天应用"，使 RichTextBox 控件显示默认欢迎信息，如图 4-21 所示。

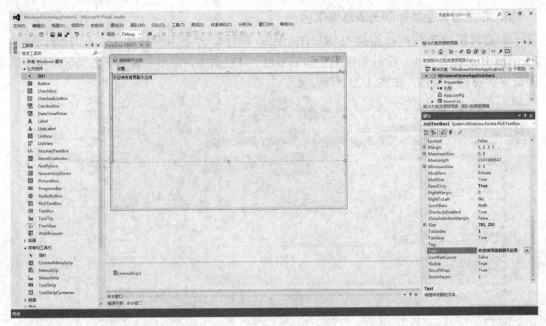

图 4-21　添加聊天信息显示框后的主窗体

5．在主窗体上添加工具栏

从工具箱的菜单和工具栏分组中拖曳 ToolStripContainer 控件放置于 RichTextBox 控件下方，调整大小适应主窗体宽度，依次从工具箱的菜单和工具栏分组中拖曳三个 ToolStrip 控件排布于 ToolStripContainer 控件中，将每个 ToolStrip 的类型设置成 Button，可以选中一个 ToolStrip 控件，在属性框中设置 Image 属性，为 ButtonToolStrip 设置合适的图片，如图 4-22 所示。

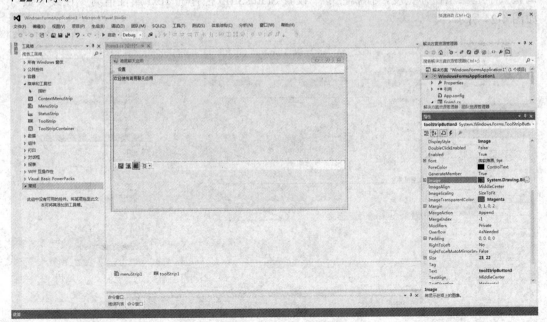

图 4-22　添加工具栏后的主窗体

6. 在主窗体上添加聊天消息编辑区

从工具箱的公共控件组拖曳 RichTextBox 控件放置于主窗体中工具栏下方，调整 RichTextBox 控件大小，使其适应主窗体的宽度，高度适中，留出主窗体下方的区域用于后面放置状态栏等控件，如图 4-23 所示。

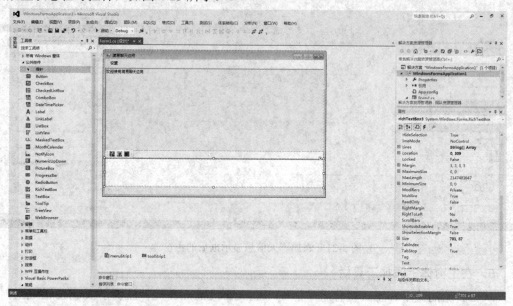

图 4-23　添加聊天信息编辑区后的主窗体

7. 在主窗体上添加状态栏

从工具箱的菜单和工具栏分组中拖曳 StatusStrip 控件放置于 RichTextBox 控件下方，调整大小适应主窗体宽度，在属性框中设置 StatusStrip 控件的 Text 属性值为"在线人数"，如图 4-24 所示。

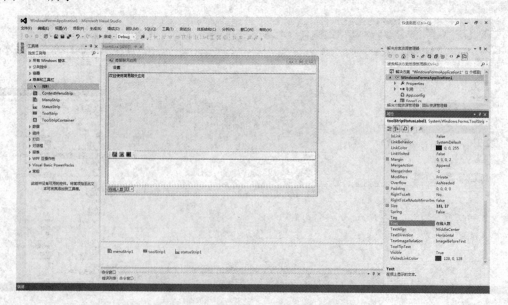

图 4-24　添加状态栏后的主窗体

8. 查看结果

点击"运行"按钮或直接按 F5 查看运行效果。

 习题 4

1. 设计一个 Windows 应用程序，窗体上有一个 TextBox 控件和一个 Button 控件。当用户单击按钮时，文本框会增加一行文字来反映单击次数。如"第 3 次单击按钮"。

2. 编写一段程序，向 ListBox 控件中自动添加十个数，每个数占一项。

第5章　图形图像和多媒体编程

图形图像和多媒体处理是 C# 的重要应用之一。.NET 框架通过封装 GDI+ 实现了图形图像的处理功能，使用 SoundPlayer 类播放 WAV 声音，使用 Windows API 播放 MP3，使用 Windows Media Player 控件播放音频或视频，使用 ShockWaveFlash 控件播放 Flash 文件。利用 C# 可以开发出强大的图形、图像和多媒体程序。本章将详细介绍相关知识。

5.1　图形绘制基础(GDI+)

5.1.1　GDI+ 概述

GDI(Graphics Device Interface，图形设备接口)主要用于在 Windows 平台上编写图形程序，从程序设计的角度看，GDI 包括 GDI 对象和 GDI 函数两部分。GDI 对象定义了 GDI 函数使用的工具和环境变量，而 GDI 函数使用 GDI 对象绘制各种图形。GDI+ 是 GDI 的一个新版本，是 GDI 的进一步扩展，它使我们编程更加方便。

GDI+ (Graphics Device Interface Plus，图形设备接口)提供了各种丰富的图形图像处理功能。在 C# 中，使用 GDI+ 处理二维(2D)的图形和图像，使用 DirectX 处理三维(3D)的图形图像，图形图像处理用到的主要命名空间是 System.Drawing，提供了对 GDI+ 基本图形功能的访问，主要有 Graphics 类、Bitmap 类、从 Brush 类继承的类、Font 类、Icon 类、Image 类、Pen 类、Color 类等。

GDI+ 主要提供了以下三类服务：

(1) 二维矢量图形。GDI+ 提供了存储图形基元自身信息的类(或结构体)、存储图形基元绘制方式信息的类以及实际进行绘制的类。

(2) 图像处理。大多数图片都难以划定为直线和曲线的集合，无法使用二维矢量图形方式进行处理。因此，GDI+ 为我们提供了 Bitmap、Image 等类，它们可用于显示、操作和保存 BMP、JPG、GIF 等图像格式。

(3) 文字显示。GDI+ 支持使用各种字体、字号和样式来显示文本。

除此之外，GDI+ 还提供了很多其他功能，如基本样条曲线、Alpha 混合、渐变画刷、浮动坐标、矩形变换等。

GDI+ 保存在 System.Drawing.dll 程序集中，主要有以下一些命名空间：

• System.Drawing：提供基本的图形功能。

• System.Drawing.Drawing2D：提供高级的二维和矢量图形功能。

• System.Drawing.Design：包含扩展设计时用户界面(UI)逻辑和绘制的类。

- System.Drawing.Image：提供高级 GDI+ 图像处理功能。
- System.Drawing.Text：提供高级的 GDI+ 排版功能。
- System.Drawing.Printing：提供与打印相关的服务。

5.1.2　利用 GDI+ 绘图的主要步骤

利用 GDI+ 绘图和我们利用笔在画板上进行画图的动作类似。我们要进行绘图，首先需要有一个用于画画的画板(或画布、纸张等)，其次需要用到画画需要的工具，主要是指各种类型的画笔。类似地，在 C#中利用 GDI+ 进行画图的时候，需要首先创建一个画板，在 C#中画板可以通过 Graphics 这个类来创建。在 C#中我们可以用 Pen、Brush 类来实现类似画笔和画刷的功能，用 Color 类实现颜料的功能。

概括一下，处理图形图像包括两个主要的步骤，分别是：

(1) 创建 Graphics 对象：完成画布的创建功能。

(2) 绘制和操作形状与图像：创建了 Graphics 对象之后，可以用它来绘制线条和形状、呈现文本或显示与操作图像。

下面将分别就这两个步骤用到的主要类型做简要介绍。

1．Graphics 类

前文已经说到，Graphics 类相当于一块画布，有了画布才可以用各种画图方法进行绘图。Graphics 类封装了一个 GDI+ 绘图图面，提供将对象绘制到显示设备的方法，Graphics 与特定的设备上下文关联，画图方法都被包括在 Graphics 类中。

可用以下三种方法来创建 Graphics 对象：

(1) 在窗体或控件的 Paint 事件中获取 Graphics 对象，如：

```
private void Form1_Paint(object sender, PaintEventArgs e)
{
    Graphics g = e.Graphics;
}
```

(2) 调用某控件或窗体的 CreateGraphics()方法来获取对 Graphics 对象的引用，如：

```
Graphics g = this.CreateGraphics();
```

(3) 从继承自图像的任何对象来创建 Graphics 对象，如：

```
Image img = Image.FromFile("g1.jpg");        //建立 Image 对象
Graphics g = Graphics.FromImage(img);        //创建 Graphics 对象
```

表 5-1 列出了 Graphics 类的常用方法成员。

表 5-1　Graphics 类常用方法

名　　称	说　　明
DrawArc	画弧
DrawBezier	画立体的贝塞尔曲线
DrawBeziers	画连续立体的贝塞尔曲线
DrawClosedCurve	画闭合曲线
DrawCurve	画曲线

续表

名 称	说 明
DrawEllipse	画椭圆
DrawImage	画图像
DrawLine	画线
DrawPath	通过路径画线和曲线
DrawPie	画饼形
DrawPolygon	画多边形
DrawRectangle	画矩形
DrawString	绘制文字
FillEllipse	填充椭圆
FillPath	填充路径
FillPie	填充饼图
FillPolygon	填充多边形
FillRectangle	填充矩形
FillRectangles	填充矩形组
FillRegion	填充区域

有了一个 Graphics 的对象引用后,就可以利用该对象的成员进行各种各样图形的绘制了。

2. 常用画图对象

在创建了 Graphics 对象后, 就可以用它开始绘图了, 可以画线、填充图形、显示文本等等, 其中主要用到的对象还有以下几类:

(1) Pen:用来绘制指定宽度和样式的直线。

使用 DashStyle 属性绘制几种虚线,可以使用各种填充样式(包括纯色和纹理)来填充 Pen 绘制的直线, 填充模式取决于画笔或用作填充对象的纹理。

使用画笔时, 需要先实例化一个画笔对象,主要有以下几种方法。

· 用指定的颜色实例化一只画笔的方法如下:

```
public Pen(Color);
```

· 用指定的画刷实例化一只画笔的方法如下:

```
public Pen(Brush);
```

· 用指定的画刷和宽度实例化一只画笔的方法如下:

```
public Pen(Brush, float);
```

· 用指定的颜色和宽度实例化一只画笔的方法如下:

```
public Pen(Color, float);
```

· 实例化画笔的语句格式如下:

```
Pen pn = new Pen(Color.Blue);
```

或者

```
Pen pn = new Pen(Color.Blue, 100);
```

(2) Color：用来描述颜色。

在自然界中，颜色大都由透明度(A)和三基色(R, G, B)所组成。在 GDI+ 中，通过 Color 结构封装对颜色的定义，Color 结构中，除了提供(A, R, G, B)以外，还提供许多系统定义的颜色，如 Pink(粉颜色)，另外，还提供许多静态成员，用于对颜色进行操作。由于篇幅和侧重点的原因，本书不对 Color 类进行展开介绍，有兴趣的读者可以查阅 MSDN 中的相关章节。

(3) Font：用来给文字设置字体格式。

Font 类定义特定文本格式，包括字体、字号和字形属性。Font 类的常用构造函数是 public Font(string 字体名，float 字号，FontStyle 字形)，其中字号和字体为可选项和 public Font(string 字体名，float 字号)，其中"字体名"为 Font 的 FontFamily 的字符串表示形式。下面是定义一个 Font 对象的例子代码：

```
FontFamily fontFamily = new FontFamily("Arial");
Fontfont = new Font(fontFamily, 16, FontStyle.Regular, GraphicsUnit.Pixel);
```

(4) Brush：用来画线和多边形，包括矩形、圆和饼形。

Brush 类是一个抽象的基类，因此它不能被实例化，我们总是用它的派生类进行实例化一个画刷对象，当我们对图形内部进行填充操作时就会用到画刷。

(5) Rectangle：矩形结构通常用来在窗体上画矩形。

矩形结构通常用来在窗体上画矩形，除了利用它的构造函数构造矩形对象外，还可以使用 Rectangle 结构的属性成员。

(6) Point：描述一对有序的 x, y 两个坐标值。

这个结构很像 C++ 中的 Point 结构，它描述了一对有序的 x, y 两个坐标值，其构造函数为 public Point(int x, int y)；其中 x 为该点的水平位置；y 为该点的水垂直位置。

下面的代码段实现了最基本的"创建画板"->"画画"这样的流程，其运行结果如图 5-1 所示。

```
private void Form1_Paint(object sender, PaintEventArgs e)
{
    Graphics g = e.Graphics;                //创建画板，这里的画板是由 Form 提供的
    Pen p = new Pen(Color.Blue, 2);         //定义了一个蓝色、宽度为 z 的画笔
    g.DrawLine(p, 10, 10, 100, 100);        //在画板上画直线
    g.DrawRectangle(p, 10, 10, 100, 100);   //在画板上画矩形
    g.DrawEllipse(p, 10, 10, 100, 100);     //在画板上画椭圆
}
```

图 5-1　最基本的画图

5.1.3　案例 5-1　模拟时钟的实现

【题目要求】

利用 GDI+ 的方式实现一个 Windows Form 的模拟时钟程序，要求画出时钟的表盘、刻度以及时针、分针和秒针，同时能正常走动。最终的实现界面如图 5-2 所示。

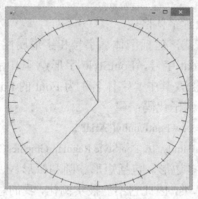

图 5-2　模拟时钟界面

【实现步骤】

(1) 在 VS2012 中建立一个 WindowsForm 应用程序，名称为 app5_1。

(2) 将默认建立的结构当中的 Form1.cs 项修改为 ClockControl.cs，在弹出的对话框中选择"确定"按钮。

(3) 输入下列 ClockControl.cs 代码：

```
public partial class ClockControl : Form
{
    #region Construct the clock
    public ClockControl()
    {
        InitializeComponent();
        //设置双缓冲，减小界面的闪烁
        DoubleBuffered = true;
        //创建并启动 timer
        ClockTimer.Tick += ClockTimer_Tick;
        ClockTimer.Enabled = true;
        ClockTimer.Interval = 1;
        ClockTimer.Start();
    }
    #endregion

    #region Update the clock
    /// <summary>
```

/// timer 控件的更新事件，主要是刷新界面

/// </summary>

/// <param name = "sender">The object that sends the trigger</param>

/// <param name = "e">The event arguments for the event</param>

```csharp
private void ClockTimer_Tick(object sender, EventArgs e)
{
    Refresh();
}
```

/// <summary>

/// The timer to update the hands

/// </summary>

```csharp
private Timer ClockTimer = new Timer();
#endregion

#region On paint
```

/// <summary>

///控件的重绘事件，主要在里面绘制表盘和时针分针秒针

/// </summary>

/// <param name = "pe">The paint event arguments for the control</param>

```csharp
protected override void OnPaint(PaintEventArgs pe)
{
    base.OnPaint(pe);
    //清除界面上的黑色线条
    pe.Graphics.Clear(BackColor);
    //画钟表的边框
    pe.Graphics.DrawEllipse(Pens.Black, 0, 0, Size.Width - 20, Size.Height - 40);
    //确定半径
    float radius = (Size.Width / 2-20);
    //确定原点
    PointF origin = new PointF(Size.Width / 2-10, Size.Height / 2-20);

    //下面代码实现根据情况更新时针分针秒针
    //Draw only if ShowMajorSegments is true;
    if (ShowMajorSegments)
    {    //Draw the Major segments for the clock
        for (float i = 0f; i != 390f; i += 30f)
        {
            pe.Graphics.DrawLine(Pens.Black, PointOnCircle(radius - 1, i, origin),
                PointOnCircle(radius - 21, i, origin));
```

```
            }
        }

        //Draw only if ShowMinorSegments is true
        if (ShowMinorSegments)
        {    //Draw the minor segments for the control
            for (float i = 0f; i != 366f; i += 6f)
            {
                    pe.Graphics.DrawLine(Pens.Black, PointOnCircle(radius, i, origin),
                        PointOnCircle(radius - 10, i, origin));
            }
        }

        //Draw only if ShowSecondHand is true
        if (ShowSecondhand)
        {    //Draw the second hand
            pe.Graphics.DrawLine(Pens.Black, origin, PointOnCircle(radius,
                DateTime.Now.Second * 6f, origin));
        }

        //Draw only if ShowMinuteHand is true
        if (ShowMinuteHand)
        {    //Draw the minute hand
            pe.Graphics.DrawLine(Pens.Black, origin, PointOnCircle(radius * 0.75f,
                DateTime.Now.Minute * 6f, origin));
        }

        //Draw only if ShowHourHand is true
        if (ShowHourHand)
        {    //Draw the hour hand
            pe.Graphics.DrawLine(Pens.Black, origin, PointOnCircle(radius * 0.50f,
                DateTime.Now.Hour * 30f, origin));
        }
    }
    #endregion

    #region On size changed
    /// <summary>
    /// Triggered when the size of the control changes
    /// </summary>
    /// <param name = "e">The event arguments for the event</param>
```

```
protected override void OnSizeChanged(EventArgs e)
{
    base.OnSizeChanged(e);
    //Make sure the control is square
    if (Size.Height != Size.Width)
    {
        Size = new Size(Size.Width, Size.Width);
    }
    //Redraw the control
    Refresh();
}
#endregion

#region Point on circle
/// <summary>
/// Find the point on the circumference of a circle
/// </summary>
/// <param name = "radius">The radius of the circle</param>
/// <param name = "angleInDegrees">The angle of the point to origin</param>
/// <param name = "origin">The origin of the circle</param>
/// <returns>Return the point</returns>
private PointF PointOnCircle(float radius, float angleInDegrees, PointF origin)
{
    //Find the x and y using the parametric equation for a circle
    float x = (float)(radius * Math.Cos((angleInDegrees - 90f) * Math.PI / 180F)) + origin.X;
    float y = (float)(radius * Math.Sin((angleInDegrees - 90f) * Math.PI / 180F)) + origin.Y;
    /*Note : The "- 90f" is only for the proper rotation of the clock.
      * It is not part of the parament equation for a circle*/

    //Return the point
    return new PointF(x, y);
}
#endregion

#region Show Minor Segments
/// <summary>
/// Indicates if the minor segements are shown
/// </summary>
private bool showMinorSegments = true;
/// <summary>
```

```csharp
        /// Indicates if the minor segments are shown
        /// </summary>
        public bool ShowMinorSegments
        {
            get
            {
                return showMinorSegments;
            }
            set
            {
                showMinorSegments = value;
                Refresh();
            }
        }
        #endregion

        #region Show Major Segments
        /// <summary>
        /// Indicates if the major segments are shown
        /// </summary>
        private bool showMajorSegments = true;
        /// <summary>
        /// Indicates if the major segments are shown
        /// </summary>
        public bool ShowMajorSegments
        {
            get
            {
                return showMajorSegments;
            }
            set
            {
                showMajorSegments = value;
                Refresh();
            }
        }
        #endregion

        #region Show Second Hand
```

```
/// <summary>
/// Indicates if the second hand is shown
/// </summary>
private bool showSecondHand = true;
/// <summary>
/// Indicates if the second hand is shown
/// </summary>
public bool ShowSecondhand
{
    get
    {
        return showSecondHand;
    }
    set
    {
        showSecondHand = value;
        Refresh();
    }
}
#endregion

#region Show Minute Hand
/// <summary>
/// Indicates if the minute hand is shown
/// </summary>
private bool showMinuteHand = true;
/// <summary>
/// Indicates if the minute hand is shown
/// </summary>
public bool ShowMinuteHand
{
    get
    {
        return showMinuteHand;
    }
    set
    {
        showMinuteHand = value;
        Refresh();
```

```
        }
    }
    #endregion

    #region Show Hour Hand
    /// <summary>
    /// Indicates if the hour hand is shown
    /// </summary>
    private bool showHourHand = true;
    /// <summary>
    /// Indicates if the hour hand is shown
    /// </summary>
    public bool ShowHourHand
    {
        get
        {
            return showHourHand;
        }
        set
        {
            showHourHand = value;
            Refresh();
        }
    }
    #endregion
}
```

(4) 编译运行程序，或按 F5 键可看到如图 5-2 所示的界面。

【代码分析】

由于上述代码都做了详细的注释，因此文中不再做分析。需要重点注意的是：OnPaint
方法中，在绘制表盘线条以及确定圆的半径、原点位置的时候，都多了一定量的位置调整。
因为直接使用控件的宽和高计算时，包括了控件边框和标题栏等，因此计算出来的这个数
据不准确，会导致表盘显示不完全，于是需要做一些修正。感兴趣的读者可以自行研究不
同的修正数据对界面造成的影响。

> 思考： 1. 上述代码中用到了哪些 GDI+ 的数据类型和方法？
>
> 2. 上述代码中如何实现表盘的绘制？如何实现刻度的绘制？如何实现时针、分
>   针和秒针的绘制？如果需要将时针分针和秒针修改为箭头形式，应该怎么做？
>
> 3. 如果需要给时钟的刻度加上数值描述，应该如何实现？

5.2 数据图形展示方法

对于信息工程专业而言，会遇到很多数据采集系统，经常需要将采集到的数据以图形化的形式在界面中展示出来，通常可以采用折线图或者曲线图来展示。对于很多信息系统来说，需要经常对系统中的信息进行统计分析，并将分析结果进行图形化的展示。统计图形种类繁多，有柱状图、折线图、扇形图等，而统计图形的绘制方法也有很多，有 Flash 制作的统计图形，有水晶报表生成统计图形，有专门制图软件制作的图形，也有编程语言自己制作的图形。下面将分别介绍直接利用 GDI+ 的方法进行数据展示和利用第三方绘图工具进行数据展示的方法。

5.2.1 案例 5-2 直接使用 GDI+ 进行数据展示——折线图

【题目要求】

利用 GDI+ 图形绘制接口完成数据的折线图展示，数据来源直接用数组输入。(注：通常的数据来源可以来自于硬件系统采集的数据或者数据库中直接读取的数据。从数据库中读取数据的方法将在第七章进行介绍，而这里的数据来源直接采用数组赋值。)实现结果如图 5-3 所示。

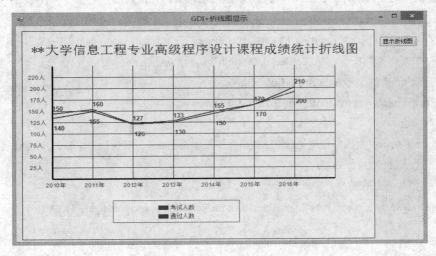

图 5-3 用 GDI+ 实现的折线图

【实现步骤】

(1) 在 VS2012 中新建一个 WindowsForm 项目，命名为 app5_2。

(2) 修改自动创建的 Form1 的属性，将其 Text 属性设置为 "GDI+ 折线图显示"，将其 size 属性设置为 "825, 535"。

(3) 在 Form1 上按照如图 5-3 所示位置放置控件，左边一个 pictureBox，将其 size 属性设置为 700, 480，右边一个 button 按钮，将其 Text 属性设置为 "显示折线图"。

(4) 为 button 添加 click 事件，在 button 上双击即可自动在代码中添加事件，输入如下代码段：

```
private void button1_Click(object sender, EventArgs e)
{
    this.CreateZhexianImage(); //调用绘制折线图函数
}
```

(5) 在 Form1.cs 中创建绘制折线图的函数 CreateZhexianImage，输入如下代码段：

```
private void CreateZhexianImage()
{
    //定义绘图用到的类
    int height = 480, width = 700;
    Bitmap image = new Bitmap(width, height);
    Graphics g = Graphics.FromImage(image);

    //清空图片背景色
    g.Clear(Color.White);
    //设置字体
    Font font = new System.Drawing.Font("Arial", 9, FontStyle.Regular);
    Font font1 = new System.Drawing.Font("宋体", 20, FontStyle.Regular);
    Font font2 = new System.Drawing.Font("Arial", 8, FontStyle.Regular);
    LinearGradientBrush brush = new LinearGradientBrush(new Rectangle(0, 0, image.Width,
        image.Height), Color.Blue, Color.Blue, 1.2f, true);
    g.FillRectangle(Brushes.AliceBlue, 0, 0, width, height); //绘制图框
    Brush brush1 = new SolidBrush(Color.Blue);
    Brush brush2 = new SolidBrush(Color.SaddleBrown);
    //写标题
    g.DrawString("**大学信息工程专业高级程序设计课程成绩统计折线图", font1, brush1,
        new PointF(15, 30));
    //画图片的边框线
    g.DrawRectangle(new Pen(Color.Blue), 0, 0, image.Width-1, image.Height - 1);

    Pen mypen = new Pen(brush, 1);
    Pen mypen2 = new Pen(Color.Red, 2);
    //绘制线条
    //绘制纵向线条
    int x = 60;
    for (int i = 0; i < 8; i++)
    {
        g.DrawLine(mypen, x, 80, x, 340);
        x = x + 80;
```

```
}
Pen mypen1 = new Pen(Color.Blue, 3);
x = 60;
g.DrawLine(mypen1, x, 82, x, 340);
//绘制横向线条
int y = 106;
for (int i = 0; i < 10; i++)
{
    g.DrawLine(mypen, 60, y, 620, y);
    y = y + 26;
}
g.DrawLine(mypen1, 60, y - 26, 620, y - 26);

//x 轴
String[] n = { "2010 年", "2011 年", "2012 年", "2013 年", "2014 年", "2015 年", "2016 年" };
x = 45;
for (int i = 0; i < 7; i++)
{//设置文字内容及输出位置
    g.DrawString(n[i].ToString(), font, Brushes.Red, x, 348);
    x = x + 77;
}
//y 轴
String[] m = { "220 人", "200 人", "175 人", "150 人", "125 人", "100 人", "75 人", "50 人", "25 人"};
y = 100;
for (int i = 0; i < 9; i++)
{    //设置文字内容及输出位置
    g.DrawString(m[i].ToString(), font, Brushes.Red, 10, y);
    y = y + 26;
}

//考试人数——如果有条件，可以从数据库中读取数据
int[] Count1 = { 150, 160, 127, 133, 155, 170, 210 }; //用于保存考试人数
int[] Count2 = {140, 155, 126, 130, 150, 170, 200}; //用于保存通过人数的数组

//显示折线效果
Font font3 = new System.Drawing.Font("Arial", 10, FontStyle.Bold);
SolidBrush mybrush = new SolidBrush(Color.Red);
Point[] points1 = new Point[7];
points1[0].X = 60; points1[0].Y = 340 - Count1[0]; //从 106 纵坐标开始到(0, 0)
points1[1].X = 140; points1[1].Y = 340 - Count1[1];
```

```
points1[2].X = 220; points1[2].Y = 340 - Count1[2];
points1[3].X = 300; points1[3].Y = 340 - Count1[3];
points1[4].X = 380; points1[4].Y = 340 - Count1[4];
points1[5].X = 460; points1[5].Y = 340 - Count1[5];
points1[6].X = 540; points1[6].Y = 340 - Count1[6];
g.DrawLines(mypen2, points1); //绘制折线

//绘制数字
g.DrawString(Count1[0].ToString(), font3, Brushes.Red, 58, points1[0].Y- 20);
g.DrawString(Count1[1].ToString(), font3, Brushes.Red, 138, points1[1].Y- 20);
g.DrawString(Count1[2].ToString(), font3, Brushes.Red, 218, points1[2].Y- 20);
g.DrawString(Count1[3].ToString(), font3, Brushes.Red, 298, points1[3].Y- 20);
g.DrawString(Count1[4].ToString(), font3, Brushes.Red, 378, points1[4].Y- 20);
g.DrawString(Count1[5].ToString(), font3, Brushes.Red, 458, points1[5].Y- 20);
g.DrawString(Count1[6].ToString(), font3, Brushes.Red, 538, points1[6].Y- 20);

Pen mypen3 = new Pen(Color.Green, 2);
Point[] points2 = new Point[7];
points2[0].X = 60; points2[0].Y = 340 - Count2[0];
points2[1].X = 140; points2[1].Y = 340 - Count2[1];
points2[2].X = 220; points2[2].Y = 340 - Count2[2];
points2[3].X = 300; points2[3].Y = 340 - Count2[3];
points2[4].X = 380; points2[4].Y = 340 - Count2[4];
points2[5].X = 460; points2[5].Y = 340 - Count2[5];
points2[6].X = 540; points2[6].Y = 340 - Count2[6];
g.DrawLines(mypen3, points2); //绘制折线
//绘制通过人数
g.DrawString(Count2[0].ToString(), font3, Brushes.Green, 61, points2[0].Y + 15);
g.DrawString(Count2[1].ToString(), font3, Brushes.Green, 131, points2[1].Y+ 15);
g.DrawString(Count2[2].ToString(), font3, Brushes.Green, 221, points2[2].Y+ 15);
g.DrawString(Count2[3].ToString(), font3, Brushes.Green, 301, points2[3].Y+ 15);
g.DrawString(Count2[4].ToString(), font3, Brushes.Green, 381, points2[4].Y+ 15);
g.DrawString(Count2[5].ToString(), font3, Brushes.Green, 461, points2[5].Y+ 15);
g.DrawString(Count2[6].ToString(), font3, Brushes.Green, 541, points2[6].Y+ 15);
//绘制标识
g.DrawRectangle(new Pen(Brushes.Red), 180, 390, 250, 50); //绘制范围框
g.FillRectangle(Brushes.Red, 270, 402, 20, 10); //绘制小矩形
g.DrawString("考试人数", font2, Brushes.Red, 292, 400);
g.FillRectangle(Brushes.Green, 270, 422, 20, 10);
```

```
        g.DrawString("通过人数", font2, Brushes.Green, 292, 420);

        pictureBox1.Image = image; //将画好的图放到 pictureBox1
    }
```

(6) 按 F5 键运行程序，点击"显示折线图"按钮查看运行结果。

【代码分析】

由于上述代码都做了详细的注释，因此文中不再逐段分析。需要重点注意的是：在 CreateZhexianImage 方法中绘制折线图的流程，可简单概括为定义绘图用到的类、绘制图框、绘制横坐标和纵坐标线及具体的数值、定义需要展示的数据(可从数据库或者文件中直接获取，本例采用直接输入的方式设置数据)、定义画笔和画刷准备绘图、按要求绘制折线图，最后将图形输出到页面。

从代码中可以看出，无论是绘制折线图，还是绘制坐标线、线框、数值等，都是直接调用的 Graphics 类的各种方法来直接实现，如绘制折线的时候调用的是 DrawLines 方法，绘制数值的时候调用 DrawString 方法等。以此类推，要绘制其他形状的图形，只需要调用其他方法即可。如需要绘制柱状图，则可利用 Graphics 类的 DrawRectangle 和 FillRectangle 方法来实现，因为柱状图本身就是一个矩形。再比如要绘制饼图，则可以调用 DrawPie 和 FillPie 等方法来实现。

思考： 1. 上述代码中用到了哪些 GDI+的数据类型和方法？
      2. 请在案例 5-2 中增加两个按钮，分别实现"显示柱状图"和"显示饼图"的功能，应该如何实现？

5.2.2 数据图形展示的其他方法概述

上一小节介绍的是直接利用 GDI+ 的方式进行绘图。从上面的实例可以看出，如果直接利用 GDI+来实现，代码量还是比较大的，而且绘图效果往往也并不尽如人意。在实际工程中，通常会使用第三方的绘图控件来完成图形的绘制，代码简单易懂、效果美观，同时也能够让我们工作的重点从绘制图形转变为组织数据，更能展示项目数据的准确性。下面将简单介绍几款第三方绘图控件。

1. FusionCharts

FusionCharts 是 InfoSoft Global 公司的一个产品，InfoSoft Global 公司是专业的 Flash 图形方案提供商，还有几款其他的基于 Flash 技术的产品，其制作效果都非常漂亮。

FusionCharts free 是一个跨平台、跨浏览器的 flash 图表组件解决方案，能够被 ASP.NET、ASP、PHP、JSP、ColdFusion、Ruby on Rails、简单 HTML 页面甚至 PPT 调用。用户不需要知道任何关于 flash 编程的知识，只要知道所用的编程语言就可以了。

FusionCharts 是收费产品，FusionCharts Free 则是 FusionCharts 提供的一个免费版本，虽然免费，功能依然强大，图形类型依然丰富。

FusionCharts 用 XML 文件作为数据的载体。它从外部的 XML 文件获取数据，并根据数据显示动画图表。在 XML 中定义图表的各种属性和图表的数据。在应用的时候，我们只要更改 XML 文件即可。

2. NPlot

NPlot 是一款非常难得的 .Net 平台下的图表控件，能做各种曲线图、柱状图、饼图、散点图、股票图等，而且它免费又开源，使用起来也非常符合程序员的习惯。其官方网站为 http://netcontrols.org/nplot/。

NPlot 的命名空间包括 NPlot、NPlot.Bitmap、NPlot.Web、NPlot.Web.Design、NPlot.Windows 等，其中最核心的、管理各种图表的类都属于 NPlot 命名空间，NPlot.Bitmap 针对位图的管理，NPlot.Web、NPlot.Web.Design 和 NPlot.Windows 则可视为 NPlot 图表在 Web Form 和 Windows Form 上的容器(PlotSurface2D)。这些容器可以拖到 Form 上，也可以位于其他容器之中。

要在应用程序中应用 NPlot 控件，首先要把所下载的 NPlot.dll 添加到 .Net 工程中。并将其添加到工具箱托盘中。添加方式为：在工具箱上单击鼠标右键，选择"选择项"，会出现"选择工具箱项"对话框，在".Net Frameworks 组件"属性页，选择"浏览"，找到 NPlot.dll 添加到工具箱项。这时工具箱中会出现 NPlot 控件。在设计应用程序界面时，可以将其拖入应用程序界面，系统会在代码中自动创建一个 PlotSurface2D 对象。

PlotSurface2D 对象是 NPlot 图表的容器，所有的图表图形、坐标、标题(都继承 IDrawable 接口)等各种信息都可以被加入 PlotSurface2D 中。PlotSurface2D 拥有一个非常重要的方法，即 Add。各种图表图形、坐标、标题都可以通过 Add 加入 PlotSurface2D 对象。

更详细的使用方法请参考控件主页的介绍。图 5-4 则是利用此控件绘制的图形。

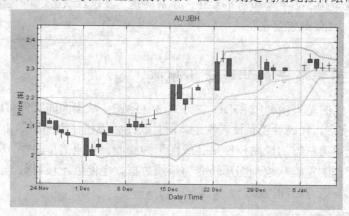

图 5-4　利用 NPlot 控件绘制的股票分析示意图

3. ZedGraph

ZedGraph 是一个开源的 .NET 图表类库，全部代码都是用 C# 开发的。它可以利用任意的数据集合创建 2D 的线性和柱形图表。ZedGraph 的类库具有很高的灵活性。几乎图表的每个层面都可以被用户修改。同时，为了保证类库的易用性，所有的图表属性都提供了缺省值。类库中包含的代码可以根据被划分的数据来选择适应的比例范围和步长、尺寸。

ZedGraph 继承了 Framework 中的 UserControl 接口，所以允许用户在 VS 的 IDE 环境中进行拖放操作。增加了对其他语言的访问接口支持，如 C++、VB。图 5-5 所示即为 ZedGraph 的绘图效果示意图。从图中可以看出，该控件基本能反映数据变化趋势，但效果还比较粗糙。下面两类控件则能更加美观地反映数据。

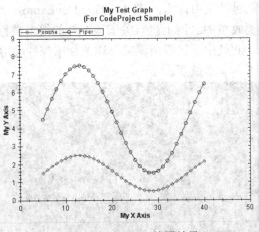

图 5-5　ZedGraph 绘图效果

4．Actipro

Actipro 软件有限责任公司成立于 1999 年，是美国一家 Microsoft .NET 平台的软件控件的私有供应商。总部设在美国俄亥俄州克里夫兰市，重点提供高品质的用户界面软件控件，客户可通过它为他们的程序添加强大的功能。Actipro 软件有限责任公司一直在开发 Windows 窗体控件，目前其开发的控件包括支持 WPF、WinRT、Silverlight 和 WinForms 等的第三方控件，可以提供包括非常精美的工具条、模板、导航、向导、图表和线条等控件。

如图 5-6 和图 5-7 所示，利用 Actipro 控件不仅可以实现简单的数据展示，还能够做出非常精美的效果。但该控件的使用是需要付费的，而且价格还不便宜。

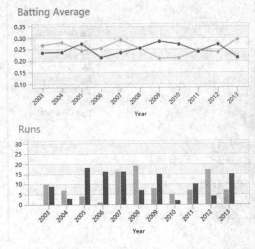

图 5-6　Actipro 控件实现的折线图和柱状图　　　图 5-7　Actipro 控件实现的仪表盘效果

5．DevExpress

DevExpress 开发的控件有很强的实力，不仅功能丰富，应用简便，而且界面华丽，更可方便定制，其官网为 https://www.devexpress.com/。它的菜单栏控件更具代表性，完全可以替代开发环境提供的基本控件，而让编写的程序或软件更显专业化。它还提供完善的帮助系统，资料详尽，可以快速入手。有些高级控件更是零代码的，非常易于使用。目前很多非常有名的软件，甚至包括金山毒霸，都用了部分 DevExpress 的控件，足见其强大。当然，这个控件包也是需要收费的。网上也有关于该控件的很多教程，读者可根据需要进行搜索和有针对性的学习。此处由于篇幅所限就不详细介绍控件的用法了。图 5-8 和图 5-9则是用该控件实现的效果，非常炫丽。

图 5-8　DevExpress 控件绘制的类似 K 线图

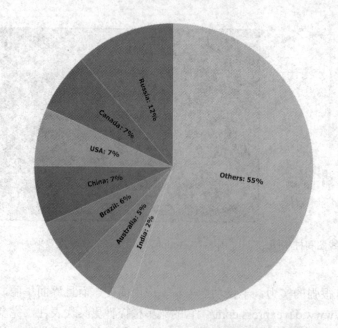

图 5-9　DevExpress 绘制的饼图

5.2.3　案例 5-3　利用 ZedGraph 控件绘制简单折线图

【题目要求】

利用 ZedGraph 第三方控件，实现一个简单的折线图显示程序，显示结果如图 5-10 所示。

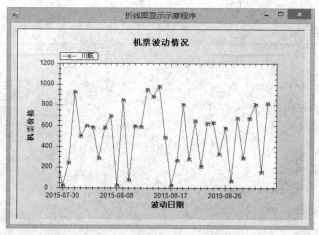

图 5-10　利用 ZedGraph 实现折线图效果

【实现步骤】

(1) 下载并配置 ZedGraph。官方下载地址为 http://sourceforge.net/projects/zedgraph/files/。

(2) 添加 ZedGraph.dll 的引用，在控件库中添加 ZedGraph 控件，右键点击"工具箱" -> "选择项" -> ".Net Framework 组件" -> "浏览" -> "找到 ZedGraph.dll 添加"，zedGraphControl 控件就出现在工具箱中，如图 5-11 所示。

图 5-11　添加的 zedGraphControl 控件

(3) 在 VS2012 中新建一个 WindowsForm 程序，名称为 app5_3。

(4) 将自动创建的 Form1 的 Text 属性修改为"折线图显示示意程序"。

(5) 拖放一个 ZedGraphControl 控件到 Form1 上，并适当调整位置和大小。

(6) 修改 Form1.cs 的代码，在 Form1 初始化之后调用函数 createPane，并将 zedGraphControl1 作为参数。

```
public Form1()
{
    InitializeComponent();
    this.createPane(this.zedGraphControl1);
}
```

(7) 编写 zedGraphControl1 设置函数。

```csharp
public void createPane(ZedGraphControl zgc)
{
    GraphPane myPane = zgc.GraphPane;
    //设置图标标题和 x、y 轴标题
    myPane.Title = "机票波动情况";
    myPane.XAxis.Title = "波动日期";
    myPane.YAxis.Title = "机票价格";
    // 造一些数据，PointPairList 里有数据对 x，y 的数组
    Random y = new Random();
    PointPairList list1 = new PointPairList();
    for (int i = 0; i < 36; i++)
    {
        double x = i;
        double y1 = y.NextDouble() * 1000;
        list1.Add(x, y1); //添加一组数据
    }
    // 用 list1 生产一条曲线，标注是 "川航"
    LineItem myCurve = myPane.AddCurve("川航", list1, Color.Red, SymbolType.Star);
    //填充图表颜色
    myPane.PaneFill = new Fill(Color.White, Color.FromArgb(200, 200, 255), 45.0f);
    //以上生成的图标 X 轴为数字，下面将转换为日期的文本
    string[] labels = new string[36];
    for (int i = 0; i < 36; i++)
    {
        labels[i] = System.DateTime.Now.AddDays(i).ToShortDateString();
    }
    myPane.XAxis.TextLabels = labels; //X 轴文本取值
    myPane.XAxis.Type = AxisType.Text;    //X 轴类型

    //画到 zedGraphControl1 控件中，此句必加
    zgc.AxisChange();

    //重绘控件
    Refresh();
}
```

(8) 按 F5 查看运行效果。

比较案例 5-2 和案例 5-3 可以发现，直接利用第三方控件进行绘图，可以以很简单的代码实现比较复杂的绘图效果，提高编程效率。关于第三方控件的详细使用方法，可以参

考控件的相关帮助文档，此处由于篇幅限制，就不再赘述了。

5.3　用 C# 进行图像处理

5.3.1　C# 图像处理概述

在 C#中进行图像处理一般都是通过 Image 类及其派生类来实现的。Image 类封装了对 BMP、GIF、JPG、EXIF、PNG、TIFF 和 ICON 图像文件的调入、格式转换以及简单的处理功能。Image 是一个抽象类，不能建立实例。Bitmap 和 Metafile 类从 Image 类中继承，可以用 Bitmap 类来加载和显示光栅图像，用 Metafile 类来加载和现实矢量图像。

1. Image 类

这个类提供了位图和元文件操作的函数。Image 类被声明为 abstract，也就是说，Image 类不能实例化对象，而只能做为一个基类。下面列举该类的几个简单方法：

(1) FromFile 方法：它根据输入的文件名产生一个 Image 对象，它有两种函数形式：

```
public static Image FromFile(string filename);
public static Image FromFile(string filename, bool useEmbeddedColorManagement);
```

(2) FromHBitmap 方法：它从一个 Windows 句柄处创建一个 bitmap 对象，包括两种函数形式：

```
public static bitmap fromhbitmap(intptr hbitmap);
public static bitmap fromhbitmap(intptr hbitmap, intptr hpalette);
```

(3) FromStream 方法：从一个数据流中创建一个 image 对象，包含三种函数形式：

```
public static image fromstream(stream stream);
public static image fromstream(stream stream, bool useembeddedcolormanagement);
public static image fromstream(stream stream, bool useembeddedcolormanagement, bool validateimagedata);
```

2. Bitmap 类

Bitmap 对象封装了 GDI+ 中的一个位图，此位图由图形图像及其属性的像素数据组成，因此 Bitmap 是用于处理由像素数据定义的图像的对象，该类的主要方法和属性如下：

- GetPixel 方法和 SetPixel 方法：获取和设置一个图像的指定像素的颜色。
- PixelFormat 属性：返回图像的像素格式。
- Palette 属性：获取和设置图像所使用的颜色调色板。
- Height Width 属性：返回图像的高度和宽度。
- LockBits 方法和 UnlockBits 方法：分别锁定和解锁系统内存中的位图像素。在基于像素点的图像处理方法中使用 LockBits 和 UnlockBits 是一个很好的方式，这两种方法可以使我们指定像素的范围来控制位图的任意一部分，从而消除了通过循环对位图的像素逐个进行处理，每调用 LockBits 之后都应该调用一次 UnlockBits。
- Clone 方法：创建 Bitmap 部分的副本。

- FromHicon 方法：从图标的 Windows 句柄创建 Bitmap。
- FromResource 方法：从指定的 Windows 资源创建 Bitmap 图像。
- GetThumbnailImage 方法：返回 Image 图像的缩略图。
- Save 方法：将此图像以指定格式保存到指定的流中。

利用 C#中封装好的类就能进行简单的图像处理了，如可以通过 Image 类的 FromFile 方法来加载文件，可以通过 Save 方法来保存文件，通过 GetPixel 方法来获取像素点，再根据算法进行相应的变换和处理等。下面将通过一个简单的例子来进行图像处理。

5.3.2 案例 5-4 C#图像处理程序

【题目要求】

创建一个如图 5-12 所示的图像处理程序，对图像进行底片效果、浮雕效果和黑白效果的变换显示。

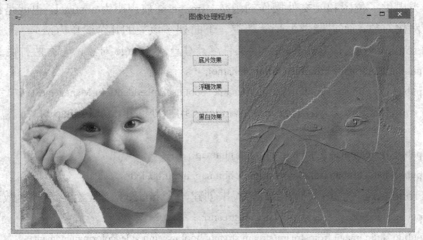

图 5-12 图像处理程序界面

【技术要点】

- 界面上包括两个 pictureBox 控件，左边的用于显示原始图像，右边的用于显示处理之后的图像。通过中间的不同按钮，分别完成不同的图像处理。
- 控件对象的主要属性如表 5-2 所示。

表 5-2 控件的主要属性设置

控件	属 性	值
Form1	Text	图像处理程序
pictureBox1	BorderStyle	FixedSingle
	Image	Baby.jpg
pictureBox2	BorderStyle	FixedSingle
button1	Text	底片效果
Button2	Text	浮雕效果
Button3	Text	黑白效果

【实现步骤】

(1) 在 VS2012 中建立一个 WindowsForm 程序，名称为 app5_4。

(2) 根据图 5-12 对 Form1 进行界面布局，根据表 5-2 进行主要控件的属性设置。其中 pictureBox1 的 Image 属性，可根据实际情况，设置为其他待处理的图像素材。

(3) 添加"底片效果"按钮处理事件。底片效果的实现思路为：GetPixel 方法获得每一点像素的值，然后再使用 SetPixel 方法将取反后的颜色值设置到对应的点。具体代码如下：

```csharp
private void button1_Click(object sender, EventArgs e)
{
    //以底片效果显示图像
    try
    {
        int Height = this.pictureBox1.Image.Height;
        int Width = this.pictureBox1.Image.Width;
        Bitmap newbitmap = new Bitmap(Width, Height);
        Bitmap oldbitmap = (Bitmap)this.pictureBox1.Image;
        Color pixel;
        for (int x = 1; x < Width; x++)
        {
            for (int y = 1; y < Height; y++)
            {
                int r, g, b;
                pixel = oldbitmap.GetPixel(x, y);
                r = 255 - pixel.R;
                g = 255 - pixel.G;
                b = 255 - pixel.B;
                newbitmap.SetPixel(x, y, Color.FromArgb(r, g, b));
            }
        }
        this.pictureBox2.Image = newbitmap;
    }
    catch (Exception ex)
    {
        MessageBox.Show(ex.Message, "信息提示",
                        MessageBoxButtons.OK, MessageBoxIcon.Information);
    }
}
```

(4) 添加"浮雕效果"按钮处理事件。浮雕效果的实现原理为：对图像像素点的像素值分别与相邻像素点的像素值相减后加上 128，然后将其作为新的像素点的值。具体代码如下：

```csharp
private void button2_Click(object sender, EventArgs e)
{    //以浮雕效果显示图像
    try
    {
        int Height = this.pictureBox1.Image.Height;
        int Width = this.pictureBox1.Image.Width;
        Bitmap newBitmap = new Bitmap(Width, Height);
        Bitmap oldBitmap = (Bitmap)this.pictureBox1.Image;
        Color pixel1, pixel2;
        for (int x = 0; x < Width - 1; x++)
        {
            for (int y = 0; y < Height - 1; y++)
            {
                int r = 0, g = 0, b = 0;
                pixel1 = oldBitmap.GetPixel(x, y);
                pixel2 = oldBitmap.GetPixel(x + 1, y + 1);
                r = Math.Abs(pixel1.R - pixel2.R + 128);
                g = Math.Abs(pixel1.G - pixel2.G + 128);
                b = Math.Abs(pixel1.B - pixel2.B + 128);
                if (r > 255)
                    r = 255;
                if (r < 0)
                    r = 0;
                if (g > 255)
                    g = 255;
                if (g < 0)
                    g = 0;
                if (b > 255)
                    b = 255;
                if (b < 0)
                    b = 0;
                newBitmap.SetPixel(x, y, Color.FromArgb(r, g, b));
            }
        }
        this.pictureBox2.Image = newBitmap;
    }
    catch (Exception ex)
    {
```

```
        MessageBox.Show(ex.Message, "信息提示",
                MessageBoxButtons.OK, MessageBoxIcon.Information);
    }
}
```

(5) 添加"黑白效果"按钮处理事件。彩色图像处理成黑白效果通常有三种算法，分别是最大值法、平均值法和加权平均值法。最大值法是使每个像素点的 RGB 值等于原像素点的 RGB 中最大的一个。平均值法是使用每个像素点的 RGB 值等于原像素点的 RGB 值的平均值。加权平均值法则是对每个像素点的 RGB 值进行加权。本例中采用加权平均值法，对应于 RGB 的权重分别为 0.7、0.2 和 0.1。具体代码如下：

```
private void button3_Click(object sender, EventArgs e)
{
    //以黑白效果显示图像
    try
    {
        int Height = this.pictureBox1.Image.Height;
        int Width = this.pictureBox1.Image.Width;
        Bitmap newBitmap = new Bitmap(Width, Height);
        Bitmap oldBitmap = (Bitmap)this.pictureBox1.Image;
        Color pixel;
        for (int x = 0; x < Width; x++)
            for (int y = 0; y < Height; y++)
            {
                pixel = oldBitmap.GetPixel(x, y);
                int r, g, b, Result = 0;
                r = pixel.R;
                g = pixel.G;
                b = pixel.B;
                Result = ((int)(0.7 * r) + (int)(0.2 * g) + (int)(0.1 * b));
                newBitmap.SetPixel(x, y, Color.FromArgb(Result, Result, Result));
            }
        this.pictureBox2.Image = newBitmap;
    }
    catch (Exception ex)
    {
        MessageBox.Show(ex.Message, "信息提示");
    }
}
```

(6) 按 F5 检查程序运行结果。

> 思考：1. 上述代码中是如何使用异常捕捉的？
> 　　　2. 请尝试修改案例 5-4 中"黑白效果"的实现方法，分别用最大值法和平均值
> 　　　　 法来实现，并对比处理结果的异同。
> 　　　3. 请尝试在案例 5-4 中增加图像的旋转和拉伸等处理功能。

5.4　声音与视频的播放

电脑里的媒体除了图形和图像之外，还包括声音、视频等诸多内容。在 C#中可以使用 Soundplayer 类播放 wav 声音，使用 Windows API 播放 MP3，使用 Windows Media Player 控件播放音频或视频，使用 ShockWaveFlash 控件播放 Flash 文件。

5.4.1　声音播放的几种方法

1. 使用 SoundPlayer 类播放 WAV 文件

System.Media.SoundPlayer 类可以用来加载和播放 WAV 文件。SoundPlayer 类支持从文件路径、URL、包含 WAV 文件的流或包含 WAV 文件的嵌入资源中加载 WAV 文件。关于 SoundPlayer 类的更详细介绍可以参考 MSDN，此处只列举出几个重要的属性和方法。

SoundPlayer 类的主要属性有：

- IsLoadCompleted：获取一个值，该值指示 .wav 文件的加载是否已经成功完成。
- LoadTimeout：获取或设置 .wav 文件的加载必须完成的时间(以毫秒为单位)。
- SoundLocation：获取或设置要加载的 .wav 文件的文件路径或 URL。
- Stream：获取或设置从中加载 .wav 文件的 Stream。

SoundPlayer 类的主要方法有：

- Load：同步加载声音。
- LoadAsync：使用新线程从流或 Web 资源中加载.wav 文件。
- Play：使用新线程播放 .wav 文件，如果尚未加载 .wav 文件，则先加载该文件。
- PlayLooping：使用新线程循环播放.wav 文件，如果尚未加载.wav 文件，则先加载该文件。
- PlaySync：播放 .wav 文件，如果尚未加载 .wav 文件，则先加载该文件。
- Stop：如果播放正在进行，则停止播放声音。

SoundPlayer 类的主要事件有：

- LoadCompleted：当成功或未成功加载 .wav 文件时出现。
- SoundLocationChanged：当已设置此 SoundPlayer 的新音频源路径时出现。
- StreamChanged：当已设置此 SoundPlayer 的新 Stream 音频源时出现。

SoundPlayer 类的通常使用方法是：

```
System.Media.SoundPlayer sndPlayer = new System.Media.SoundPlayer("test.wav");
sndPlayer.PlayLooping();
```

2. 使用 Windows API 播放 MP3

Windows API 中的 winmm.dll 库中的 mciSendString()可以用来播放声音,该函数不仅支持 WAV,还支持 MP3。关于 mciSendString 的详细参数说明,请参见 MSDN。这里简单说明使用该函数的一般步骤:

(1) 引入需要的命名空间。语法如下:

Using System.Runtime.InteropServices;

(2) 导入需要的动态链接库。语法如下:

[DllImport("winmm.dll")]

(3) 声明函数。语法如下:

public static extern uint mciSendString(string lpstrCommand, string lpstrReturnString, uint uReturnLength, uint hWndCallback);

经过上述三个步骤,就可以调用函数 mciSendString 了。如:

```
public void Play()
{
    mciSendString(@"close temp_alias", null, 0, 0);
    mciSendString(@"open ""F:\\test.mp3"" alias temp_alias", null, 0, 0);
    mciSendString("play temp_alias repeat", null, 0, 0);
}
```

3. 使用 Windows Media Play 控件

在 C#中,可以引用 Windows 自带的 Windows Media Player 组件播放多种格式的音频文件和视频文件,所支持的音频文件和视频文件格式由电脑系统安装的解码器决定。

Windows Media Player 控件不是标准的控件,一般直接在工具箱中是无法找到的,在使用控件之前需要手动将其添加到工具箱当中,添加的方法为:

(1) 执行"工具"->"选择工具箱项"菜单命令,打开如图 5-13 所示的"选择工具箱项"对话框。

图 5-13 "选择工具箱项"对话框

(2) 在该对话框的"COM 组建"选项卡中选中"Windows Media Player"项,并单击"确定"按钮，将其添加到工具箱当中。

(3) 使用该控件时，直接在工具箱当中找到该控件，拖放到窗体上即可。

下面将简要介绍 Windows Media Player 控件的主要属性和方法。

(1) 基本属性：

· URL：指定媒体位置，本机或网络地址。如：axWindowsMediaPlayer1.URL = @"f:\aa.mp3"。

· uiMode：播放器界面模式，可为 Full, Mini, None, Invisible；Full：有下面的控制条；None：只有播放部份没有控制条。

· playState：播放状态，1 = 停止，2 = 暂停，3 = 播放，6 = 正在缓冲，9 = 正在连接，10 = 准备就绪。

· enableContextMenu：启用/禁用右键菜单。

· fullScreen：是否全屏显示。

· stretchToFit：非全屏状态时是否伸展到最佳大小。

(2) 播放器基本控制：

· Ctlcontrols.play()：播放。

· Ctlcontrols.pause()：暂停。

· Ctlcontrols.stop()：停止。

· Ctlcontrols.currentPosition：当前进度。

· Ctlcontrols.currentPositionString：当前进度，字符串格式。如"00:23"。

· Ctlcontrols.fastForward()：快进。

· Ctlcontrols.fastReverse()：快退。

· Ctlcontrols.next()：下一曲。

· Ctlcontrols.previous()：上一曲。

(3) 播放器基本设置：

· settings.volume：音量，0～100。

· settings.balance：声道，通过它应该可以进行立体声、左声道、右声道的控制。

· settings.autoStart：是否自动播放。

· settings.mute：是否静音。

· settings.playCount：播放次数。

· settings.rate：播放速度。

(4) 当前媒体属性：

· currentMedia.duration：媒体总长度。

· currentMedia.durationString：媒体总长度，字符串格式。如"03:24"。

· currentMedia.getItemInfo(const string)：获取当前媒体信息 "Title" = 媒体标题，"Author" = 艺术家，"Copyright" = 版权信息，"Description" = 媒体内容描述，"Duration" = 持续时间(秒)，"FileSize" = 文件大小，"FileType" = 文件类型，"sourceURL" = 原始地址。

· currentMedia.setItemInfo(const string)：通过属性名设置媒体信息。

· currentMedia.name：同 currentMedia.getItemInfo("Title")。

5.4.2 案例 5-5 基于 WMP 的多媒体播放器

【题目要求】

利用 Windows Media Player 组建实现一个如图 5-14 所示的多媒体播放器。

图 5-14 多媒体播放器界面

【技术要点】

- 直接通过 Windows Media Player 控件完成媒体文件的播放控制。
- 专门建立一个类 PlayItem 来表示待播放的文件信息。
- 主要包含的控件有外框 Form、播出控件 Windows Media Player、GroupBox 控件、ListView 控件用于显示文件列表、两个 label 控件用于显示正在播放的文件信息、四个 Button 控件分别用于进行媒体文件的添加、删除、播出和停止。
- 控件的主要属性如表 5-3 所示。

表 5-3 控件的主要属性设置

控 件	属 性	值
Form1	Text	多媒体播放器
WindowsMediaPlayer	fullScreen	False
	strechToFit	False
	uiMode	full
	WindowlessVideo	False
groupBox1	Text	播放列表
label1	Text	当前正在播放
listView1	Columns.columnHeader1.Text	节目名称
	View	Details
buttonadd	Text	添加文件
buttondelete	Text	删除文件
buttonStart	Text	开始播放
buttonStop	Text	停止播放

【实现步骤】

(1) 在 VS2012 中创建一个 Windows Form 的项目，名称为 app5_5。

(2) 根据图 5-14 的页面布局在 Form1 上放置控件，包括一个 WindowsMediaPlayer 控件，一个 groupbox 控件，一个 listview 控件，两个 label 控件，四个 button 控件。按照表 5-3 的内容设置控件的主要属性。

(3) 添加 PlayItem 类定义。添加的方法为：在项目名称上点右键，依此选择"添加"->"类"，在弹出的对话框中输入类名为 PlayItem，点击"确认"按钮即可。然后在 PlayItem.cs 文件中输入代码：

```csharp
namespace app5_5
{
    /// <summary>
    /// 用于保存待播出的条目
    /// </summary>
    class PlayItem
    {
        /// <summary>
        /// 节目素材的名称
        /// </summary>
        string programName;
        public string ProgramName
        {
            get { return programName; }
            set { programName = value; }
        }

        /// <summary>
        /// 节目素材的全路径
        /// </summary>
        string programFullPath;
        public string ProgramFullPath
        {
            get { return programFullPath; }
            set { programFullPath = value; }
        }

        /// <summary>
        /// 用毫秒表示的素材长度
        /// </summary>
        double programLengthInMS;
```

```
        public double ProgramLengthInMS
        {
            get { return programLengthInMS; }
            set { programLengthInMS = value; }
        }
    }
}
```

(4) 在 Form1.cs 中添加保存播放列表的私有变量定义：

```
/// <summary>
/// 用于保存播放列表的数据
/// </summary>
List<PlayItem> ToPlayList = new List<PlayItem>();
```

(5) 在 Form1.cs 中添加函数用于更新 ListView 的显示：

```
/// <summary>
/// 更新 ListView 显示
/// </summary>
private void UpdateListDisplay()
{
    if (ToPlayList == null || ToPlayList.Count == 0)
    {
        return;
    }

    this.listView1.BeginUpdate();
    this.listView1.Items.Clear();
    foreach (PlayItem TmpItem in ToPlayList)
    {
        ListViewItem lvi = new ListViewItem();
        lvi.Text = TmpItem.ProgramName;
        this.listView1.Items.Add(lvi);
    }
    this.listView1.EndUpdate();
}
```

(6) 在 Form1 上双击 "添加文件 "按钮，为该按钮添加 click 事件：

```
/// <summary>
/// 添加文件到播放列表中去
/// </summary>
private void buttonadd_Click(object sender, EventArgs e)
```

```
    {
        OpenFileDialog TmpDlg = new OpenFileDialog();
        TmpDlg.Multiselect = true;
        TmpDlg.Filter = "音频文件|*.mp3; *.aac; *.wav; *.s48|视频文件|*.avi; *.mp4; *.mpg; *.mpeg";
        if (TmpDlg.ShowDialog() == System.Windows.Forms.DialogResult.OK)
        {
            PlayItem TmpPlayItem;
            foreach (string TmpItem in TmpDlg.FileNames)
            {
                TmpPlayItem = new PlayItem();
                TmpPlayItem.ProgramName = Path.GetFileNameWithoutExtension(TmpItem);
                TmpPlayItem.ProgramFullPath = TmpItem;
                ToPlayList.Add(TmpPlayItem);
            }
            //刷新列表显示
            this.UpdateListDisplay();
        }
    }
```

需要注意的是，在上述代码中用到了文件和路径处理的函数，因此需要在代码前面加入引用项：using System.IO。

(7) 在 Form1 上双击"删除文件"按钮，为该按钮添加 click 事件：

```
/// <summary>
/// 删除列表中的文件
/// </summary>
private void buttondelete_Click(object sender, EventArgs e)
{
    if (this.listView1.SelectedItems == null || this.listView1.SelectedItems.Count <= 0)
    {
        return;
    }
    ToPlayList.RemoveAt(this.listView1.SelectedItems[0].Index);
    this.UpdateListDisplay();
}
```

(8) 在 Form1 上双击"开始播放"按钮，为该按钮添加 click 事件：

```
/// <summary>
/// 开始播放列表中的文件
/// </summary>
private void buttonStart_Click(object sender, EventArgs e)
{
```

```
//形成一个播放列表
axWindowsMediaPlayer1.currentPlaylist.clear();
axWindowsMediaPlayer1.currentPlaylist = axWindowsMediaPlayer1.newPlaylist("newlist", "");
foreach (PlayItem TmpItem in ToPlayList)
{
        axWindowsMediaPlayer1.currentPlaylist.appendItem(axWindowsMediaPlayer1.newMedia
        (TmpItem.ProgramFullPath));
}
//开始播放
this.axWindowsMediaPlayer1.Ctlcontrols.play();
}
```

(9) 在 Form1 上双击"停止播放"按钮，为该按钮添加 click 事件：

```
/// <summary>
/// 停止播放
/// </summary>
private void buttonStop_Click(object sender, EventArgs e)
{
    this.axWindowsMediaPlayer1.Ctlcontrols.stop();
}
```

(10) 为了在 label 中更新显示当前在播文件的信息，需要为 WindowsMediaPlayer 控件添加 CurrentItemChange 事件。添加方法为：选中 WindowsMediaPlayer 控件，打开属性页，点击属性页上面的事件按钮，切换到事件列表，在事件列表中找到 CurrentItemChange，双击即可为该事件添加响应函数，输入如下代码：

```
/// <summary>
/// 更新显示当前正在播放的文件信息
/// </summary>
private void axWindowsMediaPlayer1_CurrentItemChange(object sender,
    AxWMPLib._WMPOCXEvents_CurrentItemChangeEvent e)
{
    labelname.Text = this.axWindowsMediaPlayer1.currentMedia.name;
}
```

(11) 至此，代码全部编写完毕，按 F5 查看效果。

思考：1. 如何设置播放列表中的文件进行列表循环播出？单曲循环播出？随机播出？
　　　2. 如何实时显示文件的总时间信息和当前播出位置信息？
　　　3. 如何实现选中列表中的某个文件开始播放？
　　　4. 如何实现播出控制中的暂停、恢复、快进、快退？

5.4.3　其他多媒体处理技术简介

1. DirectX 技术

DirectX 是微软开发的多媒体应用程序接口(API)(包括图形、声音、输入、网络)。Direct 代表直接的意思，X 代表很多部分，DirectX 就是一系列的 DLL(动态连接库)。

微软的 DirectX 软件开发工具包(SDK)提供了一套优秀的应用程序编程接口(APIs)，这个编程接口可以为程序员开发高质量、实时的应用程序所需要的各种资源。DirectX 技术的出现将极大地有助于发展下一代多媒体应用程序和电脑游戏。

微软开发 DirectX，其最主要的目的之一是促进在 Windows 操作系统上的游戏和多媒体应用程序的发展。在 DirectX 出现以前，主要的游戏开发平台是 MS-DOS，游戏开发者们为了使他们的程序能够适应各种各样的硬件设备而绞尽脑汁。自从有了 DirectX，游戏开发者们既可以获益于 Windows 平台的设备无关性，而又不失去直接访问硬件的特性。DirectX 主要的目的就是提供像 MS-DOS 一样简洁的访问硬件的能力，来实现并且提高基于 MS-DOS 平台应用软件的运行效果，并且为个人电脑硬件的革新扫除障碍。

另一方面，微软公司开发 DirectX 是为了在当前或今后的计算机操作系统上提供给基于 Windows 平台的应用程序以高表现力、实时的访问硬件的能力。DirectX 在硬件设备和应用程序之间提供了一套完整一致的接口，以减小在安装和配置时的复杂程度，并且可以最大限度地利用硬件的优秀特性。通过使用 DirectX 所提供的接口，软件开发者可以尽情地利用硬件所可能带来的高性能，而不用烦恼于那些复杂而又多变的硬件执行细节。

DirectX 介于硬件和 Windows 应用程序之间，能够主动探测硬件的性能，当可以用硬件完成时，就直接通过硬件工作，如果硬件不支持，就通过软件模拟实现，如图 5-15 所示(HAL 是硬件抽象层，HEL 是硬件仿真层/软件模拟层)。

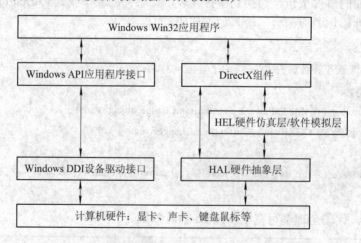

图 5-15　DirectX 和应用程序的关系示意图

在开发过程中，DX 分为两个部分：一个是运行库，通过 DX 编译出来的程式必须要有运行库的支持；另外一个是开发库，也就是常说的 SDK，这部分在编译 DX 程序中是必需的。

DirectX SDK，英文原意：DirectX Software Development Kit，是微软所开发出的一套

主要用于设计多媒体、2D/3D 游戏及程序的 API，其中包含了各类与制作多媒体功能相关的组件(Component)，各个组件提供了许多处理多媒体的接口与方法。

DirectX 组件包括以下部分：DirectDraw(2D)、DirectDraw(3D)、DirectSound、DirectMusic、DirectInput、DirectPlay、DirectSetup、DirectShow。

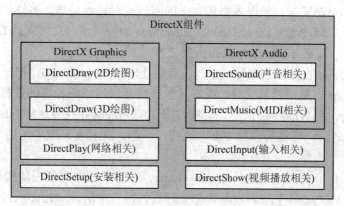

图 5-16　DirectX 组件组成

(1) DirectX Graphics：主要负责视频处理和图形渲染，帮助我们完成 2D 和 3D 图像的绘制处理，在 7.0 之后的版本中，原先负责二维图形的 DirectDraw(3D)已经停止更新，DirectDraw(3D)同时肩负起二维和三维图形绘制的任务。

(2) DirectX Audio：主要负责音频处理，帮助我们完成音效和音乐的播放和处理。包括主要针对波形音频进行播放处理的 DirectSound，多用于处理游戏中的音效部分，以及 DirectMusic，用来播放 MIDI 音乐，实现游戏中的背景音乐。

(3) DirectInput：系统处理一切设备输入，包括鼠标、键盘、摇杆、手柄、滚球等。现在它还支持力反馈设备(由机电传动设备和力传感器组成，让用户能感觉真实的力的设备)。

(4) DirectPlay：是 DirectX 的网络部分。它使用户能够通过使用 Internet、调制解调器、直接电缆连接或其他任何未来的连接媒介建立抽象连接。DirectPlay 允许在对网络一无所知的情况下建立连接。无需写驱动，用 sockets 或类似的东西。此外，DirectPlay 支持游戏进行中的聊天概念和玩家用以聚集和游戏的游戏大厅概念。

(5) DirectSetup/AutoPlay：允许一个程序从用户的应用程序所在客户机上安装 DirectX 并在插入 CD 光盘后直接启动游戏的准 DirectX 组件。DirectSetup 是个小的函数集。这个函数集合在客户机上加载 DirectX 的运行时文件，并在注册表中注册这些文件。AutoPlay 是标准 CD 子系统，其寻找 CD 盘根目录下的 AUTOPLAY.INF 文件。如果找到该文件，AutoPlay 便执行文件中的批处理命令。

(6) DirectShow 是一个 Windows 平台上的流媒体框架，提供了高质量的多媒体流采集和回放功能。它支持多种多样的媒体文件格式，包括 ASF、MPEG、AVI、MP3 和 WAV 文件，同时支持使用 WDM 驱动或早期的 VFW 驱动来进行多媒体流的采集。DirectShow 整合了其他的 DirectX 技术，能自动地侦测并使用可利用的音视频硬件加速，也能支持没有硬件加速的系统。DirectShow 是曾经最实用的多媒体处理技术，因此将对其做更详细的介绍。

DirectShow 是微软公司提供的一套在 Windows 平台上进行流媒体处理的开发包，9.0 之前与 DirectX 开发包一起发布，之后包含在 Windows SDK 中。

运用 DirectShow，我们可以很方便地从支持 WDM 驱动模型的采集卡上捕获数据，并且进行相应的后期处理乃至存储到文件中。它广泛地支持各种媒体格式，包括 ASF、MPEG、AVI、DV、MP3、WAV 等，使得多媒体数据的回放变得轻而易举。另外，DirectShow 还集成了 DirectX 其他部分(比如 DirectDraw、DirectSound)的技术，直接支持 DVD 的播放、视频的非线性编辑，以及与数字摄像机的数据交换。

DirectShow 运行的方式通常是一个开发者创建一个 Filter Graph，把一些 Filter(可能订制)加入 Filter Graph，然后播放文件，或者播放来自互联网或照相机的数据。当播放进程运行时，Filter Graph 在 Windows 注册中寻找注册了的 Filters 并且为这些 Filter 创建本地提供的 Graph。在这之后，它将所有的 Filter 连接在一起，并且在开发者的请求下，播放/中止创造 Graph。

图 5-17 为一个 mp3 文件创建的 Filter Graph，在这幅图中大的方块代表 Filter Graph，小的方块代表端口，每个 Filter 表示数据处理过程的一个阶段，比如从一个文件或照相机读取数据，解码，转换以及绘制。Filter 有若干的能被连接到其他 Filter 上的连接点的 Interface。Interface 可能是输出或输入。根据 Filter，数据被采用"拉模式"从输出端口输出，或者以"推模式"被推到另一个输入端口，并借此来传输数据。大多数 Filter 的创建使用了一组 DirectShow SDK 提供的 C++类，叫做 DirectShow BaseClass。这些为 Filter 解决了许多创建、注册和连接的问题。如果要让 Filter graph 能够自动地使用 Filter，它们需要在一个分开的 DirectShow 项目中被登记并与 COM 一起登记。这一个注册能被 DirectShow BaseClass 处理。然而，如果应用程序手工增加 Filter，它们不需要被全部登记。不幸地，它难以修改一个正在运行中的 Graph。从头停止 Graph 而产生一个新 Graph 通常还是比较容易的。

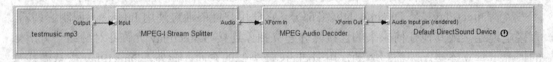

图 5-17　一首 mp3 文件的播放链路图

更详细的关于 DirectShow 的介绍，可以参考陆其明著的《DirectShow 开发指南》。

2．Media Foundation

Media Foundation 是微软在 Windows Vista 上推出的新一代多媒体应用库，目的是为 Windows 平台提供一个统一的多媒体影音解决方案，开发者可以通过 Media Foundation 播放视频或声音文件，进行多媒体文件格式转码，或者将一连串图片编码为视频等。Media Foundation 是 DirectShow 为主的旧式多媒体应用程序接口的替代者与继承者，在微软的计划下将逐步汰换 DirectShow 技术。Media Foundation 要求 Windows Vista 或更高版本，不支持较早期的 Windows 版本，特别是 Windows XP。

Media Foundation 擅长于高质量的音频和视频播放，高清内容(如 HDTV、高清电视)和数字版权管理(DRM)访问控制。Media Foundation 在不同的 Windows 版本上能力不同，如 Windows 7 上就添加了 H264 编码支持，Windows 8 上则提供数种更高质量的设置。

Media Foundation 被分成如下几层：

(1) 基础层(Media Foundation Primitives)：贯穿于整个 Media Foundation 中的基础对象。

(2) 平台层(Media Foundation Platform)：提供工作队列、异步回调、事件发送以及各种帮助对象。

- 提供统一的异步回调 API，诸如网络流操作、分析分拣、解码等操作都需要 callback 函数。
- 提供统一的事件模型，所有对象利用这个模型去发送事件通知，诸如异步回调函数结束、对象状态改变等。
- Platform 还提供工作队列，不同的线程中都可操作、共享工作队列，工作队列为其他线程执行异步操作提供了一种高效的方法。

(3) 管道(Pipeline)：定义了所有处理 Media Foundation 数据管道中数据(Media Data)的对象。这项对象包括创建、操作、最终 render。Media Source、编解码器、色彩变换也都在这一层。有三种类型 Pipeline 对象：

- Media Source：Media Source 从网络、文件等获取原始数据。
- Media Foundation Transforms(MFTs)：逻辑上类似于 Directshow 中的 Transform Filter，Encoder、Decoder、DSPs 在此对象中实现，每个对象可以有 n 个输入输出，但是注意有两点不同：一是 Pipeline 中各个组件的连接及数据移动，都需要应用程序来控制(类似于 DMO，不像 DirectShow 那样由 Filter Graph 来控制)；二是 Media Source 中的数据必须被"拉"到后面的组件中，当然，这个拉的操作可以是应用程序来控制，也可以是 Control Layer 来请求。
- Media Sink：类似于 DirectShow 中的 Render Filter，用于最后视频显示、写文件、向网络上发送数据等。需要注意的是，如果应用程序不用控制层(Control Layer)、不用 Media Session，而是将 Pipeline 组件作为独立的对象，就不能访问受保护的内容。

(4) 控制层(Control Layer)：管理整个数据流(端到端)、控制管道(Pipeline)中的工作过程。控制层(Control Layer)通常包括下列对象：

- Media Session：管理 Pipeline 中的数据流。
- 拓扑(Topology)：应用程序中的管道(Pipeline)可能会有多个，拓扑用于描述管道(Pipeline)中的连接。
- 显示时钟(Presentaion clock)：当数据显示(Render)时，提供一个参考时钟。
- 源创建者(Source Resolver)：从 URL 或字节流中创建 Media Source 类型的 Pipeline 对象。
- 源序列管理者(Squencer Source)：管理源列表以及源之间的切换，可以整合多个源，让应用程序看起来像一个整体。

(5) 版权保护层(Protected Media Path)：提供版权保护，类似于 DRM。

Media Foundation 提供了两种编程模型，第一种是以 Media Session 为主的媒体管道模型(Media Pipeline)。但是媒体管道模型太过复杂，且暴露过多底层细节，故微软于 Windows 7 上推出第二种编程模型，内含 SinkWriter、SourceReader 以及 Transcode API 三部分，大大简化了 MF 的使用难度。

和 DirectShow 技术相比，Media Fundation 有如下一些优势：

(1) 可扩展的高清晰度内容和数字版权管理保护(DRM-protected)的内容。

(2) 允许 DirectX 视频加速用于之外 DirectShow 的基础设施。支持 DXVA 2.0。

(3) MF 的可扩展性(Extensibility)，使不同的内容保护系统一起运作。

(4) 可使用多媒体类型计划程序服务(MMCSS)，它是 Windows Vista 及其以后的操作系统当中的新的系统服务。

关于 Media Fundation 技术的更详细介绍，可参考 MSDN 的相关内容，链接如下：https://msdn.microsoft.com/en-us/library/ms694197(v = vs.85).aspx。

 习题 5

1. 利用所学知识，编写一个功能强大的多媒体播放器，至少支持五种多媒体文件格式的播放。

2. 利用所学知识，编写一个数字图像处理程序，要求至少能够进行图像增强(图像运算、直方图变换、图像滤波等)和图像恢复(噪声消除、几何失真校正等)的操作。

3. 利用所学知识，编写一个多媒体文件格式转换程序，可以完成各图像格式之间、各音频格式之间、各视频格式之间的转换。

第 6 章　文 件 操 作

文件与目录管理是操作系统的一个重要组成部分，包括文件和目录的创建、移动、删除、复制以及对文件的读写等操作。对于不同类型的文件，C#提供了不同的读写方式，本章将详细介绍相关知识。

6.1　C#文件的读写和基本操作

6.1.1　文件操作类

C#提供了 System.IO.File 和 System.IO.FileInfo 两个类用来对文件进行操作。

System.IO.File 类的成员都是静态的，多用于对文件的一次性操作，System.IO.FileInfo 类是实例化类，多用于对文件的重复操作，可根据实际情况合理选用适合的文件操作类。

当需要频繁操作一个文件时，最好选用 System.IO.FileInfo 类，此种场景下，程序的执行效率要高于使用 System.IO.File 类。原因在于使用 System.IO.File 时无需实例化对象，直接调用就可以，但是每次调用 System.IO.File 的静态方法的时候，都要进行一次安全检查，这样就增加了系统开销，而 System.IO.FileInfo 类则是在第一次被实例化时进行一次安全检查，之后调用它的任何方法都不用进行安全检查了。

C#提供了 System.IO.StreamReader 和 System.IO.StreamWriter 两个类用来对文件进行读写操作。

1. System.IO.File 类

File 类提供用于创建、复制、删除、移动和打开文件的静态方法，在使用时需要引用 System.IO 命名空间。

以下代码使用 File.Create 静态方法在 c:\Test 文件夹下创建了一个名称为"我的第一个文件.txt"的文本文件。

```
using System;
using System.IO;
namespace C01_File
{
    class Program
    {
        static void Main(string[] args)
        {
```

```
        String path = "c:\\Test\\我的第一个文件.txt";
        File.Create( path );
        }
    }
}
```

其中，using System.IO，用于引用 File 类的命名空间，引用命名空间后，代码中就可以直接使用 File，否则，在使用 File 的地方，必须使用 System.IO.File 加以限定。

String path = "c:\\Test\\我的第一个文件.txt"，用于定义文件的全路径。注意，路径中的"\\"是一种正确的写法，第一个"\"是转义符，当然，也可以使用另外一种方式定义文件路径：String path = @"c:\Test\我的第一个文件.txt"，可根据个人代码编写习惯或项目代码编写规范要求合理选择一种方式。

File.Create(path)是使用 File 类提供的一个静态方法 Create 用于创建文件，该静态方法以文件的全路径作为输入参数。上述程序执行后，即可在 C 盘的 Test 文件夹下出现一个名称叫"我的第一个文件"的文本文件。

2．System.IO.FileInfo 类

FileInfo 类提供用于创建、复制、删除、移动和打开文件的实例方法，在使用时需要引用 System.IO 命名空间。

以下代码使用 FileInfo 类和实例方法打开一个文本文件 "c:\Test\我的第一个文件.txt"，并向文件中写入了一行文字。

```
using System;
using System.IO;
namespace C01_FileInfo
{
    class Program
    {
        static void Main(string[] args)
        {
            String path = "c:\\Test\\我的第一个文件.txt";
            FileInfo fi = new FileInfo(path);
            StreamWriter sw = fi.AppendText();
            sw.WriteLine("这是我使用 FileInfo 类向文件中写入的第一行文字！");
            sw.Close();
        }
    }
}
```

其中，using System.IO，用于引用 FileInfo 类的命名空间，引用命名空间后，代码中就可以直接使用 FileInfo，否则，在使用 FileInfo 的地方，必须使用 System.IO.FileInfo 加以限定。

FileInfo fi = new FileInfo(path)，创建了 FileInfo 类的一个实例对象 fi，创建 FileInfo 类的实例时以希望操作的文本文件的全路径 path 为输入参数，FileInfo 类的实例对象 fi 即指代 path 对应的文件，后续对该文件的操作，都以 fi 为入口。

StreamWriter sw = fi.AppendText()，调用 FileInfo 类实例对象 fi 的 AppendText()方法获得用于写入文件的 StreamWriter 类的实例 sw，通过 sw 的方法即可实现写入操作。

3. System.IO.StreamReader 类

使用 StreamReader 类可以用于读取标准文本文件的各行信息，例如，当需要逐行读取一个 txt 文本文件内容时，使用 StreamReader 就显得十分方便。需要说明的是，StreamReader 的默认编码为 UTF-8，通常 UTF-8 可以正确处理 Unicode 字符，如果使用 StreamReader 读取文本文件内容如果得到了乱码，很可能是使用 StreamReader 的编码格式同文本文件的编码格式不一致，可以通过 StreamReader 的构造函数指定使用 StreamReader 的编码格式。

以下代码是从一个文本文件"c:\Test\我的第一个文件.txt"中逐行读取其内容，并输出到屏幕上。

```
using System;
using System.IO;
namespace C01_StreamReader
{
    class Program
    {
        static void Main(string[] args)
        {
            String path = @"c:\Test\我的第一个文件.txt";
            StreamReader sr = new StreamReader(path);
            String line = "";
            while ((line = sr.ReadLine()) != null)
            {
                Console.WriteLine("这是使用 StreamReader 类读到的内容:" + line);
            }
        }
    }
}
```

其中，StreamReader sr = new StreamReader(path)，用于从文本文件路径创建 StreamReader 类的实例，注意需要使用 using System.IO 添加 StreamReader 所在的命名空间。

line = sr.ReadLine()，用于从 StreamReader 实例中读取一行文本，语句"while ((line = sr.ReadLine()) != null)"是控制从文本文件中循环读取文本行，每次读取一行，直到全部读取完为止。

上述代码运行后的结果如图 6-1 所示。

图 6-1 System.IO.StreamReader 类运行结果

需要说明的是，StreamReader 的默认编码为 UTF-8。通常 UTF-8 可以正确处理 Unicode 字符，如果使用 StreamReader 读取文本文件内容如果得到了乱码，很可能是使用 StreamReader 的编码格式同文本文件的编码格式不一致，可以通过 StreamReader 的构造函数指定使用 StreamReader 的编码格式。

为了示例说明这种编码格式不一致的问题，我们可以用记事本打开 "c:\Test\我的第一个文件.txt" 文件，通过 "另存为" 的操作，可以将该文本文件保存成一个 ANSI 编码的文件，我们为这个新文件指定新的文件名字 "我的第一个文件-ansi.txt"，编码设置成 "ANSI"，如图 6-2 所示。

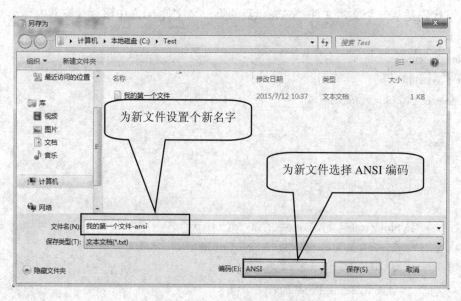

图 6-2 编码格式不一致的测试

再次运行上述代码(运行前需要将文件路径修改成 "c:\Test\我的第一个文件-ansi.txt"，并重新编译)，将得到如图 6-3 所示的输出结果。

图 6-3 编码格式不一致测试的运行结果

为了解决这一问题，就要在实例化 StreamReader 类时显式指定编码格式，使其编码格式为 ANSI，同要读取的文本文件保持一致，在本例中，只需要将 "StreamReader sr = new StreamReader(path)" 修改为 "StreamReader sr = new StreamReader(path, System.Text.Encoding. Default)"，重新编译并运行代码，将得到正确的显示输出结果，如图 6-4 所示。

图 6-4 编码调整后的运行结果

4．System.IO.StreamWriter 类

StreamWriter 类同 StreamReader 类相对应，用于向标准文本文件中写入文本信息。回顾一下前面讲过的 FileInfo 类的示例代码。

```
using System;
using System.IO;
namespace C01_FileInfo
{
    class Program
    {
        static void Main(string[] args)
        {
            String path = "c:\\Test\\我的第一个文件.txt";
            FileInfo fi = new FileInfo(path);
            StreamWriter sw = fi.AppendText();
            sw.WriteLine("这是我使用 FileInfo 类向文件中写入的第一行文字！");
            sw.Close();
        }
    }
}
```

其中，用于向文本文件中写入文本字符串的 sw 就是 StreamWriter 类的实例。

使用 StreamWriter 类也可以直接创建文本文件并写入文本内容，下面的代码就是使用 StreamWriter 创建了一个"我用 StreamWriter 创建的文件.txt"，并通过循环控制写入了 10 行文本。

```
using System;
using System.IO;

namespace C01_StreamWriter
{
    class Program
    {
        static void Main(string[] args)
        {
            String path = @"c:\test\我用 StreamWriter 创建的文件.txt";
            StreamWriter sw = new StreamWriter(path);
```

```
        for (int i = 1; i < 11; i++)
        {
            sw.WriteLine("这是写入的第"+i.ToString()+"行文本");
        }
        sw.Close();
    }
}
}
```

上述代码运行结果将会在磁盘上产生一个"c:\test\我用 StreamWriter 创建的文件.txt"文件，使用记事本打开该文件可以查看通过 StreamWriter 写入的文本内容，如图 6-5 所示。

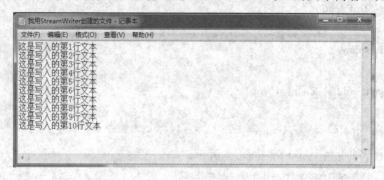

图 6-5　文本的运行结果

6.1.2　文件基本操作

本小节将介绍 C#常用的文件操作，包括：创建文件、读取文件、追加内容、复制文件、删除文件、移动文件等。C#提供多种方式用于实现某一特定文件操作，本小节针对每种特定文件操作给出最常用的一种，可作为初学者首选，也可用于实际编程时查阅参考。

针对每种特定文件操作，不再给出完整的可运行代码，只给出核心代码段，读者可参考核心代码自行创建 C#项目并添加核心代码段，编译运行以进行练习。

1. 创建文件

创建文件的主要代码如下：

```
static void CreateFile()
{
    string path = "Test.txt";
    FileStream fs = new FileStream(path, FileMode.Create);
    StreamWriter sw = new StreamWriter(fs);
    sw.WriteLine("第一行文本");
    sw.WriteLine("第二行文本");
    sw.Close();
    fs.Close();
}
```

2. 读取文件

创建文件的主要代码如下：

```
static void ReadFile()
{
    string path = "Test.txt";
    if ( File.Exists(path) )
    {
        FileStream fs = new FileStream(path, FileMode.Open);
        StreamReader sr = new StreamReader(fs);
        string str = string.Empty;
        while (true)
        {
            str = sr.ReadLine();
            if (!string.IsNullOrEmpty(str))
            {
                Console.WriteLine(str);
            }
            else
            {
                sr.Close();
                fs.Close();
                break;
            }
        }
    }
    else
    {
        Console.WriteLine("指定的路径下不存在此文件!");
    }
}
```

3. 追加内容

创建文件的主要代码如下：

```
static void AppendFile()
{
    string path = "Test.txt";
    FileStream fs = new FileStream(path, FileMode.Append);
    StreamWriter sw = new StreamWriter(fs);
    sw.WriteLine("追加的文本");
```

```
        sw.Close();
        fs.Close();
    }
```

4．复制文件

创建文件的主要代码如下：

```
static void CopyFile()
{
    string oldPath = "Test.txt";
    string newPath = "TestCopy.txt";
    File.Copy(oldPath, newPath);
}
```

5．删除文件

创建文件的主要代码如下：

```
static void DeleteFile()
{
    string path = "TestCopy.txt";
    File.Delete(path);
}
```

6．移动文件

创建文件的主要代码如下：

```
static void MoveFile()
{
    string oldPath = "Test.txt";
    string newPath = "d:\\NewTest.txt";
    File.Move(oldPath, newPath);
}
```

6.1.3　案例 6-1　使用 C# 文件操作对文本进行分类

本小节内容提供一个案例，意在使读者加深对 C# 文件基本操作和实际应用价值的理解，该案例的实现代码中涉及了其他 C# 技术，例如正则表达式，对该技术不熟悉的读者不必花费太多精力于此，而应该重点关注其中与 C# 文件操作相关的技术。

【题目要求】

将来自于网络上的水浒 108 个人物的信息从一个文本文件中抽取出任务信息字段，包括每个人物的"所属星"、"绰号"、"姓名"、"说明"，将抽取出来的信息字段按人物逐条写入形成一个 Excel 文件，实现对水浒 108 个人物信息的整理。

待整理的水浒 108 个人物信息存在于一个名为"水浒人物(待整理).txt"的文本文件中，其中包含了所有人物的所属星、绰号、姓名、说明等信息，但是看上去"很乱"，难以阅读，不方便维护，如图 6-6 所示。

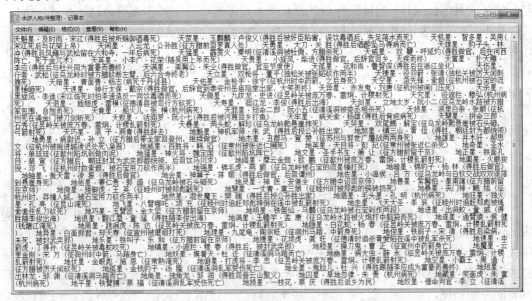

图 6-6　无序的文本文件

本案例试图通过编写一个 C# 程序，对水浒人物信息进行整理，将整理后的信息形成一个格式化很好的 Excel 文件，如图 6-7 所示，从图中可以看到，原本"很乱"的信息被逐行逐列的进行了表格展示，并增加了每个任务的序号。

图 6-7　通过程序排序后的结果

【思路分析】

通过对待整理的水浒人物信息内容的分析，尽管看上去"很乱"，但是还是有规律的，例如宋江的信息字符串是"天魁星·及时雨·宋江(得胜后被所赐御酒毒死)",符合"所属星·绰号·姓名(说明)"的模式特点,并且所有任务的信息字符串都符合这一模式,因此,可以借助 C# 正则表达式技术,进行模式匹配,抽取出 108 个人物的信息字符串,进而解析出每个人物信息字符串中包含的"所属星"、"绰号"、"姓名"、"说明"的信息字段。如下代码段实现了人物信息字符串模式匹配和信息字段抽取,不具备 C# 正则表达式的读者可以暂时忽略实现细节。

```
//用于匹配某个人物信息字符串的正则表达式
Regex r = new Regex("(([^·]+)·([^·]+)·([^\\(]+)\\((([^\\)]+)+)\\))");

//使用正则表达式匹配全部人物信息字符串
MatchCollection mc = r.Matches(line);
```

当得到了全部人物信息字段后,可以使用 StreamWriter 创建一个名为"水浒人物信息表.csv"的文本文件。注意,该文本文件扩展名为.csv,这是一种能够被 Excel 打开的文件格式,其特点是:出现在 Excel 表格中的每行信息在 csv 文件中以一行字符串存在,每行信息的列字段之间以逗号","间隔。图 6-8 是将生成的"水浒人物信息表.csv"以记事本打开时的界面截图。

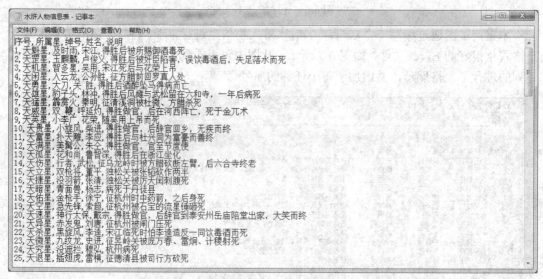

图 6-8　记事本打开 csv 文件样式

因此,只需要对获取的人物信息字段按照如下格式写入到文本文件"水浒人物信息表.csv"中,即可得可以 Excel 打开的 Excel 格式文件。

【完整代码】

建立项目的过程此处不再赘述,只给出完整程序代码。

```
using System;
using System.Collections.Generic;
using System.Linq;
using System.Text;
using System.Threading.Tasks;
```

```
using System.IO;
using System.Text.RegularExpressions;

namespace C01_CaseStudy
{
    class Program
    {
        static void Main(string[] args)
        {
            String path = @"c:\test\水浒人物(待整理).txt";
            StreamReader sr = new StreamReader(path, System.Text.Encoding.Default);
            //读取待整理的水浒人物信息字符串
            String line = sr.ReadLine();

            //用于存放整理后的水浒人物信息字段的 Excel 文件
            StreamWriter sw = new StreamWriter(@"c:\test\水浒人物信息表.csv", false,
            System.Text.Encoding.Default);

            //向 Excel 文件中写入表头
            sw.WriteLine("序号, 所属星, 绰号, 姓名, 说明");

            //用于匹配某个人物信息字符串的正则表达式
            Regex r = new Regex("(([^·]+)·([^·]+)·([^\\(]+)\\(([^\\)]+)\\))");

            //使用正则表达式匹配全部人物信息字符串
            MatchCollection mc = r.Matches(line);

            //遍历全部人物信息字符串，提取信息字段，输出到 Excle 文件中一行记录
            for(int i = 1; i<= mc.Count; i++)
            {
                Match m = mc[i-1];
                sw.WriteLine(i.ToString()+", "+m.Groups[2].Value.Trim()+ ", "+ m.Groups[3]. Value.
                    Trim() +", " + m.Groups[4].Value.Trim() + ", " + m.Groups[5].Value.Trim());
            }
            sw.Close();

        }
    }
}
```

6.2　C#目录的基本操作

6.2.1　目录操作类

C#提供了 System.IO.Directory 和 System.IO.DirectoryInfo 两个类用来对目录进行操作。System.IO.Directory 类的成员都是静态的，多用于对目录的一次性操作；System.IO.DirectoryInfo 类是实例化类，多用于对目录的重复操作，可根据实际情况合理选用适合的目录操作类。

1．System.IO.Directory 类

Directory 类提供用于创建、移动和枚举目录和子目录的静态方法，在使用时需要引用 System.IO 命名空间。

以下代码使用 Directory.Create 静态方法在 "c:\Test" 文件夹下创建了一个名称为 "我的第一个目录" 的目录。

```
using System;
using System.IO;

namespace C01_Directory
{
    class Program
    {
        static void Main(string[] args)
        {
            String dirpath = @"c:\Test\我的第一个目录";
            Directory.CreateDirectory(dirpath);
        }
    }
}
```

其中，using System.IO，用于引用 Directory 类的命名空间，引用命名空间后，代码中就可以直接使用 Directory；否则，在使用 Directory 的地方，必须使用 System.IO.Directory 加以限定。

String path = @"c:\Test\我的第一个目录"，是希望创建的目录的路径名称。

Directory.CreateDirectory(dirpath)，是使用 Directory 类提供的一个静态方法 CreateDirectory 用于创建目录，该静态方法以目录的全路径作为输入参数，上述程序执行后，即可在 C 盘的 Test 文件夹下出现一个名称叫 "我的第一个目录" 的文件夹。

2．System.IO.DirectoryInfo 类

DirectoryInfo 类提供用于创建、移动和枚举目录和子目录的实例方法，在使用时需要引用 System.IO 命名空间。

以下代码使用 DirectoryInfo 类和实例方法创建一个目录 "c:\Test\我的第一个文件_DirectoryInfo"。

```
using System;
using System.IO;

namespace C01_DirectoryInfo
{
    class Program
    {
        static void Main(string[] args)
        {
            String dirpath = @"c:\Test\我的第一个目录_DirectoryInfo";
            DirectoryInfo di = new DirectoryInfo(dirpath);
            di.Create();
        }
    }
}
```

其中，using System.IO 用于引用 DirectoryInfo 类的命名空间，引用命名空间后，代码中就可以直接使用 DirectoryInfo；否则，在使用 DirectoryInfo 的地方，必须使用 System.IO.DirectoryInfo 加以限定。

String dirpath = @"c:\Test\我的第一个目录_DirectoryInfo"，用于定义目录的全路径。

DirectoryInfo di = new DirectoryInfo(dirpath)，创建了 DirectoryInfo 类的一个实例对象 di，创建 DirectoryInfo 类的实例时以希望操作的目录的全路径 dirpath 为输入参数，DirectoryInfo 类的实例对象 di 即指代 dirpath 对应的目录，后续对该目录的操作，都以 di 为入口。

di.Create()，通过 DirectoryInfo 类的实例方法 Create()，以 dirpath 为目录的全路径创建了 "我的第一个目录_DirectoryInfo"。

6.2.2 目录基本操作

本小节将介绍 C#常用的目录操作，包括：创建目录、删除目录、移动目录、创建子目录、枚举目录中的目录名、枚举目录中的文件名、判断目录是否存在等，C#提供多种方式用于实现某一特定目录操作，本小节针对每种特定目录操作给出最常用的一种，可作为初学者首选，也可用于实际编程时查阅参考。

针对每种特定目录操作，不再给出完整的可运行代码，只给出核心代码段，读者可参考核心代码自行创建 C#项目并添加核心代码段，编译运行以进行练习。

1．创建目录

创建目录的主要代码如下：

```
static void CreateDirectory()
```

```
{
    string dirpath = "DirectoryName";
    Directory.CreateDirectory(dirpath);
}
```

2．删除目录
创建目录的主要代码如下：

```
static void DeleteDirectory()
{
    string dirpath = "DirectoryName";
    Directory.Delete(dirpath);
}
```

3．移动目录
创建目录的主要代码如下：

```
static void MoveDirectory()
{
    string src_dirpath = "DirectoryName";
    string tgt_dirpath = "DirectoryName_Move";
    Directory.Move(src_dirpath, tgt_dirpath);
}
```

4．创建子目录
创建目录的主要代码如下：

```
static void CreateSubDirectory()
{
    string dirpath = "DirectoryName";
    string subdirpath = "SubDirectoryName";
    DirectoryInfo di = new DirectoryInfo(dirpath);
    di.CreateSubdirectory(subdirpath);
}
```

5．枚举目录中的目录名
创建目录的主要代码如下：

```
static void EnumurateDirectories()
{
    string dirpath = "DirectoryName";
    DirectoryInfo di = new DirectoryInfo(dirpath);
    var di_array = di.EnumerateDirectories();
    foreach (DirectoryInfo m_di in di_array)
    {
```

```
        Console.Out.WriteLine(m_di.Name);
    }
}
```

6.枚举目录中的文件名
创建目录的主要代码如下：

```
static void EnumberateFiles()
{
    string dirpath = "DirectoryName";
    DirectoryInfo di = new DirectoryInfo(dirpath);
    var di_array = di.EnumerateFiles();
    foreach (FileInfo m_fi in di_array)
    {
        Console.Out.WriteLine(m_fi.Name);
    }
}
```

7.判断目录是否存在
创建目录的主要代码如下：

```
static void ExistDirectory()
{
    string dirpath = "DirectoryName";
    if (Directory.Exists(dirpath))
    {
        Console.WriteLine("目录存在");
    }
    else
    {
        Console.WriteLine("目录不存在");
    }
}
```

6.2.3 案例 6-2 使用 C# 文件操作修改文件内容并进行归类

本小节的内容提供了一个案例，意在使读者加深对 C# 目录基本操作和实际应用价值的理解。

【案例说明】

本案例将延续"C# 文件的读写和基本操作"小节的案例学习，即水浒 108 个任务信息表整理(未阅读"C# 文件的读写和基本操作"小节的案例的读者需要查看上一节内容)。本节案例将以上节案例生成的"水浒人物信息表.csv"作为输入，回顾该文件的内容结构，如图 6-9 所示。

图 6-9　文件输入原始内容

本案例将从该文件中读取 108 个人物的信息数据，并为每个人物创建对应的目录用于存放人物信息的文本文件，具体要求如下：

(1) 全部人物对应的目录要求按照所属星分别存放在"天罡星"和"地煞星"两个分类目录下；

(2) 每个人物对应的目录命名方式为"所属星_绰号"，例如"天魁星_及时雨"；

(3) 每个人物对应的目录下创建一个人物信息文本文件，命名为"姓名.txt"，例如"宋江.txt"；

(4) 每个人物信息文本文件中写入人物信息表中"说明"字段对应的内容。

本案例完成之后，应该在读者练习的计算机磁盘上得到类似如图 6-10～图 6-12 的目录结构。

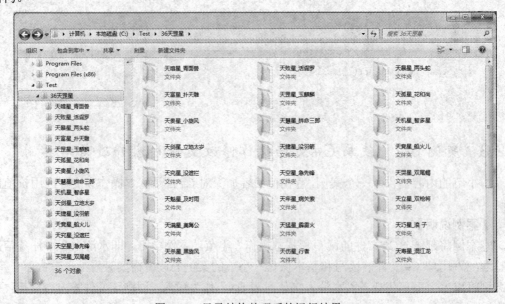

图 6-10　目录结构整理后的运行结果(1)

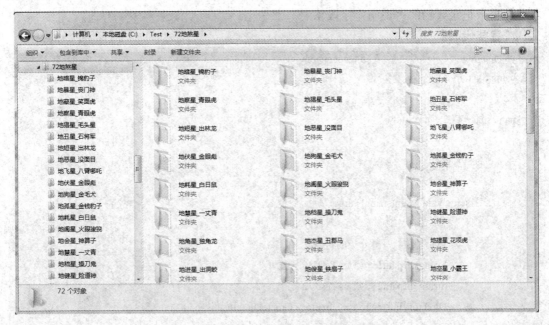

图 6-11 目录结构整理后的运行结果(2)

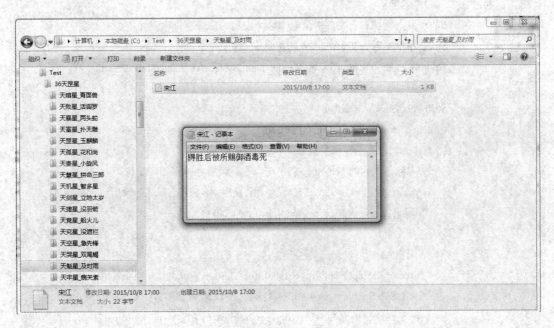

图 6-12 目录下的文本文件内容(3)

【思路分析】

通过 C# 文件基本操作打开并逐行读取 108 个人物的信息行，从中提取出人物的"所属星"、"绰号"、"姓名"、"说明"等需要使用的字段信息。通过每个人物"所属星"的第一个字是"天"还是"地"来决定在"天罡星"还是"地煞星"分类目录下，使用 C# 目录基本操作创建人物的对应子目录。当人物对应子目录创建完成后，在该目录下为人物创建文本文件用于记录人物的"说明"字段信息。

【完整代码】

```csharp
using System;
using System.IO;

namespace C02_CaseStudy
{
    class Program
    {
        static void Main(string[] args)
        {
            //创建两个用于分类的目录
            String dirpath1 = @"c:\Test\36 天罡星";
            String dirpath2 = @"c:\Test\72 地煞星";
            DirectoryInfo Dir36 = Directory.CreateDirectory(dirpath1);
            DirectoryInfo Dir72 = Directory.CreateDirectory(dirpath2);

            //从水浒人物信息表文件中读取 108 个人物的信息字符串，并按要求处理
            String path = @"c:\Test\水浒人物信息表.csv";
            StreamReader sr = new StreamReader(path, System.Text.Encoding.Default);

            String person = sr.ReadLine(); //过滤掉第一行标题
            while ((person = sr.ReadLine()) != null)
            {
                //对当前人物的 person 信息字符串进行解析并执行相应操作
                //person 字符串示例："1, 天魁星，及时雨，宋江，得胜后被所赐御酒毒死"
                String[] personInfos = person.Split(new char[] { ',' });

                //识别人物所属星分类并创建人物对应的子目录
                DirectoryInfo personDir = personInfos[1].StartsWith("天") ? Dir36.Create
                    Subdirectory(personInfos[1] + "_" + personInfos[2]) :
                    Dir72.CreateSubdirectory(personInfos[1] + "_" + personInfos[2]);

                //在人物对应的子目录下创建人物信息文本文件并写入人物说明信息
                Directory.SetCurrentDirectory(personDir.FullName);   //将当前人物对应的子目录
                                                                     //设置为当前工作目录
                StreamWriter personSW = new StreamWriter(personInfos[3]+".txt", false,
                    System.Text.Encoding.Default);
                personSW.WriteLine(personInfos[4]);
```

```
        personSW.Close();
    }
   }
  }
}
```

6.3　C#对 XML 的操作方法

6.3.1　XML 文件介绍

1998 年 2 月，W3C 正式批准了"可扩展标记语言"(英文缩写为 XML)的标准定义，XML 可以对文档和数据进行结构化处理，被广泛应用于在网络上传输和存储数据。以下是一个标准的 XML 文件示例。

```
<?xml version = "1.0" encoding = "gb2312"?>
<Students>
    <Student no = "2016023015">
        <name>王小虎</name>
        <sex>男</sex>
        <age>20</age>
    </Student>
    <Student no = "2016023016">
        <name>李桂兰</name>
        <sex>女</sex>
        <age>19</age>
    </Student>
    <Student no = "2016023017">
        <name>刘亚男</name>
        <sex>女</sex>
        <age>21</age>
    </Student>
</Students>
```

一个 XML 文件是一个标准的文本文件，通常文件的扩展名是.xml，例如上述 XML 文件的名称是"Student.xml"，读者可以通过记事本程序手工编写一个 XML 文件，修改扩展名为 .xml，当使用浏览器直接打开 XML 文件时，可以比较清晰地看到 XML 文件中的标记层级关系，例如上述 XML 在 IE 浏览器中打开后呈现如图 6-13 所示。

C#为 XML 文件读写操作提供了 System.Xml 命名空间，其中 XmlDocument 类、XmlNode 类等用于操作 XML 文件，详细使用方法参见 MSDN 帮助文档。

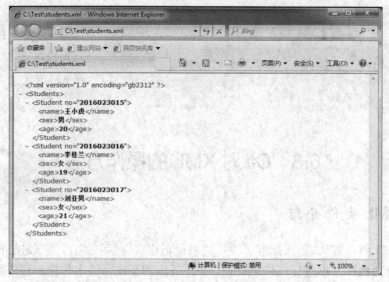

图 6-13　在浏览器中显示 XML 文档

6.3.2　案例 6-3　格式化输出水浒人物信息 XML 文件

【案例说明】

下面的案例代码实现了将"水浒人物信息表"中的人物信息数据格式化输出到 XML 文件中，案例代码编译运行后将在 c:\Test 目录下生成一个 WaterMargin.xml 的文件，使用 IE 浏览器打开该 XML 文件将查看到如图 6-14 所示。

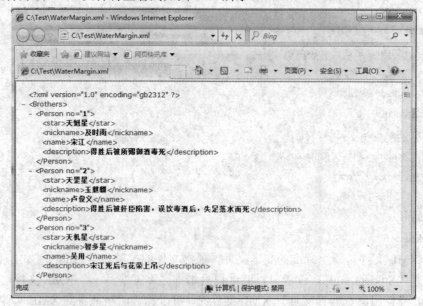

图 6-14　水浒人物信息表的 XML 格式

【实现代码】

完整的案例代码如下，可参见关键代码行的注释信息，不再单独说明每行代码的功能。

读者可结合最终生成的 XML 文件的格式自行分析关键代码结构。

```csharp
using System;
using System.Collections.Generic;
using System.IO;
using System.Xml;

namespace C03_CaseStudy
{
    class Program
    {
        static void Main(string[] args)
        {
            XmlDocument xmldoc = new XmlDocument();
            xmldoc.AppendChild(xmldoc.CreateXmlDeclaration("1.0", "gb2312", null));
            XmlNode rootnode = xmldoc.CreateElement("Brothers");

            //从水浒人物信息表文件中读取 108 个人物的信息字符串，并按要求处理
            String path = @"c:\Test\水浒人物信息表.csv";
            StreamReader sr = new StreamReader(path, System.Text.Encoding.Default);

            String person = sr.ReadLine(); //过滤掉第一行标题
            while ((person = sr.ReadLine()) != null)
            {
                //对当前人物的 person 信息字符串进行解析并执行相应操作
                //person 字符串示例："1, 天魁星, 及时雨, 宋江, 得胜后被所赐御酒毒死"
                String[] personInfos = person.Split(new char[] { ',' });

                //为当前人物创建<person>标记，并将人物序号作为标记属性添加，例如<person
                    no = "1"></person>
                XmlElement person_node = xmldoc.CreateElement("Person");
                person_node.SetAttribute("no", personInfos[0]);

                //创建<star>标记，例如<star>天魁星</star>
                XmlNode person_star = xmldoc.CreateElement("star");
                person_star.InnerText = personInfos[1];

                //创建<nickname>标记，例如<nickname>及时雨</nickname>
                XmlNode person_nickname = xmldoc.CreateElement("nickname");
                person_nickname.InnerText = personInfos[2];

                //创建<name>标记，例如<name>宋江</name>
```

```
            XmlNode person_name = xmldoc.CreateElement("name");
            person_name.InnerText = personInfos[3];

            //创建<description>标记，例如<description>得胜后被所赐御酒毒死</description>
            XmlNode person_description = xmldoc.CreateElement("description");
            person_description.InnerText = personInfos[4];

            //向当前人物标记内追加上面创建的信息字段标记
            person_node.AppendChild(person_star);
            person_node.AppendChild(person_nickname);
            person_node.AppendChild(person_name);
            person_node.AppendChild(person_description);

            //向 XML 根标记上追加当前人物标记
            rootnode.AppendChild(person_node);

        }
        xmldoc.AppendChild(rootnode);
        xmldoc.Save(@"c:\Test\WaterMargin.xml");
    }
  }
}
```

6.3.3 C#的序列化和反序列化

序列化就是将对象的状态信息转换为可以存储或传输形式的过程，将对象持久化，比如把对象保存为二进制或者 XML 的方式。可以将对象序列化到流、磁盘、内存和网络等等。相反，反序列化则是将存储或传输形式转换为对象的过程。

用更通俗的语言来说明序列化和反序列化就是，我们知道对象是暂时保存在内存中的，不能用 U 盘带走，有时为了使用介质转移对象，或者需要把对象的状态保持下来，就需要把对象保存下来，这个过程就叫做序列化。

使用序列化有诸多好处，主要包括：

(1) 以某种存储形式(二进制或者是 XML 等)使对象持久化。序列化和反序列化用来保存内存中的数据，它不是 C#中独有的技术，比如 Windows 7 的休眠就是该技术的应用。在C#程序中可以用来保存对象和对象当前状态，下次打开时通过反序列化获得，一般用在服务器启动(反序列化)和关闭(序列化)时保存数据。

(2) 使对象的传递更加容易，比如用 ajax 向服务器请求信息，服务器可以直接将 model对象通过序列化来输出 json 字符串，也可以通过反序列化将你传过去的 json 字符串组装成对象，就免去了拼字符串和解析字符串的过程。

在实际使用当中，通常可以把一个应用程序的基本配置信息序列化成 xml 文件或者二进制文件进行保存，也可以在程序退出的时候将程序的当前运行环境所需要的所有数据进行序列化保存，以便下次启动程序时自动恢复至上次退出时的状态并自动运行(这个要求在很多自动化测试系统或自动化播出系统中经常需要用到)，因此，序列化和反序列化是非常重要的信息保存手段之一。

.NET 框架提供了两种串行化的方式：一是使用 BinaryFormatter 进行串行化；二是使用 XmlSerializer 进行串行化。第一种方式提供了一个简单的二进制数据流以及某些附加的类型信息，而第二种将数据流格式化为 XML 存储。可以使用[Serializable]属性将类标志为可序列化的。如果某个类的元素不想被序列化，可以使用[NonSerialized]或[XmlIgnore]来标志。此处只简要介绍 XML 序列化的相关内容。

XML 序列化只将对象的公共字段和属性值序列化为 XML 流。XML 序列化不包括类型信息。例如，如果 Library 命名空间中存在 Book 对象，则不能保证将它反序列化为同一类型的对象。但实际上在最新的.NET 版本中，只要保证 Book 类型也是可序列化的，那么这种嵌套的复合类也是可以序列化成 XML 文件的。XML 序列化不能转换方法、索引器、私有字段或只读属性(只读集合除外)。若要序列化对象的所有公共和私有字段和属性，需要使用 DataContractSerializer 而不要使用 XML 序列化。

XML 序列化中的中心类是 XmlSerializer 类，该类中最重要的方法是 Serialize 和 Deserialize 方法。XmlSerializer 创建 C#文件并将其编译为 .dll 文件，以执行此序列化。

使用 XmlSerializer 类时，应注意以下事项：

(1) Sgen.exe 工具特别设计为生成序列化程序集，以获得最佳性能。

(2) 序列化数据只包含数据本身和类的结构。类型标识和程序集信息不包括在内。

(3) 只能序列化公共属性和字段。属性必须具有公共访问器(get 和 set 方法)。如果必须序列化非公共数据，请使用 DataContractSerializer 类而不使用 XML 序列化。

(4) 类必须具有默认构造函数才能被 XmlSerializer 序列化。

(5) 方法不能被序列化。

(6) 如果可实现 IEnumerable 或 ICollection 的类满足特定要求，则 XmlSerializer 可以以不同方式处理这些类。

(7) 实现 IEnumerable 的类必须实现采用单个参数的公共 Add 方法。Add 方法的参数必须与从 IEnumerator.Current 属性返回的类型一致(多态)，该属性是从 GetEnumerator 方法返回的。

(8) 除了 IEnumerable 之外，实现 ICollection(如 CollectionBase)的类还必须有一个采用整数的公共 Item 索引属性(在 C#中为索引器)，而且必须有一个 integer 类型的公共 Count 属性。传递给 Add 方法的参数的类型必须与从 Item 属性返回的类型相同，或者为此类型的基之一。

(9) 对于实现 ICollection 的类，可从已编制索引的 Item 属性检索要序列化的值，而不是通过调用 GetEnumerator。此外，除了返回另一个集合类(实现 ICollection 的类)的公共字段外，公共字段和属性不会被序列化。

假设有这样一个类：

```
[Serializable]
public class OrderForm
{
```

```
        public DateTime OrderDate;
}
```

可以通过下面代码将其序列化：

```
OrderForm myObject = new OrderForm ();
// Insert code to set properties and fields of the object.
XmlSerializer mySerializer = new    XmlSerializer(typeof(OrderForm));
// To write to a file, create a StreamWriter object.
StreamWriter myWriter = new StreamWriter("D:\\myFileName.xml");
mySerializer.Serialize(myWriter, myObject);
myWriter.Close();
```

序列化之后的 XML 结构如下：

```
<OrderForm>
    <OrderDate>12/12/01</OrderDate>
</OrderForm>
```

可以通过如下方式将其反序列化：

```
OrderForm myObject;
// Construct an instance of the XmlSerializer with the type
// of object that is being deserialized.
XmlSerializer mySerializer = new XmlSerializer(typeof(OrderForm));
// To read the file, create a FileStream.
FileStream myFileStream = new FileStream("D:\\myFileName.xml", FileMode.Open);
// Call the Deserialize method and cast to the object type.
myObject = (OrderForm) mySerializer.Deserialize(myFileStream);
```

关于 XML 文件的序列化，还可以有很多个性化的定制要求，比如可以手动控制哪些属性被序列化，哪些不被序列化；由于程序中的很多属性名称都是英文的，序列化成 XML 文件之后仍然是英文的，为了提高序列化之后的 XML 文件的可读性，还可以设置序列化之后的属性的名称，可以将其设置为中文名称，方便理解各个字段的含义。关于 XML 文件序列化和反序列化的更多内容，读者可以参考 MSDN 中的相关内容，由于篇幅原因，此处不再赘述。

习题6

1. 编写一个程序，将文件复制到指定路径，允许改写同名的目标文件。
2. 编写一个程序，使用 File 类实现删除指定目录下的所有文件。
3. 假定有一个支持播放列表功能的多媒体文件播放器，请利用序列化和反序列化的方法实现播放列表的保存和读取功能。

第 7 章 数据库编程

当今社会进入到大数据时代，信息无处不在，数据量也越来越大。作为基本的数据存储和管理系统，数据库的应用也变得非常普遍和实用，越来越多的应用软件也离不开数据库的支持。C# 对于数据库编程的支持也非常方便，可以通过 ADO.NET 来支持对数据库的操作。本章将结合 SQL 2008 来介绍如何用 C# 编写数据库应用软件。

7.1 概 述

数据库可以简单地理解为存放数据的仓库，但这一解读过于片面，只指明了数据库的数据存储功能，事实上数据库除了数据存储，还有数据管理等其他功能。为了能更好地使用数据库，我们首先需要了解数据库的一些基本概念。

7.1.1 基本概念

1. 数据库管理

数据库管理是有关建立、存储、修改和存取数据库中的信息的技术，是指为保证数据库系统的正常运行和服务质量，有关人员进行的技术管理工作。负责这些技术管理工作的个人或集体成为数据库管理员。数据库管理的主要内容包括：建立数据库、调整数据库、重组数据库、重构数据库、数据库的安全控制、数据库的完整性控制和对用户提供技术支持。

2. 数据库

数据库是长期存储在计算机内的有组织的大量共享的数据集合，它可以提供各种用户共享数据，同时具有最小冗余度和较高的程序与数据的独立性。

3. 数据模型

数据模型是对现实世界数据特征的抽象表述，是数据库技术的核心和基础。它是数据库系统的数学形式。用来描述数据的一组概念和定义。

4. 概念模型

概念模型是对现实世界中事物的描述，不是对软件设计的描述。概念模型是从现实世界到机器世界的一个中间层次。一般我们常用如图 7-1 所示的 E-R 图表示实体、属性和联系。E-R 图也即实体-联系图(Entity Relationship Diagram)，提供了表示实体型、属性和联系的方法，用来描述现实世界的概念模型。

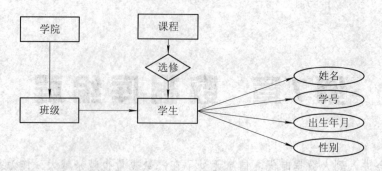

图 7-1　E-R 图

- 实体：客观存在并可互相区别的事物，用矩形表示，框内标注实体名称。
- 属性：实体的具体特性，用椭圆表示，与实体连接。
- 联系：实体之间的对应关系，菱形框表示，与实体相连，线上标注联系类型。
- 主键：就是指能够唯一标识出每一个实体的某一个属性或一组属性。

7.1.2　数据库的功能

数据库管理系统的主要功能包括数据定义、数据操作、运行控制等。

1. 数据定义

数据库管理系统提供数据定义语言 DDL(Data Definition Language)，供用户定义数据库的三级模式结构、两级映像以及完整性约束和保密限制等约束。DDL 主要用于建立、修改数据库的库结构。DDL 所描述的数据库结构仅仅给出了数据库的框架，数据库的框架信息被存放在数据字典(Data Dictionary)中。

2. 数据操作

数据库管理系统提供数据操作语言 DML(Data Manipulation Language)，供用户实现对数据的追加、删除、更新、查询等操作。

3. 数据库的运行管理

数据库的运行管理功能是指数据库管理系统的运行控制、管理功能，包括多用户环境下的并发控制、安全性检查和存取限制控制、完整性检查和执行、运行日志的组织管理、事务的管理和自动恢复，即保证事务的原子性(注：事务的原子性是指事务中包含的程序作为数据库的逻辑工作单位，它所做的对数据的修改操作要么全部执行，要么全部不执行)。这些功能保证了数据库系统的正常运行。

4. 数据组织、存储与管理

数据库管理系统要分类组织、存储和管理各种数据，包括数据字典、用户数据、存取路径等，需确定以何种文件结构和存取方式在存储级上组织这些数据，如何实现数据之间的联系。数据组织和存储的基本目标是提高存储空间利用率，选择合适的存取方法提高存取效率。

5. 数据库的保护

数据库中的数据是信息社会的战略资源，所以数据的保护至关重要。数据库管理系统对数据库的保护通过四个方面来实现：数据库的恢复、数据库的并发控制、数据库的完整性控制、数据库的安全性控制。数据库管理系统的其他保护功能还有系统缓冲区的管理以及数据存储的某些自适应调节机制等。

6. 数据库的维护

数据库的维护部分包括数据库的数据载入、转换、转储，数据库的重组、重构以及性能监控等功能，这些功能分别由各个应用程序来完成。

7.2 SQL Server 2008 介绍

SQL Server 2008 推出了许多新的特性和关键的改进，使得它成为迄今为止最强大和最全面的 SQL Server 版本。

Microsoft® 数据平台愿景提供了一个解决方案，即公司可以使用其存储和管理许多数据类型，包括 XML、e-Mail、时间/日历、文件、文档、地理等等，同时提供一个丰富的服务集合来与数据交互作用：搜索、查询、数据分析、报表、数据整合，以及强大的同步功能。用户可以访问从创建到存档于任何设备的信息，以及从桌面到移动设备的信息。

Microsoft SQL Server™ 2008 给出了如图 7-2 所示的愿景。

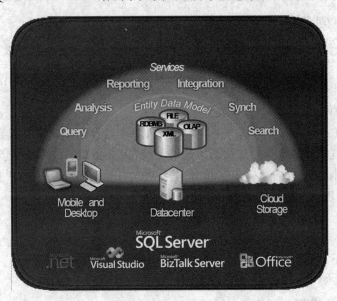

图 7-2　Microsoft 数据平台愿景

SQL Server 2008 分为 SQL Server 2008 企业版、标准版、工作组版、Web 版、开发者版、Express 版、Compact 3.5 版，其功能和作用也各不相同，其中 SQL Server 2008 Express 版是免费版本。

1. SQL Server 2008 企业版

SQL Server 2008 企业版是一个全面的数据管理和业务智能平台，为关键业务应用提供了企业级的可扩展性、数据仓库、安全性、高级分析和报表支持。这一版本将为用户提供更加坚固的服务器和执行大规模在线事务处理。

2．SQL Server 2008 标准版

SQL Server 2008 标准版是一个完整的数据管理和业务智能平台，为部门级应用提供了最佳的易用性和可管理特性。

3．SQL Server 2008 工作组版

SQL Server 2008 工作组版是一个值得信赖的数据管理和报表平台，用以实现安全的发布、远程同步和对运行分支应用的管理能力。 这一版本拥有核心的数据库特性，可以很容易地升级到标准版或企业版。

4．SQL Server 2008 Web 版

SQL Server 2008 Web 版是针对运行于 Windows 服务器中要求高可用、面向 Internet Web 服务的环境而设计的。这一版本为实现低成本、大规模、高可用性的 Web 应用或客户托管解决方案提供了必要的支持工具。

5．SQL Server 2008 开发者版

SQL Server 2008 开发者版允许开发人员构建和测试基于 SQL Server 的任意类型的应用。这一版本拥有所有企业版的特性，但只限于在开发、测试和演示中使用。基于这一版本开发的应用和数据库可以很容易地升级到企业版。

6．SQL Server 2008 Express 版

SQL Server 2008 Express 版是 SQL Server 的一个免费版本，它拥有核心的数据库功能，其中包括了 SQL Server 2008 中最新的数据类型，但它是 SQL Server 的一个微型版本。这一版本是为了学习、创建桌面应用和小型服务器应用而发布的，也可供 ISV 再发行使用。

7．SQL Server Compact 3.5 版

SQL Server Compact 3.5 版是一个针对开发人员而设计的免费嵌入式数据库，这一版本的意图是构建独立的、仅有少量连接需求的移动设备、桌面和 Web 客户端应用。SQL Server Compact 可以运行于所有的微软 Windows 平台之上，包括 Windows XP 和 Windows Vista 操作系统，以及 Pocket PC 和 SmartPhone 设备。

7.3 ADO.NET 介绍

7.3.1 ADO.NET 概述

ADO.NET 的名称起源于 ADO(ActiveX Data Objects)，是一个 COM 组件库，用于在以往的 Microsoft 技术中访问数据。之所以使用 ADO.NET 名称，是因为 Microsoft 希望表明，这是在 NET 编程环境中优先使用的数据访问接口。

ADO.NET 的功能和 ADO 类似，它能够提供常用的类集来实现对某类型的数据库的访问，并且能够使用本身类、属性和方法，在 .NET 这个大环境中发挥出更好的功效。

ADO.NET 是一组用于和数据源进行交互的面向对象类库。通常情况下，数据源是数据

库，但它同样也能够是文本文件、Excel 表格或者 XML 文件。不同的数据源采用不同的协议，如一些老式的数据源使用 ODBC 协议，一些新一点的数据源使用的是 OleDB 协议，并且现在还在不断地出现更多的数据源，而这些数据源都可以通过 ADO.NET 类库来进行连接。ADO.NET 提供与数据源进行交互的相关的公共方法，但是对于不同的数据源采用不同的类库。这些类库称为 Data Providers，根据它们所使用的不同的协议来与不同的数据源交流。无论使用哪种 Data Provider，开发人员都使用相似的对象，从而减轻了开发者的开发难度。

7.3.2 ADO.NET 对象

ADO 对象中包含了连接、命令、记录集和参数对象等。下面分别对这些对象进行介绍。

1. Connection

要和数据库进行交互，首先必须连接它。连接帮助指明数据库服务器、数据库名称、用户名、密码以及连接数据库所需要的其他参数。Connection 对象会被 Command 对象使用，这样就能够知道是在哪个数据源上面执行命令。

2. Command

与数据库交互的过程意味着必须指明想要执行的操作。这是依靠 Command 对象执行的。开发人员使用 Command 对象来发送 SQL 语句给数据库。Command 对象使用 Connection 对象来指出与哪个数据源进行连接。开发人员能够单独使用 Command 对象来直接执行命令，或者将一个 Command 对象的引用传递给 DataAdapter，它保存了一组能够操作下面描述的数据的命令。

成功与数据建立连接后，就可以用 Command 对象来执行查询、修改、插入、删除等命令；Command 对象常用的方法有 ExecuteReader()方法、ExecuteScalar()方法和 ExecuteNonQuery()方法；插入数据可用 ExecuteNonQuery()方法来执行插入命令。

3. DataReader

许多数据操作只是要求开发人员读取一串数据。DataReader 对象允许开发人员获得从 Command 对象的 SELECT 语句得到的结果。考虑性能的因素，从 DataReader 返回的数据都是快速的且只是"向前"的数据流。这意味着开发人员只能按照一定的顺序从数据流中取出数据。这对于速度来说是有好处的，但是如果开发人员需要操作数据，更好的办法是使用 DataSet。

4. DataSet

DataSet 对象是数据在内存中的表示形式。它包括多个 DataTable 对象，而 DataTable 包含列和行，就像一个普通的数据库中的表。开发人员甚至能够定义表之间的关系来创建主从关系(parent-child relationships)。DataSet 是在特定的场景下使用，帮助管理内存中的数据并支持对数据的断开操作。DataSet 是被所有 Data Providers 使用的对象，因此它并不像 Data Provider 一样需要特别的前缀。

5. DataAdapter

某些时候开发人员使用的数据主要是只读的，并且开发人员很少需要将其改变至底层的数据源。同样一些情况要求在内存中缓存数据，以此来减少并不改变的数据被数据库调用的次数。DataAdapter 通过断开模型来帮助开发人员方便地完成对以上情况的处理。当从一个单批次的对数据库的读写操作的持续改变返回至数据库时，DataAdapter 填充(fill)DataSet 对象。DataAadapter 包含了对连接对象以及对数据库进行读或写操作时自动打开或关闭连接的引用。另外，DataAdapter 包含对数据的 SELECT、INSERT、UPDATE 和 DELETE 操作的 Command 对象引用。开发人员将为 DataSet 中的每一个 Table 都定义 DataAadapter，它将为开发人员照顾所有与数据库的连接。所以开发人员将做的工作是告诉 DataAdapter 什么时候装载或者写入到数据库。

6. DataTable

DataTable 是一个数据网格控件，它无需代码就可以简单地绑定数据库，让程序变得简单、容易。

7.4　数据库的基本操作

下面我们将利用 ADO.NET 对数据库进行操作。

7.4.1　数据库的创建

首先我们需要在 SQL Server 2008 中建立一个自己的数据库。打开 Sql Server Management Studio，选择服务器以及身份验证方式，身份验证方式可选择 Windows 身份验证或者 Sql Server 身份验证，如图 7-3 所示。

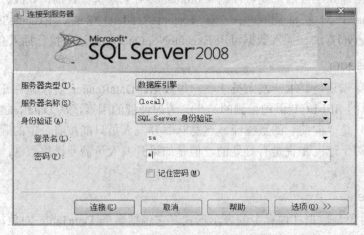

图 7-3　SQL Server 2008 登录界面

登录成功后，在对象资源管理器窗口中展开服务器，右键选择数据库节点，从弹出的快捷菜单中选择新建数据库，在弹出的界面中输入新建的数据库名称，如图 7-4 所示。

点击"确定"按钮完成数据库的新建。此时就可以在对象资源管理器中看到刚才新建的数据库了。不过注意，此时的数据库中没有任何内容，还需要再增加表、视图、存储过程等，这部分内容此处不再赘述。

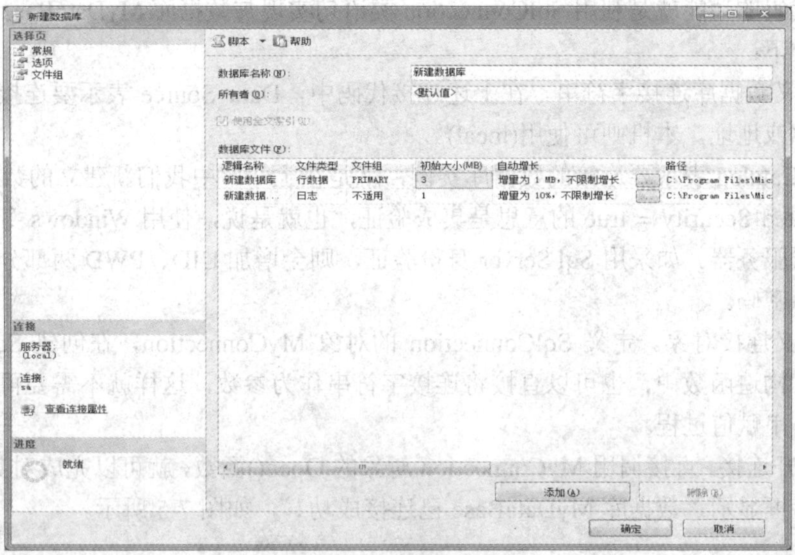

图 7-4　新建数据库

7.4.2　连接数据库

为了实现应用程序对数据库的操作，首先需要建立与数据库的连接。与数据库的连接有两种方式：一种方式是可以通过代码进行连接，程序员自己编写连接字符串，使用SqlConnection 类；还有一种方式就是直接通过 VS 的编程环境，直接为应用程序创建数据源，将数据库连接至应用程序中。

1) 代码连接

加接代码如下：

```
public void Connect()
{   try
    {   //数据库连接字符串
        string ConnectString = "Data Source = (local); Initial Catalog = MyDataBase;
                        Integrated Security = True";
        SqlConnection MyConnection = new SqlConnection();
        MyConnection.ConnectionString = ConnectString;
        MyConnection.Open();
        MessageBox.Show("数据库 "+MyConnection.Database+" 已连接成功!");
    }
    catch (Exception e)
    {
        MessageBox.Show("数据库连接失败，失败原因是："+e.Message);
    }
}
```

上述代码的功能就是利用 SqlConnection 类语句实现与数据库 MyDataBase 的连接，其代码流程如下：

(1) 定义数据库连接字符串。在上述连接代码中，Data Source 表示要连接的数据库服务器的名称或地址，本机则可使用(local)。

Initial Catalog 表示要连接的数据库实例，就是在上一节中我们新建立的数据库。

Integrated Security = true 的意思是集成验证，也就是说，使用 Windows 身份验证方式去连接数据服务器。如采用 Sql Server 身份验证，则会增加 UID、PWD 两部分，分别对应于用户名和密码。

(2) 定义连接对象。定义 SqlConnection 的对象 MyConnection，在创建 SqlConnection 对象时，其构造函数中，也可以直接将连接字符串作为参数，这样就不需要再进行下一步的连接字符串赋值过程。

(3) 打开连接。直接调用 MyConnection 对象的 Open()函数，就可以完成对数据的连接，弹出的对话框显示"数据库 MyDataBase 已连接成功！"，如图 7-5 所示。

图 7-5　数据库连接成功

2) 向导连接数据源

下面我们通过一个示例来阐述怎么通过 VS2012 的向导为应用程序创建一个数据源，具体步骤如下：

(1) 打开现有 VS2012 解决方案，选择菜单"数据"->"添加新数据源"命令，弹出"数据源配置向导"对话框，如图 7-6 所示。

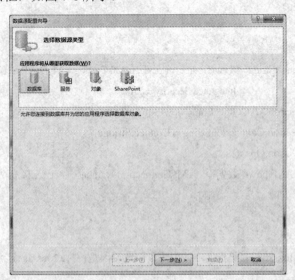

图 7-6　"数据源配置向导"对话框

(2) 选择数据库选项后单击"下一步"，在弹出的对话框中选择"数据集"，再点击"下一步"，进入"选择数据连接"的界面，如图 7-7 所示。

　　如果在下拉框中没有所需要的数据库连接，可点击右侧"新建连接"，建立一个新的数据库连接，其界面如图 7-8 所示。

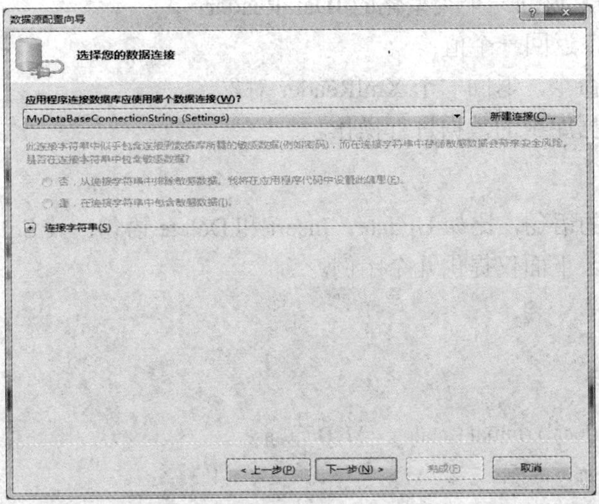

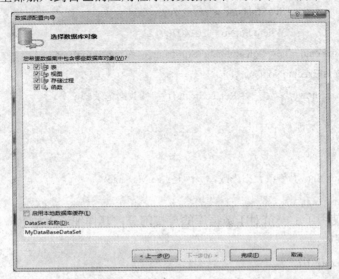

　　　　　图 7-7　"选择数据库连接"界面 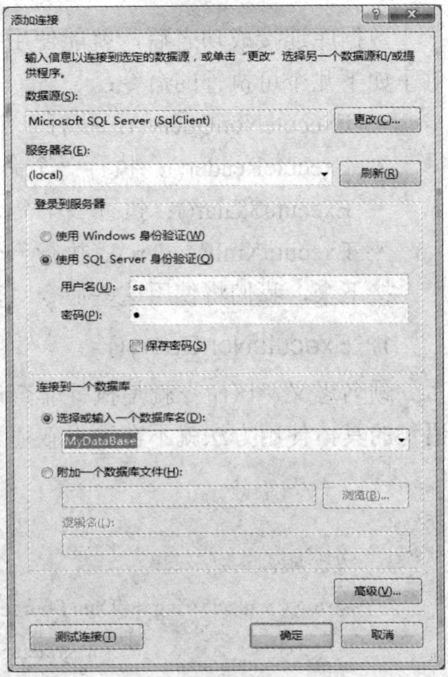　　　　　　　图 7-8　"新建数据库连接"界面

　　测试连接成功后，确认返回"选择数据库连接"的界面，在此可以点击连接字符串前的+符号，即可看到与我们前面使用代码连接数据库时相同的内容。

　　(3) 单击"下一步"进入"数据库对象选择"界面，根据需要将数据库中的表、视图、存储过程和函数全部加入到自己的应用程序的数据集中，如图 7-9 所示。

图 7-9　选择数据库对象

点击"完成"后，在解决方案中就可以看到新增加的数据集了。这个数据集在以后的操作中就可以被我们自由地使用了。

7.4.3 数据操作

数据库连接成功之后，就能使用 SQL 语句对数据库进行命令操作了。Command 类提供了如下几个可执行的命令：

- ExecuteNonQuery()：执行一个命令，但不返回任何结果；
- ExecuteReader()：执行一个命令，返回一个类型化的 IDataReader；
- ExecuteScalar()：执行一个命令，返回一个值；
- ExecuteXmlReader()：执行一个命令，返回一个 XmlReader 对象。

接下来，我们将使用这些命令对数据库中的数据进行操作。

1. ExecuteNonQuery()

顾名思义，该命令就是执行非查询的语句，比如 Update、Insert 和 Delete 语句。其 Sql 语句的具体使用方法就不在这里叙述了，下面仅提供几个示例。

```
try
{
    //数据库连接字符串
    string ConnectString = "Data Source = (local); Initial Catalog = MyDataBase;
                            Integrated Security = True";
    SqlConnection MyConnection = new SqlConnection();
    MyConnection.ConnectionString = ConnectString;
    MyConnection.Open();
    //修改学生姓名和年龄的 SQL 语句
    string SqlString = "Update StuInfo "
                     + "Set StuName = '张三', Age = 20 "
                     + "Where StuNo = '20140709123' ";
    SqlCommand cmd = new SqlCommand(SqlString, MyConnection);
    int Ret = cmd.ExecuteNonQuery();
    MessageBox.Show("影响了" + Ret.ToString() + "条数据记录! ");
}
catch (Exception e)
{
    MessageBox.Show("修改数据失败，原因是:"+e.Message);
}
```

上述例子中使用了上一节对于数据库的连接部分，其详细流程如下：

(1) 连接数据库；

(2) 创建 SQL 语句；

(3) 创建 SqlCommand 对象；

（4）执行 SQL 语句。

> **注意**：SqlCommand 类的构造函数有多个重载函数，就是可以在创建对象时再作为参数传入 SQL 语句和数据库连接对象，也可以在对象创建完成后，在命令执行前对这些属性进行赋值。

前面提到了 ExecuteNonQuery()执行一个命令不返回任何结果，是指没有对于数据库中数据的返回。从上面的例子中我们可以看到，该函数返回了一个整型数值，该数值是该命令执行后对于数据库中数据产生影响的记录数，如修改了几条数据、删除了几条数据等。

2. ExecuteReader()

该命令与 ExecuteNonQuery()相反，它就是执行查询的 SQL 语句，也就是 Select 语句。返回一个类型化的 DataReader，返回的对象可以用于迭代返回的数据记录。也就是使用该指令可以获得数据库中的数据。

```
try
{   //数据库连接字符串
    string ConnectString = "Data Source = (local); Initial Catalog = MyDataBase;
                            Integrated Security = True";
    SqlConnection MyConnection = new SqlConnection();
    MyConnection.ConnectionString = ConnectString;
    MyConnection.Open();
    //获得学号为 20140709123 的学生的学号，姓名和年龄的 SQL 语句
    string SqlString = "Select StuNo, StuName, Age From StuInfo "
                    + "Where StuNo = '20140709123' ";
    SqlCommand cmd = new SqlCommand(SqlString, MyConnection);
    SqlDataReader DataReader = cmd.ExecuteReader();
    while (DataReader.Read())
    {
        ListViewItem NewItem = this.listViewStu.Items.Add(DataReader[0].ToString());
        NewItem.SubItems.Add(DataReader[1].ToString());
        NewItem.SubItems.Add(DataReader[2].ToString());
    }
}
catch (Exception e)
{
    MessageBox.Show("查询数据失败，原因是:"+e.Message);
}
```

上述例子中使用了上一节对于数据库的连接部分，其详细流程如下：

（1）连接数据库；

(2) 创建 SQL 语句；

(3) 创建 SqlCommand 对象；

(4) 执行 SQL 语句，获得数据；

(5) 读取数据，显示在 ListView 中，如图 7-10 所示。

图 7-10　数据库查询获得数据

3. ExecuteScalar()

该命令与 ExecuteReader() 有一定的相似度，也是执行查询的 SQL 语句，也就是 Select 语句。但是该命令只返回一个结果，如查询的记录数、系统时间等。

```
try
{
    //数据库连接字符串
    string ConnectString = "Data Source = (local); Initial Catalog = MyDataBase;
                    Integrated Security = True";
    SqlConnection MyConnection = new SqlConnection();
    MyConnection.ConnectionString = ConnectString;
    MyConnection.Open();
    //获得服务器当前系统时间，getdate()函数为 SQL 的函数
    string SqlString = "Select getdate()";
    SqlCommand cmd = new SqlCommand(SqlString, MyConnection);
    object Ret = cmd.ExecuteScalar();
    MessageBox.Show("数据库服务器当前系统时间是:" + Ret.ToString());
}
catch (Exception e)
{
    MessageBox.Show("查询数据失败，原因是:"+e.Message);
}
```

上述例子的详细流程如下：

(1) 连接数据库；

(2) 创建 SQL 语句；

(3) 创建 SqlCommand 对象；

(4) 执行 SQL 语句，获得数据；

(5) 读取数据，弹出显示服务器系统时间，如图 7-11 所示。

数据库服务器当前系统时间是：2015-06-09 15:14:36

确定

图 7-11 查询获得数据库服务器系统时间

> 注意：该例子获得的是数据库服务器的系统时间，而非当前客户端的系统时间。如要获得数据库中某指定范围数据记录的条数，则只需要修改对应的 SQL 语句。该命令只能返回一个数据，如果你的 SQL 查询语句中返回了多个数据，则只会取得第一个数据。

4. ExecuteXmlReader()

该命令执行后将返回一个 XmlReader 的对象，需配合 SQL 语句中的 For Xml 子句进行扩展，其具体的参数请查阅 SQL 相关帮助文档。

```
try
{
    //数据库连接字符串
    string ConnectString = "Data Source = (local); Initial Catalog = MyDataBase;
                            Integrated Security = True";
    SqlConnection MyConnection = new SqlConnection();
    MyConnection.ConnectionString = ConnectString;
    MyConnection.Open();
    //获得学号为 20140709123 的学生的学号，姓名和年龄的 SQL 语句
    string SqlString = "Select StuNo,StuName,Age From StuInfo "
                    + "Where StuNo = '20140709123' for xml Auto";
    SqlCommand cmd = new SqlCommand(SqlString, MyConnection);
    XmlReader XmlR = cmd.ExecuteXmlReader();
    XmlR.Read();
    string XmlString;
    do
    {
```

```
        XmlString = XmlR.ReadOuterXml();

        this.textBoxXml.AppendText(XmlString);

    } while (XmlString != "");

}

catch (Exception e)

{

    MessageBox.Show("查询数据失败，原因是:"+e.Message);

}
```

上述例子的详细流程如下：

(1) 连接数据库；

(2) 创建 SQL 语句；

(3) 创建 SqlCommand 对象；

(4) 执行 SQL 语句，获得 XmlReader 对象；

(5) 读取 XmlReader 中的数据，显示在 TextBox 中，如图 7-12 所示。

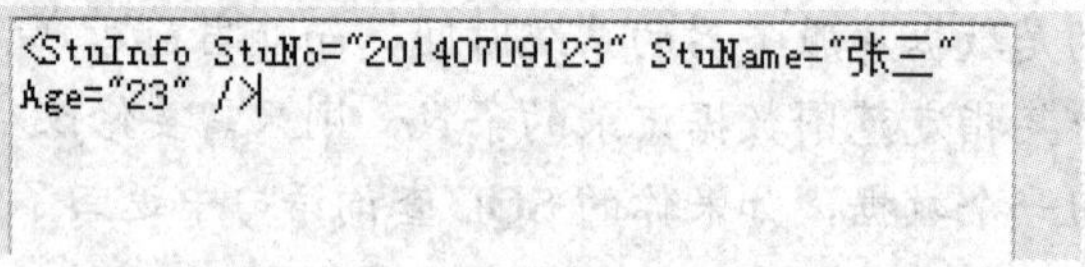

```
<StuInfo StuNo="20140709123" StuName="张三"
Age="23" />
```

图 7-12　ExecuteXmlReader 执行返回结果

通过上面的示例，我们已经可以对数据库进行基本的数据操作了，包括查询、删除、修改、插入以及结合 SQL 语句对数据进行 XML 结构化。

7.5　数 据 绑 定

7.5.1　数据绑定概述

在 C#程序开发中，唯一能够显示数据库数据的控件就只有 DataGridView，其他的控件都没办法完成数据的直接显示，都需要程序员自己编写代码来实现数据的显示功能。那有没有一种办法可以将我们需要的数据与显示的控件联系在一起呢？答案是肯定的，就是使用数据绑定。

简单地说，数据绑定就是将一个用户界面元素，也就是将控件的某个属性绑定到一个对象实例上的某个属性的方法。比如，有个 StuInfo 类型的实例，我们将学生的"Name"属性绑定到 TextBox 的"Text"属性上。完成这样的绑定后，只要我们修改了 TextBox 里面的 Text 内容，就直接修改了对应的 StuInfo 对象的 Name 属性。同样，如果我们修改了 StuInfo 实例的 Name 属性值时，界面上的 TextBox 显示的内容也就随之发生变化。数据绑定这一特性在 WPF 应用程序中使用得更多，从而彻底将数据逻辑处理与界面编程设计分离开了。

7.5.2　案例 7-1　利用 DataGridView 控件实现数据显示

首先我们来看看如何使用 DataGridView 显示连接数据源的详细数据。

创建一个窗体项目，然后通过 DataGridView 控件显示数据库 MyDataBase 中表 StuInfo 中的所有列的数据。具体实现步骤如下：

(1) 创建 Windows 应用程序，如图 7-13 所示。

图 7-13　新建 Windows 应用程序

(2) 建立和数据库 MyDataBase 的连接，如图 7-14 所示。

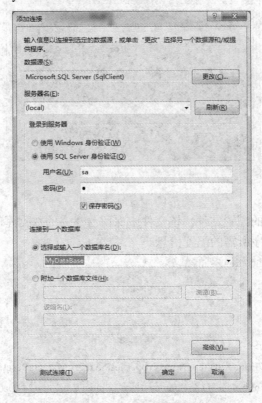

图 7-14　建立数据库连接

（3）添加数据库 MyDataBase 的应用程序的数据源。

（4）从工具箱中拖入一个 DataGridView 控件到 Form1 中，调整其大小，如图 7-15 所示。

（5）指定 DataGridView 控件的数据源为连接的数据源中的 StuInfo 表，点击 DataGridView 控件右上方的三角符号，可进行数据源的选择，如图 7-16 所示。选择数据源之后可以指定其中的某一些数据列进行显示。

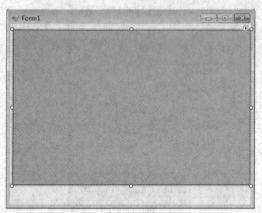
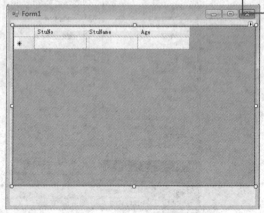

图 7-15　插入 DataGridView 控件　　　　图 7-16　选择 DataGridView 控件的数据源

编译运行程序。经过上述的步骤之后，我们的应用程序就将数据库中 StuInfo 表的所有内容显示出来了，如图 7-17 所示。

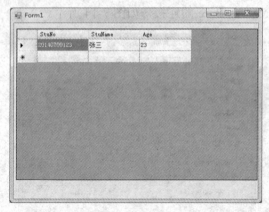

图 7-17　程序运行结果

下面来看一下程序的配置文件，该文件中保留着建立的数据库的连接，我们也可以通过该文件来保存应用程序所需的配置信息。

```xml
<?xml version = "1.0" encoding = "utf-8" ?>
<configuration>
    <configSections>
    </configSections>
    <connectionStrings>
        <add name = "DataGridViewDemo.Properties.Settings.MyDataBaseConnectionString"
            connectionString = "Data Source = (local); Initial Catalog = MyDataBase;
                        Integrated Security = True"
```

```
                    providerName = "System.Data.SqlClient" />
        </connectionStrings>
    </configuration>
```

7.5.3 单一绑定

支持单一绑定的控件一般一次只显示一个值,如文本框或单选按钮。例如,可以使用下面的代码把数据库中的一列绑定到 TextBox 上:

```
this.textBox1.DataBindings.Add("Text",this.myDataBaseDataSet.StuInfo,"StuName");
```

数据集 myDataBaseDataSet 通过 Adapter 的 Fill 操作获得内容,上述代码中将 textBox1 的 Text 属性绑定到了数据集的 StuName 列上,这样文本框就显示了当前数据集中的一个学生姓名。需要注意的是,上面生成的文本框内容既不能滚动到下一条或者上一条记录上,也不能对数据库进行更新。

7.5.4 数据绑定对象

在 C# 中常用的数据绑定对象有 Binding、BindingContext、BindingManagerBase、PropertyManager、CurrencyManager、BindingsCollection 和 ControlsBindingsCollection。

在上一节我们使用了 TextBox 控件的 DataBindings 属性,把数据集 MyDataBaseDataSet 的一列数据绑定到了控件的 Text 属性上。属性 Databindings 是 ControlsBindingsCollection 的一个实例。

1. BindingContext

每个 Windows 窗体至少有一个 BindingContext 对象,此对象管理该窗体的 BindingManagerBase 对象。由于 BindingManagerBase 类是抽象类,因此 Item 属性的返回类型是 CurrencyManager 或 PropertyManager。如果数据源是只能返回单个属性(而不是对象列表)的对象,则 Type 为 PropertyManager。例如,如果指定 TextBox 作为数据源,则返回 PropertyManager。另一方面,如果数据源是实现 IList 或 IBindingList 的对象,则返回 CurrencyManager。

对于 Windows 窗体上的每个数据源,都有单个 CurrencyManager 或 PropertyManager。由于可能有多个数据源与 Windows 窗体关联,使用 BindingContext 可以检索与数据源关联的任何特定的 CurrencyManager。

> 注意:当使用 Item 属性时,BindingContext 将创建一个新的 BindingManagerBase(如果尚不存在)。这可能会引起混淆,因为返回的对象可能并未管理所需的列表(或任何列表)。若要防止返回无效的 BindingManagerBase,可以使用 Contains 方法确定所需的 BindingManagerBase 是否已存在。

如果使用容器控件(如 GroupBox、Panel 或 TabControl)来包含数据绑定控件,则可以仅为该容器控件创建一个 BindingContext。然后,窗体的每一部分都可以由它自己的

BindingManagerBase 来管理。有关为同一数据源创建多个 BindingManagerBase 对象的更多信息，请参见 BindingContext 构造函数。

如果将 TextBox 控件添加到某个窗体并将其绑定到数据集中的表列，则该控件与此窗体的 BindingContext 进行通信。BindingContext 反过来与此数据关联的特定 CurrencyManager 进行通信。如果查询了 CurrencyManager 的 Position 属性，它会报告此 TextBox 控件的当前绑定记录。在上一节的代码示例中，通过 TextBox 控件所在的窗体的 BindingContext，将此控件绑定到 MydataBaseDataSet 数据集中 StuInfo 表的 StuName 列上。

如果将 TextBox2 绑定到另一个不同的数据集，则 BindingContext 创建并管理第二个 CurrencyManager。

以一致的方式设置 DataSource 和 DisplayMember 属性是非常重要的；如果不一致，BindingContext 会为同一个数据集创建多个记录管理器(CurrencyManager)，而这将导致错误。

> **注意**：大多数 Windows 窗体应用程序都通过 BindingSource 绑定。BindingSource 组件封装 CurrencyManager 并公开 CurrencyManager 编程接口。当使用 BindingSource 进行绑定时，应使用由 BindingSource 公开的成员来操作记录，而不是遍历 BindingContext。

2．Binding 类

Binding 类的功能是将控件的一个属性链接到数据源的一个成员上。当改变该成员时，控件的属性会随之变更，以反映这个变化。反之亦然，如果文本框中的文本被更新，则这个改变也会反映到数据源上。

可以把任何列绑定到控件的任何属性上。例如，既可以把列绑定到一个文本框中，也可以把另一个列绑定到文本框的其他属性上，还可以把控件的属性绑定到完全不同的数据源上。

3．CurrencyManager 和 PropertyManager

在创建 Binding 对象时，如果是第一次绑定数据源中的数据，则会创建对应的 CurrencyManager 或者 PropertyManager 对象。这个类的作用就是定义当前记录在数据源中的位置，改变当前的记录时，需要调整所有的 ListBindings。下面通过一个实例来说明数据的绑定。

7.5.5　案例 7-2　数据绑定案例分析

创建一个新的项目，通过绑定将数据显示在窗体控件内，并实现对绑定数据源的操作处理。

具体实现的步骤如下：

(1) 创建 Windows 应用程序，命名为 DataBangding。

(2) 建立和数据库 MyDataBase 的连接。

(3) 添加数据库 MyDatabase 的应用程序的数据源。

(4) 拖入三个 Label 控件，分别命名为 LabelStuNo、LabelStuName、LabelAge，并分别设置它们的 Text 属性为"学生学号"、"学生姓名"、"学生年龄"，如图 7-18 所示。

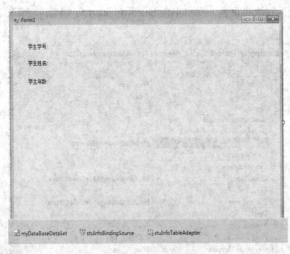

图 7-18　添加数据源

(5) 再拖入三个 TextBox 控件，分别命名为 "TextBoxStuNo"、"TextBoxStuName"、"TextBoxStuAge"，如图 7-19 所示。

图 7-19　添加 TextBox 控件

(6) 分别设置 TextBox 的 DataBinding 属性，如图 7-20 所示。

图 7-20　修改 TextBox 控件的 DataBindings

(7) 拖入 BindingNavigator 控件，修改 BindingSource 属性，如图 7-21 所示。

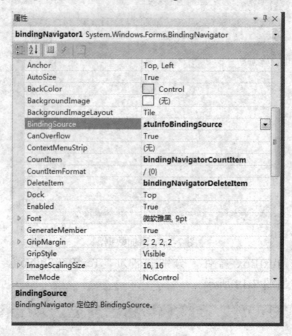

图 7-21 修改 BindingNavigator 的属性

(8) 拖入 DataGridView 控件，选择数据源为 "stuInfoBindingSource"，如图 7-22 所示。

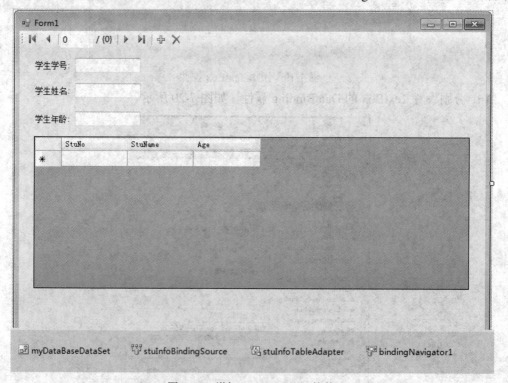

图 7-22 增加 DataGridView 控件

(9) 编译完成整个应用程序，运行结果如图 7-23 所示。

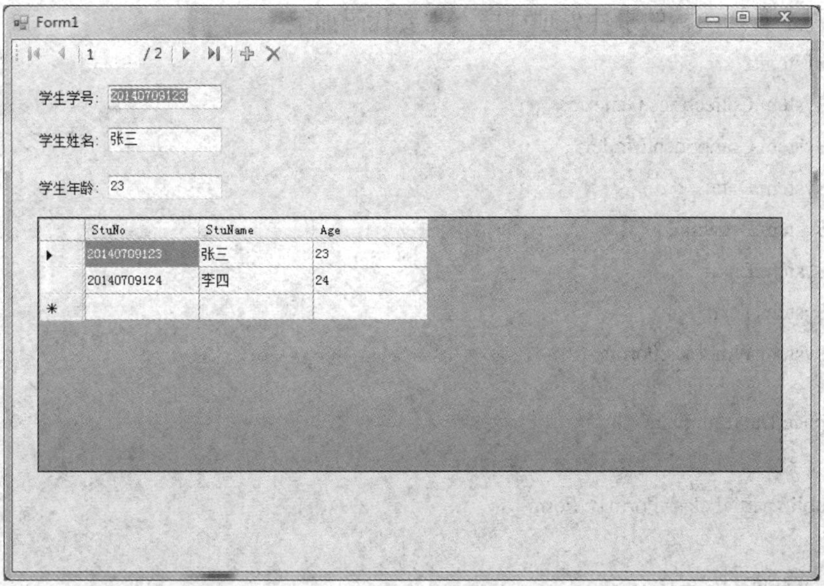

图 7-23 DataBangding 程序运行结果

程序运行期间，通过单击工具栏中对应的图标，可以对数据集中的数据进行管理。例如，单击下一条数据，则会在 TextBoxStuNo 等控件中看到下一条数据记录的内容；点击增加数据按钮时，就可以在 TextBox 控件或者 DataGridView 控件里面写入新的数据。

> 注意：在增加数据和删除数据时，仅仅是更新到数据集中，并未及时更新到数据中，需要通过增加保存的函数来完成数据保存的功能，代码如下：
> this.stuInfoTableAdapter.Update(this.myDataBaseDataSet.StuInfo);

下面我们来简单看看这个例子中的文件内容：

1．数据库连接文件

数据库连接文件 App.config 主要保存的是数据库的连接信息，具体代码如下：

```xml
<?xml version = "1.0" encoding = "utf-8" ?>
<configuration>
    <configSections>
    </configSections>
    <connectionStrings>
        <add name = "DataBangding.Properties.Settings.MyDataBaseConnectionString"
            connectionString = "Data Source = (local); Initial Catalog = MyDataBase;
                    Integrated Security = True"
            providerName = "System.Data.SqlClient" />
    </connectionStrings>
</configuration>
```

2．窗体文件

窗体文件 Form1.cs 的功能是定义窗体类和实例函数，分别设置载入执行事件和单击事件，并设置工具栏图标的事件处理程序，主要代码如下：

```csharp
using System;
using System.Collections.Generic;
using System.ComponentModel;
using System.Data;
using System.Drawing;
using System.Linq;
using System.Text;
using System.Windows.Forms;

namespace DataBangding
{
    public partial class Form1 : Form
    {
        public Form1()
        {
            InitializeComponent();
        }

        private void Form1_Load(object sender, EventArgs e)
        {   //todo:这行代码将数据加载到表"myDataBaseDataSet.StuInfo"中，你可以根据需要
            移动或删除它
            this.stuInfoTableAdapter.Fill(this.myDataBaseDataSet.StuInfo);
        }

        private void toolStripSplitButton1_ButtonClick(object sender, EventArgs e)
        {
            this.stuInfoTableAdapter.Update(this.myDataBaseDataSet.StuInfo);
        }
    }
}
```

3. 控件属性设置文件

控件属性设置文件 Form1.Designer.cs 的功能是设置窗体内各控件的属性，并设置工具栏的对应处理代码。主要实现代码如下(一般该文件都是自动生成，不需要作修改)：

```csharp
namespace DataBangding
{
    partial class Form1
    {   /// <summary>
        ///必需的设计器变量
```

```
///   </summary>
private System.ComponentModel.IContainer components = null;

///   <summary>
///   清理所有正在使用的资源
///   </summary>
///   <param name = "disposing">如果应释放托管资源?为 true；否则为 false。</param>
protected override void Dispose(bool disposing)
{
    if (disposing && (components != null))
    {
        components.Dispose();
    }
    base.Dispose(disposing);
}

#region Windows  窗体设计器生成的代码

///   <summary>
///设计器支持所需的方法-不要
///使用代码编辑器修改此方法的内容

private void InitializeComponent()
{
    this.components = new System.ComponentModel.Container();
    System.ComponentModel.ComponentResourceManager resources = new System.
        ComponentModel.ComponentResourceManager(typeof(Form1));
    this.textBoxStuNo = new System.Windows.Forms.TextBox();
    this.stuInfoBindingSource = new System.Windows.Forms.BindingSource(this.components);
    this.myDataBaseDataSet = new DataBangding.MyDataBaseDataSet();
    this.label1 = new System.Windows.Forms.Label();
    this.stuInfoTableAdapter = new DataBangding.MyDataBaseDataSetTableAdapters.
        StuInfoTableAdapter();
    this.label2 = new System.Windows.Forms.Label();
    this.textBoxStuAge = new System.Windows.Forms.TextBox();
    this.label3 = new System.Windows.Forms.Label();
    this.textBoxStuName = new System.Windows.Forms.TextBox();
    this.bindingNavigator1 = new  System.Windows.Forms.BindingNavigator(this.components);
    this.bindingNavigatorMoveFirstItem = new System.Windows.Forms.ToolStripButton();
    this.bindingNavigatorMovePreviousItem = new System.Windows.Forms.ToolStripButton();
```

```
this.bindingNavigatorSeparator = new System.Windows.Forms.ToolStripSeparator();
this.bindingNavigatorPositionItem = new System.Windows.Forms.ToolStripTextBox();
this.bindingNavigatorCountItem = new System.Windows.Forms.ToolStripLabel();
this.bindingNavigatorSeparator1 = new System.Windows.Forms.ToolStripSeparator();
this.bindingNavigatorMoveNextItem = new System.Windows.Forms.ToolStripButton();
this.bindingNavigatorMoveLastItem = new System.Windows.Forms.ToolStripButton();
this.bindingNavigatorSeparator2 = new System.Windows.Forms.ToolStripSeparator();
this.bindingNavigatorAddNewItem = new System.Windows.Forms.ToolStripButton();
this.bindingNavigatorDeleteItem = new System.Windows.Forms.ToolStripButton();
this.dataGridView1 = new System.Windows.Forms.DataGridView();
this.stuNoDataGridViewTextBoxColumn = new System.Windows.Forms.DataGridView
    TextBoxColumn();
this.stuNameDataGridViewTextBoxColumn = new System.Windows.Forms.DataGridView
    TextBoxColumn();
this.ageDataGridViewTextBoxColumn = new System.Windows.Forms.DataGridView
    TextBoxColumn();
((System.ComponentModel.ISupportInitialize)(this.stuInfoBindingSource)).BeginInit();
((System.ComponentModel.ISupportInitialize)(this.myDataBaseDataSet)).BeginInit();
((System.ComponentModel.ISupportInitialize)(this.bindingNavigator1)).BeginInit();
this.bindingNavigator1.SuspendLayout();
((System.ComponentModel.ISupportInitialize)(this.dataGridView1)).BeginInit();
this.SuspendLayout();
//
// textBoxStuNo
//
......
```

在上述实例中，通过绑定将数据显示在窗体控件内，并实现对绑定数据源的操作处理。在Visual Studio 2012中，整个开发过程就变得十分简单。从实例中就可以轻松地实现对指定数据源的绑定处理，并且自动生成数据源的事件。

读者课后只需要对基本的数据绑定控件在Visual Studio 2012中的使用方法进行基本演练，并做到举一反三，即可掌握C#开发的基本数据绑定知识。

7.6　存储过程

存储过程是数据库中的一个重要对象，一个设计良好的数据库应用程序都应该使用到存储过程。

7.6.1 存储过程概述

存储过程(Stored Procedure)是在大型数据库系统中，一组为了完成特定功能的 SQL 语句集，存储在数据库中，经过第一次编译后再次调用不需要再次编译，用户通过指定存储过程的名字并给出参数(如果该存储过程带有参数)来执行它。

我们一般将存储过程分为以下几种类别：

1．系统存储过程

该过程以 sp_开头，用来进行系统的各项设定，取得信息，进行相关管理工作。

2．本地存储过程

用户创建的存储过程是由用户创建并完成某一特定功能的存储过程，事实上，一般所说的存储过程就是指本地存储过程。

3．临时存储过程

临时存储过程又可分为两类：第一类是本地临时存储过程，以井字号(#)作为其名称的第一个字符，则该存储过程将成为一个存放在 tempdb 数据库中的本地临时存储过程，且只有创建它的用户才能执行它；第二类是全局临时存储过程，以两个井字号(##)号开始，该存储过程将成为一个存储在 tempdb 数据库中的全局临时存储过程。全局临时存储过程一旦创建，以后连接到服务器的任意用户都可以执行它，而且不需要特定的权限。

4．远程存储过程

在 SQL Server 2008 中，远程存储过程(Remote Stored Procedures)是位于远程服务器上的存储过程，通常可以使用分布式查询和 EXECUTE 命令执行一个远程存储过程。

5．扩展存储过程

扩展存储过程(Extended Stored Procedures)是用户可以使用外部程序语言编写的存储过程，而且扩展存储过程的名称通常以 xp_开头。

下文中所说的存储过程未经特别说明都是指本地存储过程。

7.6.2 创建存储过程

通常，存储过程都是在 SQL Server Management Studio 中创建的，并能直接进行编辑修改和执行，还可以查看执行结果。对于 SQL Server Management Studio 的使用，我们就不在这里进行讲述，接下来我们要看到的是在 Visual Studio 2012 中如何创建一个存储过程。具体步骤如下：

(1) 打开 Visual Studio 2012，选择新建项目的数据库中的 SQL Server 2008 向导，如图 7-24 所示。

SQL Server 2008 向导将带领我们完成数据库项目的创建工作，主要涉及与数据库的连接，如在这里选择的是直接创建 SQL Server 2008 数据库项目，则可以在 Visual Studio 中添加数据库连接。

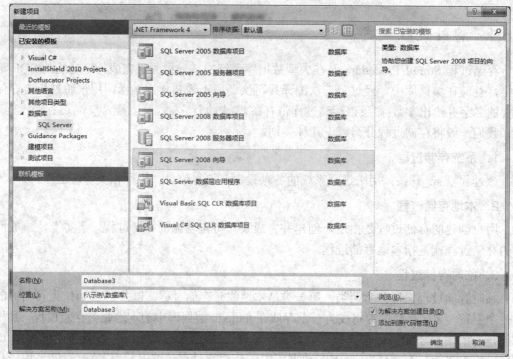

图 7-24   新建数据库项目

(2) 完成 SQL Server 2008 数据库向导，生成数据库项目，如图 7-25 所示。

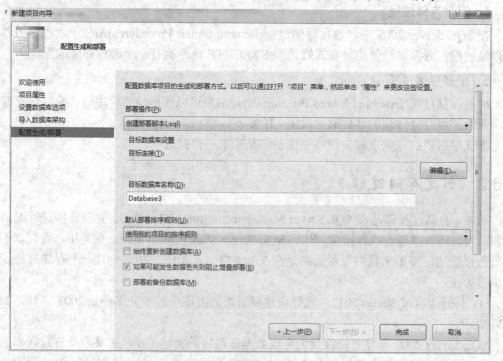

图 7-25   数据库项目向导

　　向导分为欢迎使用、项目属性、设置数据库选项、导入数据架构、配置生成/部署这五
个方面的内容，大家可以在实际的操作过程中查看其详细内容。这里就直接使用默认值完

成数据库项目的向导任务，完成后的数据库项目结构如图 7-26 所示。

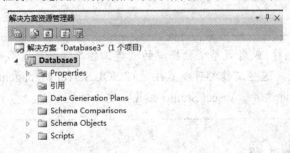

图 7-26　数据库项目

(3) 添加存储过程。选中项目 Database3，右击菜单添加，弹出如图 7-27 所示的界面，此时即可完成对存储过程的创建工作。从图 7-26 中可以看出，我们不仅能添加存储过程，还可以增加数据库表、函数、视图等。

(4) 修改存储过程。通过步骤(3)的操作，我们得到了一个存储过程的创建脚本，其参数和内容都是默认的内容，如图 7-28 所示。这种默认的内容并不能满足我们实际的要求，所以我们需要对这个存储过程的参数及具体的内容进行修改。在存储过程中完成我们对数据库的操作，如数据的查询、删除、修改、增加等，具体的操作就是按照相关的 SQL 语法改写其内容，使其能够完成相应的数据库操作。

```
CREATE PROCEDURE [dbo].[Procedure1]
    @param1 int = 0,
    @param2 int
AS
    SELECT @param1, @param2
RETURN 0
```

图 7-27　添加存储过程　　　　　　　　　　图 7-28　修改存储过程

(5) 部署数据库项目。通过上述步骤，我们可以完成对数据库表的定义、存储过程的定义等。最终通过部署项目，可以获得一个数据库脚本，使用该脚本就能创建一个完整的数据库。

> 注意：存储过程的创建，或者说整个数据库的创建工作其实并不是我们使用 Visual Studio 2012 的重点，这些工作都可以直接通过 SQL Server Management Studio 来完成。我们只是告诉读者，Visual Studio 也具备这一功能。

7.6.3 调用存储过程

通过上一节的操作，我们得到了数据库的存储过程，接下来才是我们学习数据库应用软件的重点，就是如何使用这些存储过程。

在具体使用这些存储过程之前，我们首先要了解，按照参数来区分的话，存储过程可以分为有参数和无参数两大类，这就决定了我们在使用这些存储过程时是否要给出对应的参数。同时存储过程还可以具有一个返回值，其作用与函数的返回值相同。除此之外，存储过程还可能会返回一行或多行自定义的数据集，这一点非常重要。下面我们就通过例子来看看怎么调用这些存储过程。

1. 调用没有返回值的存储过程

调用存储过程的最简单的示例就是不给调用者返回任何值，同时也不需要给出任何参数，其意义就在于触发执行一段指定的 SQL 语句，但在绝大多数情况下，还是需要给出参数的。下面我们用一个更新数据和一个删除数据的存储过程来做示范。

1) 数据更新

更新数据的操作比较简单，只需要指定更新的范围，以及新的数据就可以完成对数据的更新。

首先，我们使用 SQL Server Management Studio 建立存储过程。这里我们仍然使用前面的 MyDataBase 数据库，存储过程命名为"UpdateStuInfo"，该存储过程有三个参数，分别为@StuName、@StuAge、@StuNo，它们分别对应于 StuInfo 表中的 StuName、Age、StuNo 字段。在存储过程内部，我们则使用 SQL 语句，将 StuInfo 表中满足条件"StuNo 等于输入的学生学号"的记录的姓名和年龄字段更改为新的数值。

```
-- ================================================
-- Template generated from Template Explorer using:
-- Create Procedure (New Menu).SQL
--
-- Use the Specify Values for Template Parameters
-- command (Ctrl-Shift-M) to fill in the parameter
-- values below.
--
-- This block of comments will not be included in
-- the definition of the procedure.
```

```
-- ====================================================
SET ANSI_NULLS ON
GO
SET QUOTED_IDENTIFIER ON
GO
-- ==========================================
-- Author:        <Author,,Name>
-- Create date: <Create Date,,>
-- Description:    <Description,,>
-- ==========================================
CREATE PROCEDURE UpdateStuInfo
    -- Add the parameters for the stored procedure here
    @StuName varchar(100),
    @StuAge int,
    @StuNo varchar(50)
AS
BEGIN
    -- SET NOCOUNT ON added to prevent extra result sets from
    -- interfering with SELECT statements.
    SET NOCOUNT ON;
    -- Insert statements for procedure here
    Update StuInfo set StuName = @StuName,Age = @StuAge where StuNo = @StuNo;
END
GO
```

运行上述 SQL 语句后，在数据库中我们就可以找到名为 UpdateStuInfo 的存储过程，
在 SQL Server 的管理器中我们也可以直接执行该存储过程，这样就会弹出对话框，输入执
行该存储过程所需的三个参数。

> 注意：在上面的例子中，我们完整地给出了在 SQL Server Management Studio 中创建存
> 储过程的默认的代码界面，方便我们理解和掌握。其中一些代码的作用请大家查
> 阅相关内容。

下面我们看看如何在 C#中调用该存储过程。

```
try
{
    //数据库连接字符串
    string ConnectString = "Data Source = (local); Initial Catalog = MyDataBase;
                            Integrated Security = True";
    SqlConnection MyConnection = new SqlConnection();
```

```
        MyConnection.ConnectionString = ConnectString;

        MyConnection.Open();

        SqlCommand cmd = new SqlCommand("UpdateStuInfo", MyConnection);

        cmd.CommandType = CommandType.StoredProcedure;

        SqlParameter UpdatePara = new SqlParameter("@StuName","张三");

        cmd.Parameters.Add(UpdatePara);

        UpdatePara = new SqlParameter("@StuAge", 22);

        cmd.Parameters.Add(UpdatePara);

        UpdatePara = new SqlParameter("@StuNo", "20140709123");

        cmd.Parameters.Add(UpdatePara);

        cmd.ExecuteNonQuery();

}

catch (Exception e)

{

        MessageBox.Show("调用数据库存储过程失败，原因是：" + e.Message);

}
```

(1) 建立数据库连接；

(2) 创建 SqlCommand 对象，指定调用的存储过程的名称"UpdateStuInfo"；

(3) 指定 SqlCommand 对象是调用存储过程；

(4) 创建调用存储过程的参数，指定参数名称和数值，并加入到参数集中；

(5) 执行 SqlCommand 对象，完成对存储过程的调用。

经过上述步骤之后，我们可以在数据库中查看到学号为"20140709123"的学生的姓名和年龄被修改为上述代码中的"张三"和"22"。

2) 数据删除

删除数据的存储过程、调用过程与数据更新基本相同。首先看到的是删除数据的存储过程的 SQL 语句，如下所示：

```
CREATE PROCEDURE DeleteStuInfo

        @StuNo varchar(50)

AS

BEGIN

        SET NOCOUNT ON;

        Delete From StuInfo where StuNo = @StuNo;

END

GO
```

在上述的存储过程中，我们只需要给出学生学号这一主键值，就可以完成对学生信息的删除功能。

调用存储过程的代码如下：

```
try
```

```
{
    //数据库连接字符串
    string ConnectString = "Data Source = (local); Initial Catalog = MyDataBase;
                        Integrated Security = True";
    SqlConnection MyConnection = new SqlConnection();
    MyConnection.ConnectionString = ConnectString;
    MyConnection.Open();
    SqlCommand cmd = new SqlCommand("DeleteStuInfo", MyConnection);
    cmd.CommandType = CommandType.StoredProcedure;
    SqlParameter DeletePara = new SqlParameter("@StuNo", "20140709123");
    cmd.Parameters.Add(DeletePara);
    cmd.ExecuteNonQuery();
}
catch (Exception e)
{
    MessageBox.Show("调用数据库存储过程失败，原因是：" + e.Message);
}
```

在代码中，我们只添加了一个名为 StuNo 的参数，赋值"20140709123"，这样就完成了对删除存储数据的存储过程"DeleteStuInfo"的调用。

2．调用使用输出参数的存储过程

前面的两个存储过程的执行过程中都需要由用户指定姓名、年龄、学号等信息，也就是这两个存储过程的参数都为输入参数，多应用于数据更新和删除的情况下。对于数据库表的操作中，还有一类就是插入操作。在执行插入操作时，因为每个数据表都有主键，而这一主键值往往是在数据增加时由数据库产生获得，所以该主键值比较多的情况下是属于输出型的参数。参照如下代码：

```sql
CREATE PROCEDURE AddStudent
    @StuNO varchar(50) output,
    @StuName varchar(50) =",
    @StuAge int = 20
AS
BEGIN
    SET NOCOUNT ON;
    select @StuNO = CONVERT(VARCHAR(24),GETDATE(),112)
        +cast(datepart(HOUR,GETDATE()) as varchar(2))
        +cast(datepart(MINUTE,GETDATE()) as varchar(2))
        +cast(datepart(SECOND,GETDATE()) as varchar(2));
    Insert Into StuInfo(StuName,StuNo,Age) values(@StuName,@StuNO,@StuAge);
```

```
END

GO
```

StuInfo 表中的主键是 StuNo，也就是数据库中学生的学号是唯一的。我们就以增加到数据库时的系统时间并按照"yyyyMMddHHmmss"的格式来自动生成学生学号，然后将数据插入到 StuInfo 表中。

使用 C# 调用该存储过程的代码如下：

```
try
{
        //数据库连接字符串
        string ConnectString = "Data Source = (local); Initial Catalog = MyDataBase;
                                Integrated Security = True";
        SqlConnection MyConnection = new SqlConnection();
        MyConnection.ConnectionString = ConnectString;
        MyConnection.Open();
        SqlCommand cmd = new SqlCommand("AddStudent", MyConnection);
        cmd.CommandType = CommandType.StoredProcedure;
        SqlParameter AddPara = new SqlParameter("@StuName", "新学生姓名");
        cmd.Parameters.Add(AddPara);
        AddPara = new SqlParameter("@StuAge", 22);
        cmd.Parameters.Add(AddPara);
        AddPara = new SqlParameter();
        AddPara.ParameterName = "@StuNo";
        AddPara.Size = 50;
        AddPara.Value = "";
        AddPara.Direction = ParameterDirection.Output;
        cmd.Parameters.Add(AddPara);
        cmd.ExecuteNonQuery();
        string NewStuNo = (string)cmd.Parameters["@StuNo"].Value;
        MessageBox.Show("学生的学号为：" + NewStuNo);
        MyConnection.Close();
}
catch (Exception e)
{
        MessageBox.Show("调用数据库存储过程失败，原因是：" + e.Message);
}
```

在上述代码中，我们要特别注意参数"@StuNo"。我们将属性 Direction 赋值为 Output，而前面的其他参数我们并未设置属性值，而是使用默认值 input。另外，我们还设置了一个参数的 Size 属性。大家可以试试看，如果注释掉该行会出现什么样的情况。

前面我们看到的是，利用输出参数的形式将存储过程内部的值返回给程序进行使用，其实在 SQL Server 2008 的存储过程中，还有一个返回值，该返回值与函数的返回值相似，我们在程序里面也可以获得该数值。

首先在存储过程内部，我们可以使用 return 语句返回一个整型数据，表示存储过程的执行状态。我们将删除学生信息的存储过程修改如下：

```
ALTER PROCEDURE [dbo].[DeleteStuInfo]
    @StuNo varchar(50)
AS
BEGIN
    SET NOCOUNT ON;
    Delete From StuInfo where StuNo = @StuNo;
    Return   1;
END
```

存储过程 DeleteStuInfo 就有一个返回值为 "1"，我们可以将这个存储过程写得更为复杂一些。比如，先判断输入的 @StuNo 在数据集中是否存在，如果不存在，则返回-1，如果存在，则执行删除命令，再返回数值 1。通过返回值，我们的调用者就可以清楚地知道删除学生信息这个存储过程执行的结果究竟是删除了学生信息，还是本来就不存在这条学生信息记录。

应用程序又是怎么获得这个返回值的呢？其实，它的获得方法与前面的输出参数类似，只需要将参数的 Direction 属性设置为 "ReturnValue" 即可。

```
SqlParameter    DeletePara = new SqlParameter();
DeletePara.ParameterName = "@Return Value";
DeletePara.Direction = ParameterDirection.ReturnValue;
cmd.Parameters.Add(DeletePara);

...

int Ret = (int)cmd.Parameters["@Return Value"].Value;
```

上述代码中，前半部分是加入一个 Return Value 参数，并指明其名称和 Direction 属性；后半部分则是执行完存储过程之后，获得这个返回值，并赋值给变量 "Ret"。

3．调用返回自定义数据集的存储过程

常用的数据操作形式包括增加、删除、修改以及查询，经过前面对存储过程的调用方法的学习，我们已经掌握了前三种数据操作，那么对于查询数据该怎么处理呢？也就是在存储过程中，使用 Select 语句可以查询一张表的内容，也可以是一个视图的内容，还可以是我们自己人为地自定义的数据形式。查询得到的结果可能是单一的一条数据，也可能是包含多条数据的集合。

下面我们通过一个例子来学习怎样调用返回自定义数据集的存储过程。

7.6.4 存储过程使用案例

创建一个新的项目，通过调用存储过程获得学生的基本信息。具体步骤如下：

(1) 创建新项目，命名为 CallProcedure。

(2) 添加查询按钮、学生学号输入框、学生姓名显示框、年龄显示框，如图 7-29 所示。

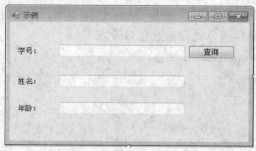

图 7-29　程序界面

(3) 添加查询函数，代码如下：

```csharp
private void ucQuery()
{
    try
    {
        this.textBoxStuAge.Text = "";
        this.textBoxStuName.Text = "";
        string ConnectString = "Data Source = (local); Initial Catalog = MyDataBase;
                        Integrated Security = True";
        SqlConnection MyConnection = new SqlConnection();
        MyConnection.ConnectionString = ConnectString;
        MyConnection.Open();
        SqlCommand cmd = new SqlCommand("QueryStuInfo", MyConnection);
        cmd.CommandType = CommandType.StoredProcedure;
        SqlParameter QueryPara = new SqlParameter("@StuNo",this.textBoxStuNo.Text);
        cmd.Parameters.Add(QueryPara);
        SqlDataReader DataReader = cmd.ExecuteReader();
        while (DataReader.Read())
        {
            this.textBoxStuName.Text = DataReader[1].ToString();
            this.textBoxStuAge.Text = DataReader[2].ToString();
        }
        MyConnection.Close();
    }
    catch (Exception e)
    {
        MessageBox.Show("查询学生信息时发生错误："+e.Message);
    }
}
```

注意：上述代码中的 SqlCommand 对象的执行方式是使用的 ExecuteReader，而不是前面经常用到的 ExecuteNonQuery。获得的数据集可能是一条数据也可能是多条数据，根据实际数据情况有所不同，程序中就显示的是最后一条数据记录。

(4) 编译运行。编译通过后，运行程序，输入指定的学号，即可显示该学生的姓名和年龄。

 习题 7

1. 创建一个数据库，数据库中包含一个 student 的数据表，要求表中包含"编号"、"姓名"、"性别"、"年龄"、"年级"、"学院"、"学校"等字段，使用编写代码的方法在 DataGridView 中显示该数据表中年龄大于 18 且小于 25 的所有记录，显示时以编号的升序排列。

2. 基于上述表格，试使用 Connection、DataReader 和 Command 对象创建一个数据库应用程序，通过四个按钮："第一条"、"下一条"、"上一条"和"最后一条"来浏览数据表中的所有记录。

第8章 多线程和并行程序设计

在计算机编程中，一个基本的概念就是同时对多个任务加以控制。许多程序设计问题都要求程序能够停下正在进行的工作，改为处理其他一些问题，再返回完成原来的工作。多线程编程就是将程序任务分成几个并行的子任务，各自独立地并发执行，以此提高程序的性能和效率。C#提供了丰富的多线程和并行程序设计方法，本章将详细介绍这些方法。

8.1 线　　程

8.1.1 基本概念

在认识"线程"之前，首先需要了解"进程"。通俗地讲，计算机上执行的每个应用程序都对应有一个进程，进程是一个运行应用程序的操作系统单元(操作系统相关课程或书籍中有详细描述)。当一个应用程序需要在同一时刻并发执行多个任务时(如向显示器输出影像的同时播放声音)，就要求进程能够并行处理多任务，这时就需要使用比进程更小的单元，即"线程"，每个线程将被分配去执行某个任务，一个进程可以拥有多个线程，并且至少拥有一个线程(通常将这个线程叫做"主线程")，一个线程可以创建另一个线程(通常这个被其他线程创建的线程叫做"子线程")。图 8-1 显示了进程和线程的关系、主线程和子线程的关系。

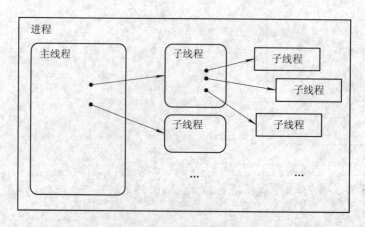

图 8-1 子线程和主线程的关系

8.1.2 基本操作

C# 提供的 System.Threading 命名空间用于线程操作。在介绍 C# 线程基本操作之前，请读者首先阅读下面的程序代码，对线程操作有个基本认识。该示例代码实现的从主线程 (Main()函数执行的线程)中创建并启动一个子线程用于并行执行 doSomthing()函数。代码行 "Thread t = new Thread(new ThreadStart(doSomthing))" 用于创建子线程，并指定在子线程中执行函数 doSomthing()，代码行 "t.Start()" 用于启动线程。

```csharp
using System;
using System.Threading;

namespace C01_Thread
{
    class Program
    {
        static void Main(string[] args)
        {
            Thread t = new Thread(new ThreadStart(doSomthing));
            t.Start();

            while (true)
            {
                Console.Write("No");
            }
        }

        static void doSomthing()
        {
            while (true)
            {
                Console.Write("Yes");
            }
        }
    }
}
```

上述代码的运行逻辑是从主线程中创建并启动子线程后，主线程不停地输出 "No"，与此同时，已经启动的子线程执行 doSomthing()函数不停地输出 "Yes"，从而形成了并行程序。主线程和子线程各自独立运行而互不影响，因此，上述代码运行后，输出的 Yes 和 No 的序列是不确定的，如图 8-2 所示。

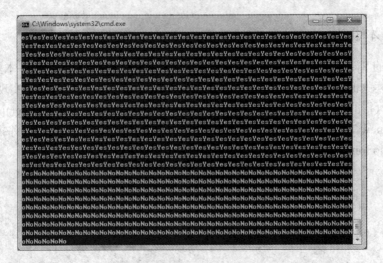

图 8-2　主线程和子线程相互独立运行

1. 创建和启动线程

可以用 Thread 类的构造函数创建线程，传递一个 ThreadStart 的代理作为参数，这个代理指向将要执行的函数，以下是这个代理的定义：

```
public delegate void ThreadStart();
```

执行 Start()函数，线程即开始运行，在函数结束后线程会返回。下面是创建 ThreadStart 的 C#语法：

```csharp
class Program
{
    static void Main(string[] args)
    {
        Thread t = new Thread(new ThreadStart(doSomthing));
        t.Start();
    }
    static void doSomthing()
    {
        Console.Write("大家好!");
    }
}
```

也可以用以下方式创建线程，C#会自动创建一个 ThreadStart 的代理。

```csharp
class Program
{
    static void Main(string[] args)
    {
        Thread t = new Thread(doSomthing);
        t.Start();
```

```
    }
    static void doSomthing()
    {
        Console.Write("大家好!");
    }
}
```

此外，还有一种更为简单的语法供读者参考，即使用匿名函数，如下所示：

```
class Program
{
    static void Main(string[] args)
    {
        Thread t = new Thread(delegate() { Console.Write("大家好!"); });
        t.Start();
    }
}
```

2. 给线程传递参数

创建线程的同时可以向线程执行的函数传递参数，C#提供了多种方式用于参数传递。以下方式只能传递一个参数给线程中执行的函数：

```
class Program
{
    static void Main(string[] args)
    {
        Thread t = new Thread(SaySomthing);
        t.Start("子线程");
        SaySomthing("主线程");
    }
    static void SaySomthing(object text)
    {
        String s = (String)text;
        Console.WriteLine(s);
    }
}
```

运行后输出的结果如图 8-3 所示。

图 8-3　给线程传递一个参数的运行结果

如果希望向线程执行函数传递多个参数，可以使用匿名函数的方式：

```
class Program
{
    static void Main(string[] args)
    {
        Thread t = new Thread(delegate() { SaySomthing("子线程", "早上好"); });
        t.Start();
        SaySomthing("主线程","晚上好");
    }
    static void SaySomthing(String text1,String text2 )
    {
        Console.WriteLine(text1+","+text2);
    }
}
```

运行后输出的结果如图 8-4 所示。

图 8-4　给线程传递多个参数的运行结果

3．等待子线程返回

主线程创建并启动子线程之后，主线程将和子线程并行执行，主线程中的后续代码将继续执行，无需等待子线程的返回。例如，运行以下代码：

```
class Program
{
    static void Main(string[] args)
    {
        Thread t = new Thread(delegate() { Thread.Sleep(10000); SaySomthing("子线程", "早上好"); });
        t.Start();
        SaySomthing("主线程","晚上好");
        Console.WriteLine("主线程最后一行代码");
    }

    static void SaySomthing(String text1,String text2 )
    {
        Console.WriteLine(text1+","+text2);
    }
}
```

运行后输出的结果如图 8-5 所示。

图 8-5　主线程和子线程并行运行

　　主线程创建并启动子线程后输出了"主线程，晚上好"和"主线程最后一行代码"。由于子线程的执行函数中通过 Thread.Sleep(10000)强制延迟 10 s，因此，在主线程执行完最后一行代码后，子线程仍在执行过程中，待 10 s 延迟到达后子线程输出了"子线程，早上好"。

　　某些场景下，主线程需要等待子线程执行返回后再继续执行主线程的代码，此时，就需要使用 Thread.Join()，例如，对上述代码进行局部修改，增加一行等待子线程返回的代码，将得到不一样的输出结果：

```
class Program
{
    static void Main(string[] args)
    {
        Thread t = new Thread(delegate() { Thread.Sleep(10000); SaySomthing("子线程", "早上好"); });
        t.Start();
        SaySomthing("主线程","晚上好");
        t.Join();
        Console.WriteLine("主线程最后一行代码");
    }

    static void SaySomthing(String text1,String text2 )
    {
        Console.WriteLine(text1+","+text2);
    }
}
```

　　在主线程最后一行代码之前插入 t.Join()，将使得主线程执行到此处时等待子线程 t 执行完成，主线程再继续执行后续代码，因此，输出结果如图 8-6 所示。

图 8-6　主线程等待子线程

4. 前台线程和后台线程

　　C#能区分两种不同类型的线程：前台线程和后台线程。这两者的区别就是：应用程序必须运行完所有的前台线程才可以退出；而对于后台线程，应用程序则可以不考虑其是否已经运行完毕而直接退出，所有的后台线程在应用程序退出时都会自动结束。

　　使用 Thread 建立的线程默认情况下是前台线程，即线程属性 IsBackground = false，在进程中，只要有一个前台线程未退出，进程就不会终止。主线程就是一个前台线程。

　　后台线程不管线程是否结束，只要所有的前台线程都退出(包括正常退出和异常退出)，进程就会自动终止。一般后台线程用于处理时间较短的任务，如在一个 Web 服务器中可以利用后台线程来处理客户端发过来的请求信息。前台线程一般用于处理需要长时间等待的任务，如在 Web 服务器中的监听客户端请求的程序，或是定时对某些系统资源进行扫描的程序。

为了直观地说明前台线程和后台线程的关系，对下面的代码进行局部修改，即可得到不一样的输出结果：

```
class Program
{
    static void Main(string[] args)
    {
        Thread t = new Thread(delegate() { Thread.Sleep(10000); SaySomthing("子线程", "早上好"); });
        t.Start();
        SaySomthing("主线程","晚上好");
        Console.WriteLine("主线程最后一行代码");
    }

    static void SaySomthing(String text1,String text2 )
    {
        Console.WriteLine(text1+","+text2);
    }
}
```

上述代码中，子线程 t 默认是前台线程，因此，即使主线程执行完最后一行代码时子线程还没执行完成，应用程序也不会结束。这样，子线程 t 就能够完全执行完毕并做屏幕输出，即将得到如下运行结果，如图 8-7 所示。

图 8-7　前台线程和后台线程运行结果

对上述代码稍加修改，通过 t.IsBackground = true 将子线程 t 设置为后台线程，修改后的代码如下：

```
class Program
{
    static void Main(string[] args)
    {
        Thread t = new Thread(delegate() { Thread.Sleep(10000); SaySomthing("子线程", "早上好"); });
        t.IsBackground = true;
        t.Start();
        SaySomthing("主线程","晚上好");
```

```
            Console.WriteLine("主线程最后一行代码");
        }

        static void SaySomthing(String text1,String text2 )
        {
            Console.WriteLine(text1+","+text2);
        }
    }
```

当主线程执行完最后一行代码后，由于应用程序的所有前台线程都已经执行完成，应用程序将直接退出，而不会等待后台线程 t 的返回，即后台线程 t 被应用程序直接结束，因此，输出结果中将没有子线程 t 的输出，如图 8-8 所示。

图 8-8　不显示后台进程的运行结果

8.1.3　案例 8-1　多线程并行输入

为了加强读者对 C# 线程的理解，提供一个完整的案例，该案例设置了一个长度为 20 的整数型数组，要求由 4 个线程并行的写入数组元素，即每个线程负责 5 个数组元素。规则是第 1 个线程负责向 0～4 数组元素写入数值 1，且写入间隔时间为 1 秒；第 2 个线程负责向 5～9 数组元素写入数值 2，且写入间隔时间为 2 秒；第 3 个线程负责向 10～14 数组元素写入数值 3，且写入间隔时间为 3 秒；第 4 个线程负责向 15～19 数组元素写入数值 4，且写入间隔时间为 4 秒。为了展示这 4 个线程以不同的频率并行写入数组，单独创建一个监视线程，该监视线程按照 1 秒的时间间隔显示输出数组的全部元素，如图 8-9 所示。

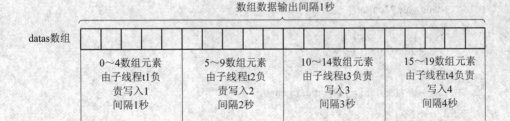

图 8-9　多线程并行输入原理

完整代码如下：
```
using System;
using System.Threading;

namespace C04_CaseStudy
{
    class Program
```

```csharp
    {
        static int[] datas = new int[20];
        static void Main(string[] args)
        {
            Thread t1 = new Thread(delegate() { Writer(1, 0, 4); });
            Thread t2 = new Thread(delegate() { Writer(2, 5, 9); });
            Thread t3 = new Thread(delegate() { Writer(3, 10, 14); });
            Thread t4 = new Thread(delegate() { Writer(4, 15, 19); });
            Thread t_monitor = new Thread(Monitor);

            t1.Start();
            t2.Start();
            t3.Start();
            t4.Start();
            t_monitor.Start();
        }

        static void Writer(int number,int startIndex,int endIndex)
        {
            for (int i = startIndex; i <= endIndex; i++)
            {
                datas[i] = number;
                Thread.Sleep(number * 1000);
            }
        }

        static void Monitor()
        {
            while (true)
            {
                for (int i = 0; i < datas.Length; i++)
                {
                    Console.Write(datas[i].ToString() + ",");
                }
                Console.WriteLine();
                Thread.Sleep(1000);
            }
        }
    }
}
```

案例代码的运行结果如图 8-10 所示，可以清楚地看到 4 个并行执行的线程写入数组的情况。

```
C:\Windows\system32\cmd.exe
1,0,0,0,0,2,0,0,0,0,3,0,0,0,0,4,0,0,0,0,
1,1,0,0,0,2,0,0,0,0,3,0,0,0,0,4,0,0,0,0,
1,1,1,0,0,2,2,0,0,0,3,0,0,0,0,4,0,0,0,0,
1,1,1,1,0,2,2,0,0,0,3,0,0,0,0,4,0,0,0,0,
1,1,1,1,1,2,2,2,0,0,3,3,0,0,0,4,4,0,0,0,
1,1,1,1,1,2,2,2,0,0,3,3,0,0,0,4,4,0,0,0,
1,1,1,1,1,2,2,2,2,0,3,3,0,0,0,4,4,0,0,0,
1,1,1,1,1,2,2,2,2,0,3,3,3,0,0,4,4,0,0,0,
1,1,1,1,1,2,2,2,2,2,3,3,3,0,0,4,4,4,0,0,
1,1,1,1,1,2,2,2,2,2,3,3,3,3,0,4,4,4,0,0,
1,1,1,1,1,2,2,2,2,2,3,3,3,3,0,4,4,4,0,0,
1,1,1,1,1,2,2,2,2,2,3,3,3,3,3,4,4,4,0,0,
1,1,1,1,1,2,2,2,2,2,3,3,3,3,3,4,4,4,4,0,
1,1,1,1,1,2,2,2,2,2,3,3,3,3,3,4,4,4,4,0,
1,1,1,1,1,2,2,2,2,2,3,3,3,3,3,4,4,4,4,4,
1,1,1,1,1,2,2,2,2,2,3,3,3,3,3,4,4,4,4,4,
1,1,1,1,1,2,2,2,2,2,3,3,3,3,3,4,4,4,4,4,
1,1,1,1,1,2,2,2,2,2,3,3,3,3,3,4,4,4,4,4,
```

图 8-10　4 个线程并行写入数组

8.2　BackgroundWorker 类

　　在 Windows 应用程序中，有时要执行耗时的操作，在该操作未完成之前操作用户界面，会导致用户界面停止响应。解决的方法就是新开一个线程，将耗时的操作放到线程中执行，这样就可以在用户界面上进行其他操作。

　　C#在 System.ComponentModel 命名空间下提供了 BackgroundWorker 类，用于执行那些需要异步调用的耗时操作，该类通常被应用在 Windows 应用程序中。在 VS 中开发 Windows 应用程序时，工具箱里看到的 BackgroundWorker 组件就是这个类。

　　接下来，首先对 BackgroundWorker 类的基本方法、属性和事件进行说明，然后给出一个示例供读者学习。

1．BackgroundWorker 的常用方法

　　(1) RunWorkerAsync：开始执行后台操作，引发 DoWork 事件。

　　(2) CancelAsync：请求取消挂起的后台操作。注意：这个方法是将 CancellationPending 属性设置为 true，并不会终止后台操作。在后台操作中检查 CancellationPending 属性，决定是否要继续执行耗时的操作。

　　(3) ReportProgress：引发 ProgressChanged 事件。

2．BackgroundWorker 的常用属性

(1) CancellationPending：指示应用程序是否已请求取消后台操作，只读属性，默认为 false，当执行了 CancelAsync 方法后，值为 true。

(2) WorkerSupportsCancellation：指示是否支持异步取消。要执行 CancelAsync 方法，需要先设置该属性为 true。

(3) WorkerReportsProgress：指示是否能报告进度。要执行 ReportProgress 方法，需要先设置该属性为 true。

3．BackgroundWorker 的常用事件

(1) DoWork：调用 RunWorkerAsync 方法时发生。

(2) RunWorkerCompleted：后台操作已完成、被取消或引发异常时发生。

(3) ProgressChanged：调用 ReportProgress 方法时发生。

最后提供一个示例，说明 BackgroundWorker 的使用方法，由于是 Windows 应用程序，此处不再提供完整的代码，只显示关键代码段。为了实现示例演示效果，需要制作的 Windows 应用程序窗体的操作也不再赘述，读者可以参阅本书其他相关章节内容。

该示例在一个 Windows 窗体上放置了一个 Button，用于启动 BackgroundWorker 异步调用，放置了一个 ProgressBar 和 Label 用于显示 BackgroundWorker 异步调用报告的进度百分比，示例程序首先在 Button 的点击事件中启动 BackgroundWorker 的异步调用：

```
private void button1_Click(object sender, EventArgs e)
{
    backgroundWorker1.RunWorkerAsync();
}
```

代码行 backgroundWorker1.RunWorkerAsync()将触发 DoWork 事件，该事件的定义如下代码段所示：

```
private void backgroundWorker1_DoWork(object sender, DoWorkEventArgs e)
{
    BackgroundWorker bw = (BackgroundWorker)sender;
    for(int i = 0; i < 11; i++)
    {
        Thread.Sleep(1000);
        bw.ReportProgress(i*10);
    }
}
```

代码行 bw.ReportProgress(i*10)将模拟报告异步调用执行的进度(每秒中进度递增 10%)，该代码行将触发 ProcessChanged 事件，该事件的定义如下代码段所示：

```
private void backgroundWorker1_ProgressChanged(object sender, ProgressChangedEventArgs e)
{
    progressBar1.Value = e.ProgressPercentage;
    label1.Text = e.ProgressPercentage.ToString() + "%";
```

```
}
```

在 ProcessChanged 事件中，将 BackgroundWorker 报告的进度数值通过 Windows 窗体上的 ProgressBar 和 Label 空间进行显示输出。

当 DoWork 执行完成后，将触发 RunWorkerCompleted 事件，该事件简单输出信息对话框，代码段如下：

```
private void backgroundWorker1_RunWorkerCompleted(object sender, RunWorkerCompletedEventArgs e)
{
    MessageBox.Show("执行完毕！");
}
```

该示例执行时，Windows 窗体上将动态显示异步调用执行进度的情况，运行画面如图 8-11 所示。

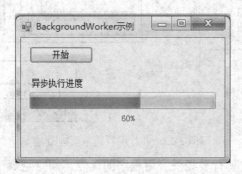

图 8-11 异步调用执行进度

8.3 异 步 编 程

8.3.1 异步编程概述

许多个人计算机和工作站都有两个或四个内核(即 CPU)，使多个线程能够同时执行。在不久的将来，计算机预期会有更多的内核。为了利用当今和未来的硬件，我们可以对代码进行并行化，以将工作分摊在多个处理器上。过去，并行化需要线程和锁的低级操作。从 Visual Studio 2010 和 .NET Framework 4 开始，开发工具就为我们提供了新的运行时、新的类库类型以及新的诊断工具，从而增强了对并行编程的支持。这些功能简化了并行开发，使我们能够通过固有方法编写高效、细化且可伸缩的并行代码，而不必直接处理线程或线程池。图 8-12 从较高层面上概述了 .NET Framework 4 中的并行编程体系结构。

那些同时执行多项任务，但仍能响应用户交互的应用程序通常需要实施一种使用多线程的设计方案。System.Threading 命名空间提供了创建高性能多线程应用程序所必需的所有工具(见 8.1 小结介绍)，但要有效地使用这些工具，则需要有丰富的使用多线程软件工程的经验。对于相对简单的多线程应用程序，BackgroundWorker 组件提供了一个简单的解决方案(见 8.2 小结介绍)。对于更复杂的异步应用程序，可以考虑实现一个符合基于事件的异步模式的类。

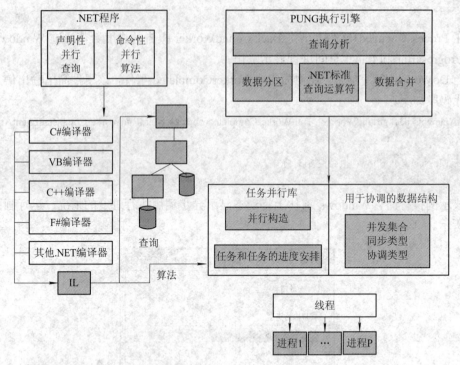

图 8-12　并行编程体系架构图

基于事件的异步模式具有多线程应用程序的优点，同时隐藏了多线程设计中固有的许多复杂问题。使用支持此模式的类将能够：

(1) "在后台"执行耗时任务(例如下载和数据库操作)，但不会中断应用程序；

(2) 同时执行多个操作，每个操作完成时都会接到通知；

(3) 等待资源变得可用，但不会停止("挂起")应用程序；

(4) 使用熟悉的事件和委托模型与挂起的异步操作通信。

用一个简单的情形来说明为什么需要异步编程。假定有一个图形界面程序，后台如果要连接数据库查询或写入海量数据或者进行 I/O 操作，界面会"假死"。之所以发生这种情况，是因为这些处理都在 UI 线程中，这些操作占用 UI 线程时，任何拖动 UI、点击按钮等操作都得不到及时响应。解决的方法是将这些需要长时间的操作放入一个新的线程异步操作，把 UI 线程解放出来。其他的应用比如海量数据计算，服务器响应客户端请求等，也都需要异步编程。

8.3.2　基于委托的异步编程模式

异步编程的基础是委托与多线程，基于委托的异步编程，BeginInvoke 是实现异步调用的核心。.NET Framework 允许异步调用任何方法。为此，应定义与要调用的方法具有相同签名的委托；公共语言运行时会自动使用适当的签名为该委托定义 BeginInvoke 和 EndInvoke 方法。

BeginInvoke 方法启动异步调用。该方法与需要异步执行的方法具有相同的参数，还有另外两个可选参数。第一个参数是一个 AsyncCallback 委托，该委托引用在异步调用完成时要调用的方法。第二个参数是一个用户定义的对象，该对象将信息传递到回调方法。BeginInvoke 立即返回，不等待异步调用完成。BeginInvoke 返回一个 IAsyncResult，后者可用于监视异步调用的进度。EndInvoke 方法检索异步调用的结果。在调用 BeginInvoke 之后随时可以调用该方法。如果异步调用尚未完成，则 EndInvoke 会一直阻止调用线程，直到异步调用完成。EndInvoke 参数包括需要异步执行方法中的 out 和 ref 参数(在 VisualBasic 中为 ByRef 和 ByRef)以及由 BeginInvoke 返回的 IAsyncResult。

有四种使用 BeginInvoke 和 EndInvoke 进行异步调用的常用方法。当调用了 BeginInvoke 后，可以有：

(1) 进行某些操作，然后调用 EndInvoke 一直阻塞到调用完成。

(2) 使 IAsyncResult.AsyncWaitHandle 获取 WaitHandle，使用它的 WaitOne 方法将执行一直阻塞到发出 WaitHandle 信号，然后调用 EndInvoke。这里主要是主程序等待异步方法，等待异步方法的结果。

(3) 轮询由 BeginInvoke 返回的 IAsyncResult，IAsyncResult.IsCompeted 确定异步调用何时完成，然后调用 EndInvoke。

(4) 将用于回调方法的委托传递给 BeginInvoke。该方法在异步调用完成后在 ThreadPool 线程上执行，它可以调用 EndInvoke。这是在强制装换回调函数里面 IAsyncResult.AsyncState(BeginInvoke 方法的最后一个参数)成委托，然后用委托执行 EndInvoke。

需要注意的是，必须保证始终在异步调用完成后调用 EndInvoke。从实际使用效果看来，只有第四种使用回调函数的方法才能够真正意义上不阻塞，前三种方法都容易阻塞主线程，从而导致主程序界面"假死"的情况。

由于篇幅的原因，下面仅通过一个简单的示例说明上述异步编程方法，更详细的介绍可以参考 MSDN 相关章节(https://msdn.microsoft.com/zh-cn/library/2e08f6yc(v = vs.110).aspx)。该示例首先定义了一个需要被异步调用的方法："static string MethodName(int Num, out int Num2)"，为了实现异步调用，需要定义一个与该方法同名的委托 "private delegate string DelegateName(int Num, out int Num2)"，为了能够接收并处理异步调用方法执行后的返回数据，还需要定义一个回调函数 "static void CallBackMethod (IAsyncResult ar)"，上述方法定义完成后，即可在主线程中开始异步调用了，首先通过代码行 "DelegateName dn = new DelegateName(MethodName)" 实例化定义的委托，使用定义的回调函数实例化回调方法 "AsyncCallback acb = new AsyncCallback(CallBackMethod)"，完成上述实例化后，就可以使用代码行 "IAsyncResult iar = dn.BeginInvoke(1, out i, acb, dn)" 开始异步调用了。

```
using System;
using System.Threading;

namespace C05_CaseStudy
{
    class Program
    {
        static void Main(string[] args)
```

```
        {
                //实例化委托
                DelegateName dn = new DelegateName(MethodName);
                int i;
                //实例化回调方法
                AsyncCallback acb = new AsyncCallback(CallBackMethod);
                //异步调用开始
                IAsyncResult iar = dn.BeginInvoke(1, out i, acb, dn);

                while (true)
                {
                        Thread.Sleep(1000);
                        Console.WriteLine("主线程在工作......");
                }
        }
        //定义需要异步调用的方法
        static string MethodName(int Num, out int Num2)
        {
                Thread.Sleep(5000);
                Num2 = Num;
                return "HelloWorld";
        }
        //异步调用完成时，执行的方法(回调方法)，
        static void CallBackMethod(IAsyncResult ar)
        {
                DelegateName dn = (DelegateName)ar.AsyncState;
                int i;
                string r = dn.EndInvoke(out i, ar);
                Console.WriteLine("异步调用完成：i 的值是"+i.ToString()+",r 的值是"+r);
        }
        //定义与方法同签名的委托
        private delegate string DelegateName(int Num, out int Num2);
    }
}
```

上述代码开始执行后，主线程将开始异步调用 MethodName 方法，之后主线程以 1 秒间隔持续输出"主线程在工作……"的信息，与此同时，异步调用方法 MethodName 在延时 5 秒后执行赋值操作并返回数据，此时已实例化的回调方法 CallBackMethod 被自动调用执行，该回调方法将从 IAsyncResult 中获取异步调用方法的返回数据，并将返回数据格式化输出。

示例代码的运行结果如图 8-13 所示。

图 8-13　异步调用程序运行结果

习题 8

1. 试举例说明异步编程的四种方法。

2. 试将第 5 章中编写的多媒体转码程序修改为支持多任务同时进行的多线程程序，要求能够显示转码进度。

第9章　网络通信程序设计

在互联网技术蓬勃发展的今天，基于网络的程序得到了非常广泛的应用。C#对网络程序提供了强大的支持，包括浏览器/服务器(B/S)模式程序和客户端/服务器(C/S)模式程序。本章将重点介绍 C# 中 C/S 模式程序设计的相关知识。

9.1　网络程序设计基础

网络编程的目的就是指直接或间接地通过网络协议与其他计算机进行通信。网络编程中有两个主要问题：一是如何准确地定位网络上一台或多台主机，另一个就是找到主机后如何可靠、高效地进行数据传输。在 TCP/IP 协议中，IP 层主要负责网络主机的定位，数据传输的路由，由 IP 地址可以唯一确定 Internet 上的一台主机。而 TCP 层则提供面向应用的数据传输机制，这是网络编程的主要对象，一般不需要关心 IP 层是如何处理数据的。

9.1.1　网络的基本概念

要进行网络编程，我们必须掌握以下一些基本概念。

1. IP 地址

IP 地址是指互联网协议地址(Internet Protocol Address，又译为网际协议地址)，是 IP Address 的缩写。IP 地址是 IP 协议提供的一种统一的地址格式，它为互联网上的每一个网络和每一台主机分配一个逻辑地址，以此来屏蔽物理地址的差异。常见的 IP 地址分为 IPv4 与 IPv6 两大类。现有的互联网是在 IPv4 协议的基础上运行的。IPv6 是下一版本的互联网协议，也可以说是下一代互联网的协议，它的提出最初是因为随着互联网的迅速发展，IPv4 定义的有限地址空间将被耗尽，而地址空间的不足必将妨碍互联网的进一步发展。为了扩大地址空间，拟通过 IPv6 以重新定义地址空间。IPv4 采用 32 位地址长度，只有大约 43 亿个地址，互联网地址分配机构(IANA)在 2011 年 2 月份已将其 IPv4 地址空间段的最后两个 "/8" 地址组分配出去。这一事件标志着地区性注册机构(RIR)可用 IPv4 地址空间中 "空闲池" 的终结，而 IPv6 采用 128 位地址长度，几乎可以不受限制地提供地址。下面是两种地址的例子：

IPv4　　192.168.25.5, 61.139.6.69

IPv6　　3FFE：FFFF：7654：FEDA：1245：BA98：3210：4562

2. 域名

域名是由一串用点分隔的名字组成的 Internet 上某一台计算机或者计算机组的名称，用于在数据传输时标识计算机的电子方位(有时也指地理位置，地理上的域名，指代有行政自主权的一个地方区域)。需特别注意，域名与计算机本地的名称是有差别的，如 www.xhu.edu.cn、www.163.com

3．端口号(Port)

端口是逻辑上用于区分服务的端口。TCP/IP 协议中的端口就是逻辑端口，通过不同的逻辑端口来区分不同的服务。一个 IP 地址的端口通过 16bit 进行编号，最多可以有 65536 个端口。端口是通过端口号来标记的，端口号只有整数，范围是 0～65 535。其中 1～1024 为系统保留的端口号，用于浏览网页服务的端口号 80，用于 FTP 服务的端口号 21 等。

4．协议(Protocol)

网络协议为计算机网络中进行数据交换而建立的规则、标准或约定的集合。按照 OSI 模型，它将计算机网络体系结构的通信协议划分为七层，自下而上依次为物理层、数据链路层、网络层、传输层、会话层、表示层、应用层。

- 常见的物理层协议：ATM、GPRS、ISDN 等；
- 网络层协议：IP、ARP、RARP 等；
- 传输层协议：TCP、UDP 等；
- 应用层协议：DHCP、HTTP、FTP、POP3、SMTP 等。

9.1.2　网络协议

1．TCP 协议

TCP(Transfer Control Protocol)是一种面向连接的、可靠的，基于字节流的传输层通信协议。TCP 为了保证报文传输的可靠，给每个包分配一个序号，同时序号也保证了传送到接收端实体的包的按序接收。然后接收端实体对已成功收到的字节发回一个相应的确认(ACK)；如果发送端实体在合理的往返时延(RTT)内未收到确认，那么对应的数据(假设丢失了)将会被重传。

TCP 是传输层协议，使用三次握手协议建立连接。当主动方发出 SYN 连接请求后，等待对方回答 SYN+ACK，并最终对对方的 SYN 执行 ACK 确认。这种建立连接的方法可以防止产生错误的连接。

2．UDP 协议

UDP(User Datagram Protocol)全称是用户数据报协议，在网络中它与 TCP 协议一样用于处理数据包，是一种无连接的协议。UDP 有不提供数据包分组、组装和不能对数据包进行排序的缺点，也就是说，当报文发送之后，是无法得知其是否安全完整到达的。UDP 用来支持那些需要在计算机之间传输数据的网络应用，包括网络视频会议系统在内的众多的客户/服务器模式的网络应用都需要使用 UDP 协议。UDP 协议从问世至今已有多年，虽然其最初的光彩已经被一些类似协议所掩盖，但即使在今天，UDP 仍然不失为一项非常实用和可行的网络传输层协议。UDP 主要用于不要求分组顺序到达的传输中，分组传输顺序的检查与排序由应用层完成，提供面向事务的简单不可靠信息传送服务。

UDP 报文没有可靠性保证、顺序保证和流量控制字段等，可靠性较差。但是正因为 UDP 协议的控制选项较少，在数据传输过程中延迟小、数据传输效率高，因此适合用于可靠性要求不高的应用程序，或者可以保障可靠性的应用程序，如 DNS、TFTP、SNMP 等。

3．两种协议的比较

1）连接时间

使用 UDP 时，每个数据包中都给出了完整的地址信息，因此不需要建立发送方和接收方的连接。使用 TCP 时，由于它是一个面向连接的协议，在 Socket 之间进行数据传输之前必然要建立连接，所以在 TCP 中多了一个连接建立的时间。

2）传输容量

使用 UDP 传输数据时是有大小限制的，每个被传输的数据报必须限定在 64K 之内。而 TCP 没有这方面的限制，一旦连接建立起来，双方的 Socket 就可以按统一的格式传输大量的数据。

3）传输可靠性

UDP 是一个不可靠的协议，发送方所发送的数据报并不一定以相同的次序到达接收方。而 TCP 是一个可靠的协议，它确保接收方完全正确地获取发送方所发送的全部数据。TCP 在网络通信上有极强的生命力，例如远程连接 Telnet 和文件传输 FTP 都需要不定长度的数据被可靠地传输。相比之下，UDP 操作简单，而且仅需要较少的监护，因此通常用于局域网高可靠性的分散系统中的 Client/Server 应用程序。

4）传输效率

TCP 可靠的传输要付出代价，对数据内容正确性的检验必然占用计算机的处理时间和网络的带宽。因此，TCP 传输的效率不如 UDP 高。有许多应用不需要保证严格的传输可靠性，但要求速度，比如视频会议系统，并不要求音视频数据绝对的正确，只要保证连贯性就可以了，这种情况下显然使用 UDP 会更合理一些。

9.1.3　IPAddress 和 IPEndPoint

在 System.Net 命名空间中，有两个专门用于处理各种类型的 IP 地址信息的类型：IPAddress 类和 IPEndPoint 类。

1．IPAddress

IPAddress 类用于表示一个 IP 地址，一般使用 Parse 方法创建 IPAddress 的实例。语法如下：

```
IPAddress IP = IPAddress.Parse("192.168.0.1");
```

IPAddress 类还提供了 4 个只读属性，分别代表程序中使用的特殊 IP 地址。

- Any：代表本地系统可用的任何 IP 地址。
- Broadcast：代表本地网络的 IP 广播地址。
- Loopback：代表系统的会送地址。
- None：代表系统上没有网络接口。

在 System.Net 命名空间中包含一个 Dns 类，可以利用该类的 GetHostName()方法找到本地系统的主机名，然后再用 GetHostByName()找到主机的 IP 地址。

2．IPEndPoint

IPEndPoint 对象用于表示指定的 IP 地址/端口的组合，其构造函数为

public IPEndPoint(IPAddress address, int port);

该类有几个常用的属性：

- Address：得到或者设置 IP 地址。
- AddressFamily：获取网际协议(IP)地址族。
- Port：获取或设置终节点的 TCP 端口号。

9.1.4　套接字

套接字其实就是源 IP 地址和目的 IP 地址以及源端口号和目的端口号的组合。要通过 Internet 进行通信，至少需要一对套接字，其中一个运行于客户端，称之为 ClientSocket，另一个运行于服务器端，称为 ServerSocket。根据连接启动的方式以及本地要连接的目标，套接字之间的连接过程可以分为三个步骤：服务器监听、客户端请求、连接确认。

在 Visual Studio 2012 中的 System.Net.Sockets 命名空间中包含一个 Socket 类，它是最基础的网络编程接口。其构造函数为

public Socket(AddressFamily addressFamily, SocketType socketType, ProtocolType protocolType);

addressFamily 参数指定 Socket 使用的寻址方案，socketType 参数指定 Socket 的类型，protocolType 参数指定 Socket 使用的通信协议。

表 9-1 所示为 AddressFamily 的枚举值，一般我们常用 InterNetwork。

表 9-1　参数 AddressFamily 枚举值

枚举值	数　值	说　　明
Unknown	−1	未知的地址族
Unspecified	0	未指定的地址族
Unix	1	Unix 本地到主机地址
InterNetwork	2	Address for IPv4
ImpLink	3	ARPANET IMP 地址
Pup	4	Address for PUP protocol
Chaos	5	MIT CHAOS 协议的地址
Ipx	6	IPX 或 SPX 地址
Ns	6	Xerox NS 协议的地址
OSI	7	Address for OSI protocols
Iso	7	Address for ISO protocols
Ecma	8	欧洲计算机制造商协会地址
DataKit	9	Datakit 协议的地址
Ccitt	10	CCITT 协议的地址
Sna	11	IBM SNA 地址
DecNet	12	Decnet 地址
DataLink	13	直接数据链接接口地址
Lat	14	LAT address
HyperChannel	15	NSC HyperChannel 地址

续表

枚举值	数 值	说 明
AppleTalk	16	AppleTalk 地址
NetBios	17	NetBios 地址
VoiceView	18	VoiceView 地址
FireFox	19	FireFox 地址
Banyan	21	Banyan 地址
Atm	22	本机 ATM 服务地址
InterNetworkV6	23	Address for IPv6
Cluster	24	Microsoft 群集产品的地址
Ieee12844	25	IEEE1284.4 工作组地址
Irda	26	IrDA 地址
NetworkDesigners	28	支持网络设计器 OSI 网关的协议的地址
Max	29	MAX address

表 9-2 所示为 SocketType 的枚举数值。根据实际需求确定其参数数值。

表 9-2　参数 ScoketType 枚举值

枚举值	数值	说 明
Unknown	-1	指定未知的 Socket 类型
Stream	1	支持可靠、双向、基于连接的字节流，而不重复数据，也不保留边界
Dgram	2	支持数据报，即最大长度固定(通常很小)的无连接不可靠消息，消息可能会丢失或重复并可能在到达时不按顺序排列
Raw	3	支持对基础传输协议的访问
Rdm	4	支持无连接、面向消息、以可看到方式发送的消息，并保留数据中的消息边界。消息会依次到达，不会重复
Seqpacket	5	与单个对方主机进行通信，并且在通信开始前需要建立远程主机连接

表 9-3 所示为 ProtocolType 的参数枚举值。

表 9-3　参数 ProtocolType 枚举值

枚举值	数 值	说 明
Unknown	-1	未知的协议
IPv6HopByHopOptions	0	IPv6 逐跳选项头
Unspecified	0	未指定的协议
IP	0	网际协议
Icmp	1	网际消息控制协议
Igmp	2	网际组管理协议
Ggp	3	网关到网关的协议
IPv4	4	IPv4 协议
Tcp	6	传输控制协议
Pup	12	PARC 通用数据包协议
Udp	17	用户数据报协议

续表

枚举值	数　　值	说　　明
Idp	22	Internet 数据报协议
IPv6	41	Internet 协议版本 6
IPv6RoutingHeader	43	IPv6 路由头
IPv6FragmentHeader	44	IPv6 片段头
IPSecEncapsulatingSecurityPayload	50	IPv6 封装式安全措施负载头
IPSecAuthenticationHeader	51	IPv6 身份验证头
IcmpV6	58	用于 IPv6 的 Internet 控制消息协议
IPv6NoNextHeader	59	IPv6 No Next 头
IPv6DestinationOptions	60	IPv6 目标选项头
ND	77	网络磁盘协议
Raw	255	原始 IP 数据包协议
Ipx	1000	Internet 数据包交换协议
Spx	1256	顺序包交换协议
SpxII	1257	顺序包交换协议第 2 版

对于 Socket 的使用，其主要的方法有：

- void Bind(IPEndPoint localEP)：绑定地址，使 Socket 与一个本地终节点相关联。
- void Connect(IPEndPoint ip)：建立连接。
- void Listen(int backlog)：使套接字处于监听状态，backlog 最多可容纳的连接数。
- int Send(byte[] buffer)：发送数据。
- int SendTo(byte[] buffer, IPEndPoint remoteIP)：向指定的地址发送数据。
- int Receive(byte[] buffer)：接收数据。
- int Receive(byte[] buffer, ref IPEndPoint ip)：从指定的地址接收数据。
- void Shutdown(SocketShutDown how)：关闭套接字，how 指定不在允许执行的操作。
  可取 SocketShutDown 枚举值：Both、Receive、Send。

套接字的用法在后面的章节中我们还会进行更详细的介绍。

9.1.5　网络流

NetworkStream 类提供用于网络访问的基础数据流。它提供了在阻塞模式下通过 Stream 套接字发送和接收数据的方法。要创建 NetWorkStream，必须提供连接的 Socket。也可以指定 NetWorkStream 对所提供的 Socket 具有哪些 FileAccess 权限。默认情况下，关闭 NetworkStream 并不会关闭所提供的 Socket。如果要使 NetworkStream 拥有关闭所提供的 Socket 的权限，则必须将 OwnsSocket 构造函数参数的值指定为 true。

该类的 Write()和 Read()方法用于简单的单线程同步阻塞 I/O。若要使用不同的线程来处理 I/O，则要考虑使用 BeginWrite()/EndWrite()和 BeginRead()/EndRead()方法进行通信。

NetworkStream 不支持对网络数据流的随机访问。CanSeek()属性用于指示流是否支持查找，它的值始终为 false。读取 Position 属性、读取 Length 属性或者调用 Seek()方法都会引起 NotSupportedException。

1. NetworkStream 构造函数

(1) NetworkStream(Socket socket)：为指定的 socket 创建 NetworkStream 实例。

(2) NetworkStream(Socket socket,bool ownsSocket)：用指定的 socket 所属权为指定的 socket 创建 NetworkStream 实例。

(3) NetworkStream(Socket socket,FileAccess access)：用指定的访问权限为指定的 socket 创建 NetworkStream 实例。

(4) NetworkStream(Socket socket,FileAccess access,bool ownsSocket)：用指定的访问权限和指定的 socket 所属权为指定的 socket 创建 NetworkStream 实例。

2. NetworkStream 类的主要属性

表 9-3 列出了 NetworkStream 类的主要属性。

表 9-3　NetworkStream 主要属性

属性名称	是否只读	说　明
CanRead	是	指示是否支持读取
CanSeek	是	指示是否支持查找，目前该属性只是 false
CanWrite	是	指示是否支持写入
CanTimeOut	是	指示超时属性是否可用，目前该属性都是 true
DataAvailable	是	指示是否有可用的数据
Length	是	指示可用数据的长度
Position	否	获取或设置当前的位置，目前该属性不可用
Readable	否	获取或设置是否可以读取
ReadTimeout	否	获取或设置读取操作的超时时间
Writeable	否	获取或设置是否可以写入
WriteTimeout	否	获取或设置写入操作的超时时间
Socket	是	获得基础的 Socket 实例，构造函数中传入的 socket

3. NetworkStream 类的主要方法

表 9-4 列出了 NetworkStream 类的主要方法。

表 9-4　NetworkStream 主要方法

方法名称	返回值	说　明
BeginRead()	IAsyncResult	开始异步读取数据
BeginWrite()	IAsyncResult	开始异步写入数据
Close()	void	关闭 NetworkStream
EndRead()	int	处理异步读取的结束
EndWrite()	void	处理异步写入的结束
Flush()	void	刷新流中的数据
Read()	int	读取数据
Seek()	long	设定流的当前位置，目前不支持
SetLength()	void	设置流的长度，目前不支持
Write()	void	数据写入

9.2　面向连接的套接字编程(TCP)

　　IP 连接领域有两种通信方式：面向连接和无连接的。在面向连接的套接字中，使用 TCP 协议来建立两个 IP 地址端点之间的会话。一旦建立了这种连接，就可以在设备之间可靠地传输数据。在使用套接字通信过程中主动发起通信的一方被称为客户端，接收请求进行通信的一方成为服务端。为了建立面向连接的套接字，客户端和服务端必须分别进行编程。

9.2.1　面向连接的套接字程序基本结构

　　在使用面向连接的套接字时，我们首先必须要知道建立这个连接的过程，也就是我们常说的三次握手的过程，连接建立好之后，再进行数据的传输，数据传输完毕则关闭连接，此时，基于连接的通信则要进行四次挥手过程才能断开整个连接，如图 9-1 所示。

1. 服务端程序的基本结构

　　服务端程序的基本结构包括：创建套接字 Socket()，绑定本地地址及端口 Bind()，开始监听 Listen()，等待客户端请求，接受客户端连接或接受数据 Receive()，关闭套接字 Close()。

2. 客户端程序的基本结构

　　客户端程序的基本结构包括：创建套接字 Socket()，绑定服务器端口与地址 Bind()，建立与服务器连接 Connect()，发送或接收数据 Send()，关闭套接字 Close()。

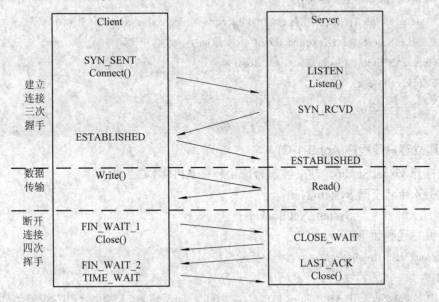

图 9-1　面向连接的套接字通信过程

9.2.2　案例 9-1　简单的 TCP/IP 程序

　　我们通过一个简单的小程序来看看怎样编写一个通过 TCP/IP 通信的程序。

编写一个控制台程序，通过 TCP/IP 通信，向服务器端发送"服务器，你好！"，服务器收到连接后，向客户端返回"连接成功！"，并在收到客户端的问候语之后再返回"客户你好！"。

程序设计步骤如下：

1．建立服务器程序(App9-1-S)

(1) 打开 Visual Studio，建立控制台应用程序 APP9-1-S。

(2) 引入命名空间 System.Net：

System.Net.Sockets;

(3) 编写代码如下：

```
static void Main(string[] args)
{
    IPAddress ip = IPAddress.Parse("127.0.0.1");
    IPEndPoint EndIp = new IPEndPoint(ip, 1024);
    Socket Ssocket = new Socket(AddressFamily.InterNetwork, SocketType.Stream, ProtocolType.Tcp);
    Ssocket.Bind(EndIp);
    Ssocket.Listen(5);
    Socket CSocket = Ssocket.Accept();
    CSocket.Send(System.Text.Encoding.Unicode.GetBytes("连接成功！"));
    byte[] buf = new byte[1024];
    int m = CSocket.Receive(buf);
    System.Console.WriteLine(System.Text.Encoding.Unicode.GetString(buf, 0, m));
    CSocket.Send(System.Text.Encoding.Unicode.GetBytes("客户你好！"));
    CSocket.Shutdown(SocketShutdown.Both);
    CSocket.Close();
    Ssocket.Close();
}
```

2．建立客户端程序(App9-1-C)

(1) 打开 Visual Studio，建立控制台应用程序 APP9-1-C。

(2) 引入命名空间 System.Net：

System.Net.Sockets;

(3) 编写代码如下：

```
static void Main(string[] args)
{
    IPAddress ServerIP = IPAddress.Parse("127.0.0.1"); //此处应为运行服务器程序的计算机 IP
    IPEndPoint EndIP = new IPEndPoint(ServerIP, 1024); //1024 为服务端所打开端口
    Socket CSocket = new Socket(AddressFamily.InterNetwork, SocketType.Stream, ProtocolType.Tcp);
    try
    {
```

```
        CSocket.Connect(EndIP);
        byte[] buf = new byte[1024]; //此 1024 仅表示数组大小，与端口无关
        int m = CSocket.Receive(buf);
        System.Console.WriteLine(System.Text.Encoding.Unicode.GetString(buf, 0, m));
        CSocket.Send(System.Text.Encoding.Unicode.GetBytes("服务器你好！"));
        m = CSocket.Receive(buf);
        System.Console.WriteLine(System.Text.Encoding.Unicode.GetString(buf, 0, m));
    }
    finally
    {
        CSocket.Shutdown(SocketShutdown.Both);
        CSocket.Close();
    }
}
```

首先运行服务端程序，再运行客户端程序，其运行效果如图 9-2 和图 9-3 所示。

```
■  file:///F:/示例/网络/9-1/APP9-1-S/APP9-1-S/bin/Debug/APP9-1-S.EXE
服务器你好！
```

图 9-2　服务端运行效果图

```
■  file:///F:/示例/网络/9-1/APP9-1-C/APP9-1-C/bin/Debug/APP9-1-C.EXE
连接成功！
客户你好！
```

图 9-3　客户端运行效果图

9.2.3　使用 TcpListener 和 TcpClient

在 System.Net.Sockets 命名空间中有两个专门用于 TCP 协议编程的类：TcpClient 和 TcpListener。这两个类提供了直观的、容易使用的属性和方法，从而降低了 TCP 协议编程的难度。

1. TcpListener

TcpListener 类提供一些简单方法，用于在阻塞同步模式下侦听和接收传入连接请求。客户端使用 TcpClient 或 Socket 来连接 TcpListener。可使用 IPEndPoint、本地 IP 地址及端口号或者仅使用端口号来创建 TcpListener。可以将本地 IP 地址指定为 Any，将本地端口号指定为 0(表示希望基础服务提供程序为自己分配这些值)。如果选择这样做，可使用 LocalEndPoint 来标识已指定的信息。

Start()方法用来开始侦听传入的连接请求，Start()将对传入连接进行排队，直至调用 Stop() 方 法 或 它 已 经 完 成 MaxConnections 排 队 为 止 ， 可 使 用 AcceptSocket() 或 AcceptTcpClient()从传入连接请求队列提取连接。这两种方法将造成阻塞。如果要避免阻塞，可首先使用 Pending()方法来确定队列中是否有可用的连接请求。可通过调用 Stop()方法来关闭 TcpListener。

2. TcpClient

TcpClient 类为 TCP 网络服务提供客户端连接。TcpClient 类提供了一些简单的方法，用于在同步阻塞模式下通过网络来连接、发送和接收流数据。

为使 TcpClient 连接并交换数据，使用 TCP 创建的 TcpListener 或 Socket 必须侦听是否有传入的连接请求。可以使用下面两种方法之一连接到该侦听器：

(1) 创建一个 TcpClient，并调用三个可用的 Connect()方法之一。

- void Connect(IPEndPoint ip)：使用指定的远程网络终节点将客户端连接到远程 TCP 主机。
- void Connect(IPAddress ip, int port)：使用指定的 IP 地址和端口号将客户端连接到远程 TCP 主机。
- void Connect(string HostName, int port)：将客户端连接到指定主机上的指定端口。

(2) 使用远程主机的主机名和端口号创建 TcpClient。

- TcpClient(string hostname, int port);　　　　　//构造函数将自动尝试一个连接。

要发送和接收数据，先使用 GetStream()方法来获取一个 NetworkStream，再调用 NetworkStream 的 Write()和 Read()方法与远程主机之间发送和接收数据。最后使用 Close() 方法释放与 TcpClient 关联的所有资源。

9.2.4　案例 9-2　使用 TcpListener 的小程序

使用 TcpListener 和 TcpClient 来完成例 9-1 的小程序。

程序设计步骤如下：

1. 建立服务器程序(App9-2-S)

(1) 打开 Visual Studio，建立控制台应用程序 APP9-2-S。

(2) 引入命名空间 System.Net：

　　System.Net.Sockets;

(3) 编写代码如下：

```
static void Main(string[] args)
{
    TcpListener server = null;
    try
    {
        Int32 port = 13000;                  //设定打开的端口号 13000.
        IPAddress localAddr = IPAddress.Parse("127.0.0.1");
        server = new TcpListener(localAddr, port);
```

```
        server.Start();                                //开始侦听客户端连接请求
        Byte[] bytes = new Byte[256];                          //设定数据缓冲区
        String data = null;
        while (true) //
        {
            Console.Write("等待客户端连接... ");
            TcpClient client = server.AcceptTcpClient();  //接收客户端连接
            Console.WriteLine("客户端已经连接!");
            data = null;
            NetworkStream stream = client.GetStream();  //获得数据流
            int i;
            while ((i = stream.Read(bytes, 0, bytes.Length)) != 0) //循环接收客户端发送数据
            {
                data = System.Text.Encoding.Unicode.GetString(bytes, 0, i);
                Console.WriteLine("接收到的数据：    {0}", data);
                data = "客户端你好！";                    //发送给客户端的数据
                byte[] msg = System.Text.Encoding.Unicode.GetBytes(data);
                stream.Write(msg, 0, msg.Length);        //发送反馈数据
                Console.WriteLine("发送的数据：    {0}", data);
            }
            client.Close();                              //关闭连接
        }
    }
    finally
    {
        server.Stop();                                //服务器停止侦听连接请求
    }
    Console.WriteLine("\n 按回车键继续...");
    Console.Read();
}
```

2. 建立客户端程序(App9-2-C)

(1) 打开 Visual Studio，建立控制台应用程序 APP9-2-C。

(2) 引入命名空间 System.Net：

```
System.Net.Sockets;
```

(3) 编写代码如下：

```
static void Main(string[] args)
{
    try
```

```
    {
        Int32 port = 13000; //连接的端口号
        TcpClient client = new TcpClient("127.0.0.1", port); //服务器端地址和端口
        string message = "服务器你好！"; //发送的数据
        Byte[] data = System.Text.Encoding.Unicode.GetBytes(message); //组织数据
        NetworkStream stream = client.GetStream();
        stream.Write(data, 0, data.Length); //发送数据流
        Console.WriteLine("发送的信息：  {0}", message);
        data = new Byte[256];
        String responseData = String.Empty;
        Int32 bytes = stream.Read(data, 0, data.Length); //读取数据
        responseData = System.Text.Encoding.Unicode.GetString(data, 0, bytes); //组织为文本
        Console.WriteLine("接收到的信息: {0}", responseData);
        stream.Close();
        client.Close(); //关闭连接
    }
    catch (ArgumentNullException e)
    {
        Console.WriteLine("发生异常：  {0}", e);
    }
    catch (SocketException e)
    {
        Console.WriteLine("Socket 异常：  {0}", e);
    }
    Console.WriteLine("\n 按回车键继续...");
    Console.Read();
}
```

首先运行服务端程序，再运行客户端程序，其运行效果如图 9-4 和图 9-5 所示。

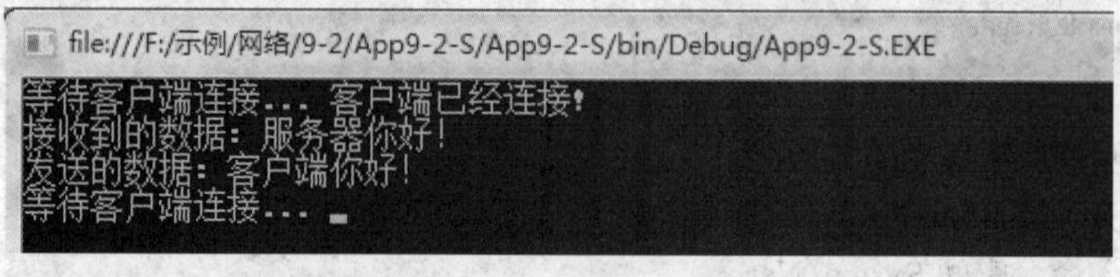

file:///F:/示例/网络/9-2/App9-2-S/App9-2-S/bin/Debug/App9-2-S.EXE

等待客户端连接... 客户端已经连接！
接收到的数据：服务器你好！
发送的数据：客户端你好！
等待客户端连接...

图 9-4 服务端运行效果图

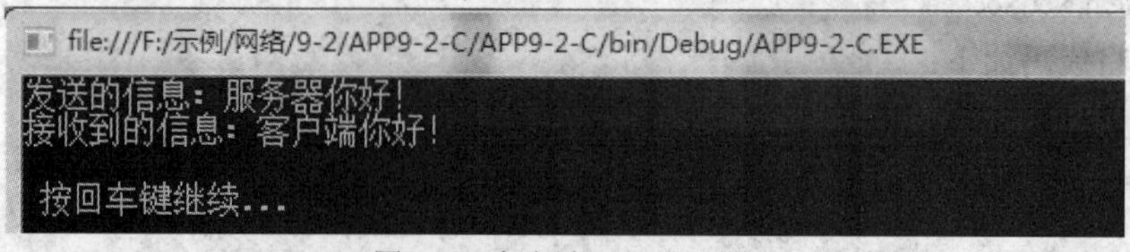

file:///F:/示例/网络/9-2/APP9-2-C/APP9-2-C/bin/Debug/APP9-2-C.EXE

发送的信息：服务器你好！
接收到的信息：客户端你好！

按回车键继续...

图 9-5 客户端运行效果图

提示：案例 9-1 和案例 9-2 使用不同的方法完成了客户端与服务器的通信。大家可以试
　　　试将两个程序的客户端互换，看看有什么效果！
　　　当然，你得先更改客户端的连接端口。

9.3　面向无连接的套接字编程(UDP)

UDP 协议使用无连接的套接字，无连接的套接字不需要在网络设备之间发送连接信息，因此，通信的两端基本上是对等的，很难确定谁是服务器，谁是客户端。不妨把先发送信息的一端看成客户端，先接收数据的一端看成是服务器。

9.3.1　面向无连接的套接字程序基本结构

图 9-6 表明了面向无连接的套接字程序的基本结构。

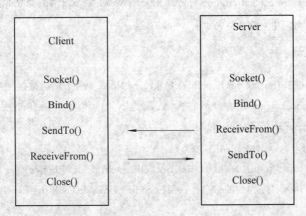

图 9-6　面向无连接的 Socket 通信过程

1. 服务器端程序的结构

(1) 创建 Socket；

(2) 绑定本地地址及端口；

(3) 使用 ReceiveFrom()接收数据；

(4) 使用 SendTo()发送数据；

(5) 关闭 Socket。

2. 客户端程序的结构

(1) 创建 Socket；

(2) 绑定远程地址及端口；

(3) 使用 SendTo()发送数据；

(4) 使用 ReceiveFrom()接收数据；

(5) 关闭 Socket。

9.3.2 与面向连接的套接字的主要区别

使用 UDP 协议进行网络通信,不需要事先建立连接,知道对方的地址即可发送或接收数据。这类程序与面向连接的套接字的主要区别如下:

(1) 建立 Socket 时 指 定 SocketType 为 SocketType.Dgram 、 ProtocolType 为 ProtocolType.UDP 协议。

```
IPAddress ip = IPAddress.Parse("127.0.0.1");

IPEndPoint ipe = new IPEndPoint(ip, 1024);

Socket udpSocket = new Socket(AddressFamily.InterNetwork, SocketType.Dgram, ProtocolType.Udp);
```

(2) 不需要执行 Connect()方法建立连接。直接使用 SentTo()或 ReceiveFrom()发送或接收数据。

以下示例采用了面向无连接的套接字发送和接收数据。

```
IPAddress Remoteip = IPAddress.Parse("127.0.0.1");

IPEndPoint ipe = new IPEndPoint(Remoteip, 1024);

Socket udpSocket = new Socket(AddressFamily.InterNetwork, SocketType.Dgram, ProtocolType.Udp);

byte[] buf = Encoding.Unicode.GetBytes("你好!");

try

{

    udpSocket.SendTo(buf, 0, buf.Length, SocketFlags.None, ipe); //发送数据到指定 IPEndPoint;

    IPEndPoint sender = new IPEndPoint(IPAddress.Any, 0); //创建 IPEndPoint 标识发送信息的主机

    EndPoint Remote = (EndPoint)sender;

    byte[] RevBuf = new byte[1024];

    udpSocket.ReceiveFrom(RevBuf, 0, 100, SocketFlags.None, ref Remote);

    MessageBox.Show("接收到的信息是: "+Encoding.Unicode.GetString(RevBuf));

}

catch (Exception e)

{

    MessageBox.Show("通信异常: "+e.Message);

}
```

9.3.3 使用 UdpClient

编写基于 UDP 协议的无连接程序,还可以使用 UdpClient 类。UdpClient 类提供了一些简单的方法,用于在阻塞同步模式下发送和接收无连接 UDP 数据包。因为 UDP 是无连接传输协议,所以不需要在发送和接收数据前建立远程主机连接。但可以选择使用下面两种方法之一来建立默认远程主机:

(1) 使用远程主机名和端口号作为参数创建 UDPClient 类的实例。

(2) 创建 UdpClient 类的实例,然后调用 Connect()方法。

- void Connect(IPEndPoint ipe): 使用指定的网络终节点建立默认远程主机;

- void Connect(IPAddress ip, int Port)：使用指定的 IP 地址和端口号建立默认的远程主机；
- Void Connect(string hostname, int Port)：使用指定的主机名和端口号建立默认的远程主机。

使用 Send()方法将 UDP 数据报发送到远程主机。使用 Receive()方法可以从远程主机接收数据。

- public int Send(byte[] dgram, int bytes)：将 UDP 数据报发送到远程主机。
- public int Send(byte[] dgram, int bytes, IPEndPoint endPoint)：将 UDP 数据报发送到位于指定远程终结点的主机；
- public int Send(byte[] dgram, int bytes, string hostname, int port)：将 UDP 数据报发送到指定的远程主机上的指定端口。

以下示例演示如何利用 UDPClient 发送和接收数据。

```
UdpClient udpClient = new UdpClient();
try
{
    udpClient.Connect("127.0.0.1", 1024);
    byte[] buf = Encoding.Unicode.GetBytes("你好！");
    udpClient.Send(buf, buf.Length);
    IPEndPoint RemoteIp = new IPEndPoint(IPAddress.Any, 0);
    byte[] ReceiveBuf = udpClient.Receive(ref   RemoteIp);
    string RevString = Encoding.Unicode.GetString(ReceiveBuf);
    Console.WriteLine("接收到的消息：" + RevString + " 发送端地址" + RemoteIp.Address.ToString()
                    + " 端口号：" + RemoteIp.Port.ToString());
    udpClient.Close();
}
catch (Exception ex)
{
    Console.WriteLine("通信异常：" + ex.Message);
}
```

注意：这段代码主要示意 UdpClient 的使用，但该程序运行过程还需大家仔细思考！

9.4　案例 9-3　基于 TcpListener 的聊天程序

设计一个 Windows 窗体应用程序，能够实现一对一聊天。
【程序分析】
(1) 使用 TcpListener 和 TcpClient 对象来实现该程序。

(2) 服务器端建立 TcpListener 对象，侦听客户端的连接请求。

(3) 客户端创建 TcpClient 对象，绑定服务器地址及端口，建立连接。

(4) 通过 NetworkStream 来实现网络通信。

(5) 为了持续一对一的聊天，客户端与服务器端均需建立线程，等待读取数据。

【设计步骤】

1．服务器程序

(1) 创建 Windows 窗体应用程序，命名为 App9-3-S。

(2) 放置两个 Button 和两个 TextBox 控件，其中一个 TextBox 的 MultiLine 设置为 true。调整位置、大小，如图 9-7 所示。

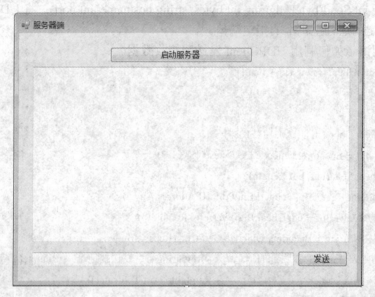

图 9-7　服务器端界面

(3) 引入命名空间：

```
using System.Net.Sockets;
using System.Threading;
using System.Net;
```

(4) 定义全局变量：

```
private TcpClient    client;
private NetworkStream    Msgstream;
private Thread    clientThread;
```

(5) 增加窗体 Load 事件，并编写事件处理程序：

```
private void Form1_Load(object sender, EventArgs e)
{
    this.textBoxSend.Enabled = false; //设置信息发送框和发送按钮为不可用状态
    this.buttonSend.Enabled = false;
}
```

(6) 增加委托，实现线程：

```
delegate void SetTextCallback(string text);
private void SetText(string text)
{this.textBoxAll.AppendText("客户端说:" + text + "\r\n"); }
private void Run()
{
    string msg = string.Empty;
    if (client.Connected)
    {
        while (true)
        {
            try
            {
                byte[] data = new byte[256];
                int byteCount = Msgstream.Read(data, 0, data.Length); //读取数据
                msg = Encoding.Unicode.GetString(data, 0, byteCount);
                this.Invoke(new SetTextCallback(SetText), msg);
            }
            catch
            {
                MessageBox.Show("客户端已经退出！");
                break;
            }
        }
    }
}
```

(7) 增加启动服务器按钮的 Click 事件，并编写代码如下：

```
private void buttonStart_Click(object sender, EventArgs e)
{
    try
    {
        IPAddress locAddr = IPAddress.Parse("127.0.0.1");
        TcpListener server = new TcpListener(locAddr, 2048);
        this.textBoxAll.Text = "服务器已经启动，等待客户连接...\r\n";
        this.buttonStart.Enabled = false;
        server.Start();
        client = server.AcceptTcpClient();
        this.textBoxSend.Enabled = true;
```

```
            this.buttonSend.Enabled = true;
            this.textBoxSend.Focus();
            Msgstream = client.GetStream();
            clientThread = new Thread(new ThreadStart(Run)); //开启线程
            clientThread.Start();
        }
        catch
        {
            MessageBox.Show("启动服务失败！");
        }
    }
```

(8) 增加发送按钮的 Click 事件，并编写代码如下：

```
private void buttonSend_Click(object sender, EventArgs e)
{
    try
    {
        byte[] data = Encoding.Unicode.GetBytes(this.textBoxSend.Text);
        this.Msgstream.Write(data, 0, data.Length);
        this.textBoxAll.AppendText("服务器说："+this.textBoxSend.Text+"\r\n");
        this.textBoxSend.Text = "";
        this.textBoxSend.Focus();
    }
    catch { }
}
```

(9) 增加窗体关闭事件，并编写代码如下：

```
private void Form1_FormClosing(object sender, FormClosingEventArgs e)
{
    try
    {
        this.clientThread.Abort();
        this.Msgstream.Close();
        this.client.Close();
    }
    catch
    {}
}
```

2. 客户端程序

(1) 创建 Windows 窗体应用程序，命名为 App9-3-C。

(2) 放置两个 Button 和两个 TextBox 控件,其中一个 TextBox 的 MultiLine 设置为 true。调整位置、大小,如图 9-8 所示。

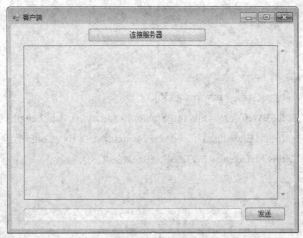

图 9-8　客户器端界面

(3) 引入命名空间:

```
using System.Net.Sockets;
using System.Threading;
using System.Net;
```

(4) 定义全局变量:

```
private TcpClient client;
private NetworkStream msgStream;
private Thread clientThread;
```

(5) 增加窗体 Load 事件,并编写事件处理程序:

```
private void Form1_Load(object sender, EventArgs e)
{
    this.textBoxAll.Enabled = false;
    this.textBoxSend.Enabled = false;
    this.buttonSend.Enabled = false;
}
```

(6) 增加委托,实现线程:

```
delegate void SetTextCallBack(string text);
private void SetText(string text)
{
    this.textBoxAll.AppendText("服务器说: " + text + "\r\n");
}
private void Run()
{
    string msg = string.Empty;
```

```csharp
if (this.client.Connected)
{
    while (true)
    {
        try
        {
            byte[] data = new byte[256];
            int ByteCount = this.msgStream.Read(data, 0, data.Length); //读取数据
            msg = Encoding.Unicode.GetString(data, 0, ByteCount);
            this.Invoke(new SetTextCallBack(SetText), msg);
        }
        catch
        {
            MessageBox.Show("服务器已经退出！");
        }
    }
}
```

(7) 增加连接服务器按钮的 Click 事件，并编写如下代码：

```csharp
private void buttonConnect_Click(object sender, EventArgs e)
{
    try
    {
        this.client = new TcpClient("127.0.0.1", 2048);
        this.msgStream = this.client.GetStream();
        this.buttonConnect.Enabled = false;
        this.textBoxSend.Enabled = true;
        this.buttonSend.Enabled = true;
        this.textBoxSend.Focus();
        this.textBoxAll.Text = "服务器连接成功！";
        this.clientThread = new Thread(new ThreadStart(Run)); //创建线程
        this.clientThread.Start();
    }
    catch
    {
        MessageBox.Show("连接失败！");
    }
}
```

(8) 增加发送按钮的 Click 事件，并编写代码如下：

```csharp
private void buttonSend_Click(object sender, EventArgs e)
{
    try
    {
            byte[] data = Encoding.Unicode.GetBytes(this.textBoxSend.Text);
        this.msgStream.Write(data, 0, data.Length);
        this.textBoxAll.AppendText("客户端说：" + this.textBoxSend.Text + "\r\n");
        this.textBoxSend.Text = "";
        this.textBoxSend.Focus();
    }
    catch { }
}
```

(9) 增加窗体关闭事件，并编写如下代码：

```csharp
private void Form1_FormClosing(object sender, FormClosingEventArgs e)
{
    try
    {
            this.clientThread.Abort();
        this.msgStream.Close();
        this.client.Close();
    }
    catch { }
}
```

通过上面的程序编写，我们已经完成了一对一的聊天程序，这个程序也就是最基本的 C/S 的应用程序。

> 提示：该例子中实现的是一对一的聊天，大家可以想一想，我们如何实现多对多的聊天？

9.5　案例 9-4　使用异步套接字的小程序

同步套接字在监听时处于暂停状态，而异步套接字可以在监听的同时进行其他操作。.Net 提供了一种称为 AsyncCallBack 的委托，该委托允许启动异步的功能，并在异步功能结束后执行委托提供的方法。

1．异步套接字服务器程序要点

异步套接字服务器需要一个开始接受网络连接请求的方法，一个处理连接请求并开始接收网络数据的回调方法以及一个结束接收数据的回调方法。程序结构如下：

(1) 建立 Socket。

(2) 将套接字绑定到用于 TCP 通信的本地 IP 地址和端口上。

(3) 设置套接字处于监听状态。

(4) 使用 BeginAccept()方法开始接受新连接。它负责获取将处理连接的 Socket 实例，并将 Socket 提交给将处理请求的线程。

```
public IAsyncResult BeginAccept(AsyncCallback callback, object state);
    [TargetedPatchingOptOut("Performance critical to inline this type of method across NGen image
boundaries")]
    public IAsyncResult BeginAccept(int receiveSize, AsyncCallback callback, object state);
    public IAsyncResult BeginAccept(Socket acceptSocket, int receiveSize, AsyncCallback callback, object
state);
```

参数 AsyncCallback callback 为委托，利用此参数关联一个回调方法。参数 object state 将状态信息传递给委托提供的方法。

(5) 设计回调方法。执行 BeginAccept()方法时不会停下来等待客户端连接，而是继续往下执行。同时 BeginAccept()也继续执行，一旦 BeginAccept()接收到新的客户端连接，AsyncCallBack 委托就会自动调用回调方法。在回调方法中，通过 IasyncResult 类型的参数获得状态信息，并调用 EndAccept()方法完成接受请求。

(6) 在回调方法中调用 BeginReceive()方法接受数据或调用 BeginSend()发送数据。这两个方法都有 6 个参数，分别表示缓冲区、开始发送或接收的位置、发送或接收的字节数、SocketFlags 值的按位组合、异步回调函数以及表示状态的对象。

(7) 完成发送后，在回调方法中调用 EndSend()完成本次发送。

2．异步套接字客户端程序要点

客户端程序与服务器程序有很多共同点。主要注意在异步套接字编程中，客户端必须使用 BeginConnect()方法连接到远程主机，其格式为

public IAsyncResult BeginConnect(EndPoint remoteEP, AsyncCallback callback, object state);

其中：第一个参数是远程主机的 EndPoint 对象；第二个参数用于和远程主机连接成功后执行委托的方法；最后一个参数是状态对象，用于传递必要的数据。同样程序运行到 BeginConnect()方法时不会停下来等待完成连接，而是继续往下运行。同时 BeginConnect()方法也继续运行，一旦连接到远程主机，AsyncCallBack 委托就会自动调用 ConnectCallBack()方法。

根据这个原理，就可以在 ConnectCallBack()方法中获得连接的 Socket 实例，并调用 EndConnect()方法完成连接请求。

本案例是设计一个 Windows 窗体应用程序，使用异步套接字，实现一对一聊天。

【程序分析】

- 在服务器端启动服务时，初始化 Socket 对象，然后使用 BeginAccept()方法开始接收新连接。
- 接收到新连接后，调用接收回调方法。它负责获取将处理连接的 Socket 实例，并将 Socket 提交给将处理请求的线程。

- 客户端使用 BeginConnect()与服务器连接。当连接成功后调用接收回调方法。

【设计步骤】

1. 服务器程序

(1) 创建 Windows 窗体项目，命名为 App9-4-S。

(2) 放置控件，并修改其 Text，Name 等属性。调整控件位置以及大小。

(3) 引入命名空间：

```csharp
using System.Net.Sockets;
using System.Threading;
using System.Net;
```

(4) 增加窗体 Load 事件：

```csharp
private void Form1_Load(object sender, EventArgs e)
{
    this.textBoxAll.Enabled = false;
    this.textBoxSend.Enabled = false;
    this.buttonSend.Enabled = false;
}
```

(5) 编写回调函数：

```csharp
public class StateObject                                  //回调传递的状态信息类
{   public Socket workSocket = null;                       //套接字
    public const int BufferSize = 1024;                    //缓冲区大小
    public byte[] buffer = new byte[BufferSize];           //缓冲区
}


StateObject state; //全局变量
delegate void SetTextCallBack(string text);               //定义委托


public void AcceptCallBack(IAsyncResult ar)               //接收请求的回调
{   Socket serverSocket = (Socket)ar.AsyncState;
    Socket clientSocket = serverSocket.EndAccept(ar);
    state = new StateObject();
    state.workSocket = clientSocket;
    Send("连接服务器成功！ ");
    clientSocket.BeginReceive(state.buffer, 0, StateObject.BufferSize, 0,
                        new AsyncCallback(ReadCallBack), state);
}


public void ReadCallBack(IAsyncResult ar)                 //读取数据的回调
{
```

```
        StateObject state = (StateObject)ar.AsyncState;
        Socket clientSocket = state.workSocket;
        int bytesCount = clientSocket.EndReceive(ar);
        if (bytesCount > 0)
        {
            string msg = Encoding.Unicode.GetString(state.buffer, 0, bytesCount);
            this.Invoke(new SetTextCallBack(SetText), "客户端说：  "+msg);
        }
        clientSocket.BeginReceive(state.buffer, 0, StateObject.BufferSize, 0,
                        new AsyncCallback(ReadCallBack), state);
    }


public void Send(string msg)                    //发送数据
{
    byte[] data = Encoding.Unicode.GetBytes(msg);
    state.workSocket.BeginSend(data, 0, data.Length, 0, new AsyncCallback(SendCallBack), state);
}


public void SendCallBack(IAsyncResult ar)    //发送数据的回调函数
{
    try
    {
        Socket clientSocket = (Socket)ar.AsyncState;
        int byteCount = clientSocket.EndSend(ar);
    }
    catch(Exception ex)
    {
        Console.WriteLine(ex.ToString());
    }
}


public void SetText(string Text)                    //显示数据
{
    this.textBoxAll.AppendText(Text+"\r\n");
}
```

(6) 编写启动服务器按钮的 Click 事件：

```
private void buttonStart_Click(object sender, EventArgs e)
{
    IPAddress ip = IPAddress.Parse("127.0.0.1");
```

```
        IPEndPoint ipe = new IPEndPoint(ip, 2048);      //设置通信端口 2048
        Socket serverSocket = new Socket(AddressFamily.InterNetwork, SocketType.Stream,
        ProtocolType.Tcp);
        try
        {
                serverSocket.Bind(ipe);
                serverSocket.Listen(100);
                serverSocket.BeginAccept(new AsyncCallback(AcceptCallBack), serverSocket); //等待连接
        }
        catch (Exception ex)
        {
                Console.WriteLine(ex.ToString());
        }
         this.textBoxSend.Enabled = true;
         this.buttonSend.Enabled = true;
}
```

(7) 编写发送按钮的 Click 事件：

```
private void buttonSend_Click(object sender, EventArgs e)
{
        this.textBoxAll.AppendText("服务器说：" + this.textBoxSend.Text + "\r\n");
        this.Send(this.textBoxSend.Text);
        this.textBoxSend.Text = "";
        this.textBoxSend.Focus();
}
```

(8) 编写窗体关闭的事件：

```
private void Form1_FormClosing(object sender, FormClosingEventArgs e)
{
        try
        {
                state.workSocket.Shutdown(SocketShutdown.Both);
                state.workSocket.Close();
        }
        catch
        { }
}
```

2. 客户端程序

(1) 创建 Windows 窗体项目，命名为 App9-4-C。

(2) 放置控件，并修改其 Text、Name 等属性，调整控件位置以及大小。

(3) 引入命名空间：

```
using System.Net.Sockets;
using System.Threading;
using System.Net;
```

(4) 增加窗体 Load 事件：

```
private void Form1_Load(object sender, EventArgs e)
{
    this.textBoxAll.Enabled = false;
    this.textBoxSend.Enabled = false;
    this.buttonSend.Enabled = false;
}
```

(5) 编写回调函数：

```
public class StateObject                            //回调传递的状态信息类
{
    public Socket workSocket = null;                //套接字
    public const int BufferSize = 1024;             //缓冲区大小
    public byte[] buffer = new byte[BufferSize];    //缓冲区
}


StateObject state; //全局变量
delegate void SetTextCallBack(string text);         //定义委托

public void ConnectCallBack(IAsyncResult ar)        //定义连接成功的回调函数
{
    try
    {   Socket clientSocket = (Socket)ar.AsyncState;
        clientSocket.EndConnect(ar);
        state = new StateObject();
        state.workSocket = clientSocket;
        Send("客户端已经连接！");
        clientSocket.BeginReceive(state.buffer, 0, StateObject.BufferSize, 0,
                        new AsyncCallback(ReadCallBack), state);
    }
    catch (Exception e)
    {
        Console.WriteLine(e.ToString());
    }
}
```

```csharp
public void ReadCallBack(IAsyncResult ar)          //定义读取数据的回调函数
{
    StateObject state = (StateObject)ar.AsyncState;
    Socket clientSocket = state.workSocket;
    int byteCount = clientSocket.EndReceive(ar);
    if (byteCount > 0)
    {
        string msg = Encoding.Unicode.GetString(state.buffer, 0, byteCount);
        this.Invoke(new SetTextCallBack(SetText), "服务器说："+msg);
    }
    clientSocket.BeginReceive(state.buffer, 0, StateObject.BufferSize, 0,
                        new AsyncCallback(ReadCallBack), state);
}


public void Send(string msg)                 //发送数据
{
    byte[] data = Encoding.Unicode.GetBytes(msg);
    state.workSocket.BeginSend(data, 0, data.Length, 0, new AsyncCallback(SendCallBack), state);
}


public void SendCallBack(IAsyncResult ar)    //定义发送数据的回调函数
{
     try
     {
         Socket clientSocket = (Socket)ar.AsyncState;
         int ByteCount = clientSocket.EndSend(ar);
     }
     catch (Exception e)
     {
         Console.WriteLine(e.ToString());
     }
}


public void SetText(string Text)                 //显示数据
{
    this.textBoxAll.AppendText(Text+"\r\n");
}
```

(6) 编写连接服务器按钮的 Click 事件：

```csharp
private void buttonConnect_Click(object sender, EventArgs e)
```

```
{
    try
    {       IPAddress ip = IPAddress.Parse("127.0.0.1");
            IPEndPoint ipe = new IPEndPoint(ip, 2048);
            Socket clientSocket = new Socket (AddressFamily.InterNetwork,
            SocketType.Stream,
            ProtocolType.Tcp);
            clientSocket.BeginConnect(ipe, new AsyncCallback(ConnectCallBack), clientSocket);
            this.buttonSend.Enabled = true;
            this.textBoxSend.Enabled = true;
    }

        catch(Exception ex)
    {
            Console.WriteLine(ex.ToString());
    }
}
```

(7) 编写发送按钮的 Click 事件：

```
private void buttonSend_Click(object sender, EventArgs e)
{
    this.textBoxAll.AppendText("客户端说：" + this.textBoxSend.Text + "\r\n");
    this.Send(this.textBoxSend.Text);
    this.textBoxSend.Text = "";
    this.textBoxSend.Focus();
}
```

(8) 编写窗体关闭的事件：

```
private void Form1_FormClosing(object sender, FormClosingEventArgs e)
{
    try
    {
        state.workSocket.Shutdown(SocketShutdown.Both);
        state.workSocket.Close();
    }
    catch { }
}
```

程序编译后运行的效果与例 9-3 相同，这里就不再展示。

　　我们通过例 9-3 和例 9-4 使用 Socket 进行通信时，可以通过线程或者异步的方式来实现对端口的监听，进行客户端与服务器端的通信。

习题 9

1. 试编写一个简易的网络浏览器程序。
2. 试编写一个简易的 FTP 文件传输程序。
3. 某公司想开发一个内部员工用于平时办公沟通用的聊天系统，请设计一个解决方案并将其实现。

第10章 硬 件 编 程

对于信息工程专业的学生来说，工作中势必会遇到非常多的硬件板卡，针对板卡本身的程序设计通常不会使用 C#，而 C#主要用于设计上位机程序，将板卡当中的情况形象的展示在计算机当中。C#和硬件之间的这种通信可以通过标准的接口来完成(如 GBIP、USB、RS232、LAN 等)，也可以通过板卡提供的标准的 API 来完成。本章将分析此类程序的设计方法。

10.1 C# WMI 编程

10.1.1 概述

由于 .NET 的某些特点使它脱离了操作系统底层，所以如果我们想获得一些底层的操作系统信息则比较困难，经常需要使用 DllImport 技术，这对那些不熟悉 C/C++的程序员来说就像梦魇。其实，还有一个不被熟知、但功能却又十分强大的工具，它就是 WMI。WMI 是 Windows Management Instrumentation 的简称，即视窗管理规范，在 Windows 2000 及以后的版本中均有安装，NT4.0 则需要安装 WMI 的核心组件。通过 WMI 可以获取远程计算机的各种数据信息，控制远程计算机的各种行为，这就像操作本地机一样方便、简单。

WMI 从根本上说应该为一种服务，并且对于本地不同的用户，WMI 所有的权限也不一样。计算机超级用户可以为计算机中的每一个用户设定不同的 WMI 权限。在默认状态下，超级用户拥有 WMI 的一切权限。提供 WMI 服务是通过程序"WinMgmt.exe"来实现的，可以从"System32\Wbem"目录中找到这个文件。

既然是服务，计算机使用者就可以享受这种服务，同样也可以关闭这种服务。具体的操作是：按顺序打开"控制面板"-> "管理工具"-> "组件服务"窗口。WMI 服务在组件服务中的显示名称为"Windows Management Instrumentation"，具体如图 10-1 所示。

通过 WMI 接口可以获得硬件设置、状态信息、驱动器配置、BIOS 信息、应用程序的设置、事件记录信息等信息。WMI 通过一组 API 获得信息，但它表征的是一种通过一个简单的工业标准对象管理模式来获取信息的函数，这使得应用程序的开发者不必学习 Windows 的每一个 API 的具体细节。

.Net 对 WMI 提供了全面的支持，.Net 为 Visual C#能够操作 WMI 提供了一个专门的命名空间"System.Management"，在命名空间"System.Management"中提供了大量用以处理和 WMI 相关的类、接口和枚举。在使用 WMI 之前，必须在工程中添加对 System.Management.dll 的引用，然后声明。

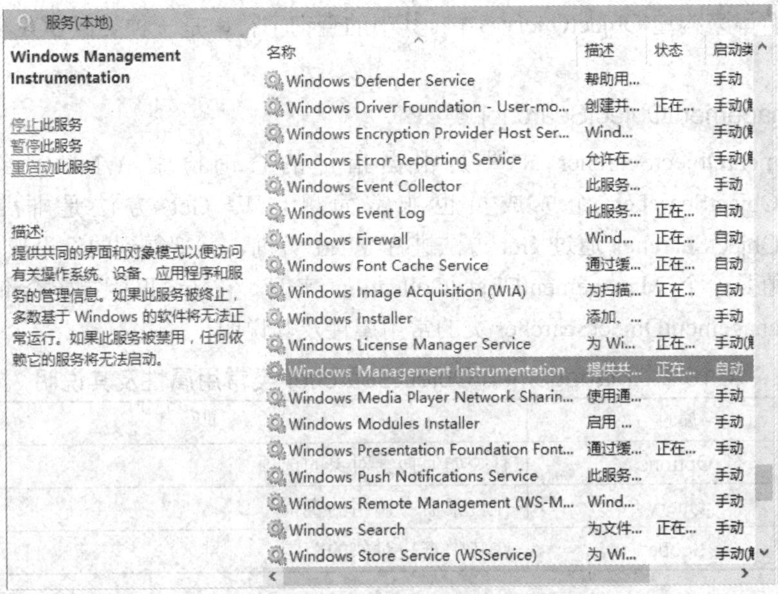

图 10-1 组件服务窗口

命名空间"System.Management"中的成员是非常复杂的，由于篇幅所限，此处就不完全介绍这些成员了，但是若要了解、掌握在 Visual C#中使用 WMI，下面六个类则是学习的重点，分别是 ConnectionOptions、ManagementScope、ObjectQuery、ManagementObjectSearcher、ManagementObjectCollection 和 ManagementObject，其他更详细的内容可以参考 MSDN 中的相关章节。

1. ConnectionOptions 类

ConnectionOptions 类的主要功能是为建立的 WMI 连接提供所需的所有设置。在利用 WMI 对远程计算机进行操作时，首先要进行 WMI 连接，WMI 连接主要使用的是 ManagementScope 类，成功完成 WMI 连接就要提供远程计算机 WMI 用户名和口令。ConnectionOptions 类可以通过其属性来提供这些信息。表 10-1 是 ConnectionOptions 类的一些主要属性及其简单的说明。

表 10-1　ConnectionOptions 类常用属性及其说明

属　　性	说　　明
Authority	获取或设置将用于验证指定用户的权利
Locale	获取或设置将用于连接操作的区域设置
Password	提供用于 WMI 连接操作的口令
Username	提供用于 WMI 连接操作的用户名

2. ManagementScope 类

通过 ManagementScope 类能够建立与远程计算机(或者本地计算机)的 WMI 连接，表示管理可操作范围。

3. ObjectQuery 类

ObjectQuery 类或其派生类用于在 ManagementObjectSearcher 中指定查询。程序中一般

采用查询字符串来构造 ObjectQuery 实例。其中的查询字符串是一种类似 SQL 语言的 WQL 语言。

4．ManagementObjectSearcher 类

ManagementObjectSearcher 主要是根据指定的查询检索 WMI 对象的集合。ManagementObjectSearcher 组成成员也非常简单，其 Get 方法是非常重要的，ManagementObjectSearcher 通过 Get 方法进行 WMI 查询，并把得到的结果形成集合。Get 方法的返回值是一个 ManagementObjectCollection 实例，它包含匹配指定查询的对象。表 10-2 是其 ManagementObjectSearcher 类的常用属性及其说明。

表 10-2　ManagementObjectSearcher 类常用属性及其说明

属性	说　　明
Options	有关如何搜索对象的选项
Query	在搜索器中调用的查询
Scope	在其中查找对象的范围

5．ManagementObjectCollection 类

ManagementObjectCollection 类非常简单，它主要表示 WMI 实例的不同集合其中包括命名空间、范围和查询观察程序等。

6．ManagementObject 类

ManagementObject 类为单个管理对象或类。通过 ManagementObject 中的方法可以调用 ManagementObject 对应的对象，从而执行相应的操作。ManagementObject 类是一个内容丰富的类，表 10-3 和表 10-4 分别是其常用的属性和方法。

表 10-3　ManagementObject 类常用属性及其说明

属性	说　　明
ClassPath	对象的类的路径
Options	检索对象时要使用的其他信息
Path	对象的 WMI 路径
Scope	此对象在其中驻留的范围

表 10-4　ManagementObject 类常用方法及其说明

方　　法	说　　明
Clone	创建对象的一个副本
CopyTo	将对象复制到另一个位置
Delete	删除对象
Get	绑定到管理对象
GetRelated	获取与该对象(联系对象)相关的对象的集合
GetRelationships	获取该对象的关联的集合
InvokeMethod	调用对应的对象方法
Put	提交对对象所做的更改

10.1.2　案例 10-1　利用 WMI 读取计算机硬件信息

【题目要求】

利用 C# 语言和 WMI 实现一个可以读取电脑的硬件信息的程序，主要功能如图 10-2 所示。

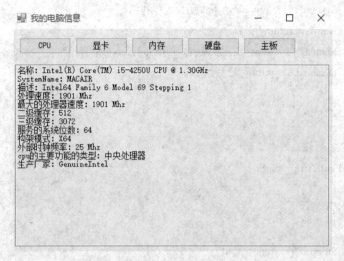

图 10-2　WMI 读取计算机硬件信息程序界面示意图

【设计步骤】

(1) 在 Visual Studio 2012 中新建一个项目名称为 app10_1 的 WindowsForm 程序。

(2) 为了更好地显示查询出的结果，需要将查询出的代码翻译成中文信息，因此建立一个类 Wmi_restr，专门用来完成这个工作，具体类包含以下函数内容：

```csharp
public string ncwllx(string str)
{
    switch (str)
    {
        case "0":    return "未知";
        case "1":    return "其他";
        case "2":    return "DRAM";
        case "3":    return "Synchronous DRAM，同步动态随机存取记忆体";
        case "4":    return "高速缓存 DRAM";
        case "5":    return "EDO";
        case "6":    return "EDRAM";
        case "7":    return "VRAM";
    }
    return "未知";
}
```

```csharp
public string pdStateMode(string state)
{
    switch (state)
    {
        case "Boot":    return "驱动系统加载程序";
        case "System":    return "驱动系统加载程序初始";
        case "Auto":    return "自启动(管理启动)";
        case "Manual":    return "自定义启动(通用 StartService 方法)";
        case "Disabled":    return "已经禁用";
    }
    return "未知";
}

public string pdState(string state)
{
    switch (state)
    {
        case "Stopped":    return "停止";
        case "Start Pending":    return "开始挂起";
        case "Stop Pending":    return "停止挂起";
        case "Running":    return "正在运行";
        case "Continue Pending":    return "挂起";
        case "Pause Pending":    return "暂停挂起";
        case "Paused":    return "暂停";
        case "Unknown":    return "未知";
    }
    return "未知";
}

public string cpugjms(string state)
{
    switch (state)
    {
        case "0":    return "x86 的";
        case "1":    return "MIPS";
        case "2":    return "Alpha";
        case "3":    return "PowerPC 的";
        case "4":    return "ARM";
        case "5":    return "基于 Itanium 的系统";
```

```
            case "6":    return "暂无资料";
            case "7":    return "暂无资料";
            case "8":    return "暂无资料";
            case "9":    return "X64";
        }
        return "未知";
    }

    public string cpugn(string state)
    {
        switch (state)
        {
            case "0":    return "其他";
            case "1":    return "未知";
            case "2":    return "无资料";
            case "3":    return "中央处理器";
            case "4":    return "数学处理器";
            case "5":    return "DSP 处理器";
            case "6":    return "视频处理器";

        }
        return "未知";
    }
    public string YPdqsx(string state)
    {
        switch (state)
        {
            case "0":    return "未知";
            case "1":    return "可读";
            case "2":    return "可写";
            case "3":    return "读/写支持";
            case "4":    return "一次写入";
            case "5":    return "DSP 处理器";
        }
        return "未知";
    }

    public string YPlx(string state)
    {
        switch (state)
```

```csharp
    {
            case "0":    return "未知";
            case "1":    return "无根目录";
            case "2":    return "可移动磁盘";
            case "3":    return "本地磁盘";
            case "4":    return "网络驱动器";
            case "5":    return "光盘";
            case "6":    return "RAM 磁盘";
    }
        return "未知";
}

public string DRcg(string state)
{
    switch (state)
    {
            case "2":    return "未知";
            case "1":    return "无根目录";
            case "3":    return "鼠标";
            case "4":    return "滚球";
            case "5":    return "跟踪点";
            case "6":    return "滑翔点";
            case "7":    return "触摸板";
            case "8":    return "触摸屏";
            case "9":    return "鼠标－光学传感器";
    }
        return "未知";
}

public string DRgys(string state)
{
    switch (state)
    {
            case "0":    return "未知";
            case "1":    return "不适用";
            case "2":    return "右手操作";
            case "3":    return "左手操作";
    }
        return "未知";
```

```
}
public string DRjc(string state)
{
    switch (state)
    {
        case "1":    return "其他";
        case "2":    return "未知";
        case "3":    return "串行";
        case "4":    return "PS / 2";
        case "5":    return "红外线";
        case "6":    return "HP-HIL";
        case "7":    return "总线鼠标";
        case "8":    return "ADB(苹果桌面总线)";
        case "160":    return "总线鼠标 DB-9";
        case "161":    return "总线鼠标微型 DIN";
        case "162":    return "USB";
    }
    return "未知";
}
```

(3) 将自动创建的窗体类名称修改为 FormMyComputer，同时按照图 10-2 所示来布局界面。

(4) 在 FormMyComputer 中定义全局变量并按需求作初始化：

```
private ManagementObjectSearcher sercher;
        private Wmi_restr restr = new Wmi_restr();
```

(5) 在 FormMyComputer 中添加一个翻译函数，有助于信息显示：

```
private string Win_pd(ManagementObject mo, string zhi)
{
    try
    {
        if (mo[zhi] != null)
            { return mo[zhi].ToString(); }
        else
            { return "未知"; }
    }
    catch (Exception)
    { return "未知"; }
}
```

(6) 添加获取 CPU 信息的按钮相应代码：

```
private void button7_Click(object sender, EventArgs e)
{
    listBox1.Items.Clear();
    sercher = new ManagementObjectSearcher("SELECT  *  FROM  Win32_Processor");
    foreach (ManagementObject mo in sercher.Get())
    {
        listBox1.Items.Add("名称：" + Win_pd(mo, "Name"));
        listBox1.Items.Add("SystemName：" + Win_pd(mo, "SystemName"));
        listBox1.Items.Add("描述：" + Win_pd(mo, "Caption"));
        listBox1.Items.Add("处理速度：" + Win_pd(mo, "CurrentClockSpeed")+ " Mhz");
        listBox1.Items.Add("最大的处理器速度："+Win_pd(mo, "MaxClockSpeed")+" Mhz");
        listBox1.Items.Add("二级缓存：" + Win_pd(mo, "L2CacheSize"));
        listBox1.Items.Add("三级缓存：" + Win_pd(mo, "L3CacheSize"));
        listBox1.Items.Add("服务的系统位数：" + Win_pd(mo, "AddressWidth"));
        listBox1.Items.Add("构架模式：" + restr.cpugjms(Win_pd(mo, "Architecture")));
        listBox1.Items.Add("外部时钟频率：" + Win_pd(mo, "ExtClock") + " Mhz");
        listBox1.Items.Add("cpu 的主要功能的类型："+restr.cpugn(Win_pd(mo,
                        "ProcessorType")));
        listBox1.Items.Add("生产厂家：" + Win_pd(mo, "Manufacturer"));
    }
}
```

(7) 添加获取显卡信息的按钮相应代码：

```
private void button5_Click(object sender, EventArgs e)
{
    listBox1.Items.Clear();
    int i = 1;
    sercher = new ManagementObjectSearcher("select  *  from Win32_VideoController");
    foreach (ManagementObject mo in sercher.Get())
    {
        listBox1.Items.Add("_____");
        listBox1.Items.Add("◎名称：(" + "设备" + i.ToString() + ")" + mo["name"].ToString());
        listBox1.Items.Add("PNPDeviceID：" + mo["PNPDeviceID"].ToString());
        listBox1.Items.Add("驱动程序文件：" + mo["InstalledDisplayDrivers"].ToString());
        listBox1.Items.Add("驱动版本：" + mo["DriverVersion"].ToString());
        if (mo["VideoModeDescription"] != null)
        {
            listBox1.Items.Add("显示模式：" + mo["VideoModeDescription"].ToString());
        }
        if (mo["MaxMemorySupported"] != null)
```

```
        {
            listBox1.Items.Add("支持最大内存：" + mo["MaxMemorySupported"].ToString());
        }
        if (mo["MaxRefreshRate"] != null)
        {
            listBox1.Items.Add("最大刷新率：" + mo["MaxRefreshRate"].ToString());
        }
        if (mo["MinRefreshRate"] != null)
        {
            listBox1.Items.Add("最小刷新率：" + mo["MinRefreshRate"].ToString());
        }
        listBox1.Items.Add("驱动最后修改时间：" + mo["DriverDate"].ToString());
        listBox1.Items.Add("VideoProcessor：" + mo["VideoProcessor"].ToString());
        i++;
    }
}
```

(8) 添加获取内存信息的按钮相应代码：

```
private void button6_Click(object sender, EventArgs e)
{
    listBox1.Items.Clear();
    sercher = new ManagementObjectSearcher("SELECT    *    FROM    Win32_PhysicalMemory");
    foreach (ManagementObject mo in sercher.Get())
    {
        listBox1.Items.Add("_____");
        listBox1.Items.Add("商标名称：" + Win_pd(mo, "Name"));
        listBox1.Items.Add("标记字符串：" + Win_pd(mo, "BankLabel"));
        listBox1.Items.Add("容量：" + "(合" + (double.Parse(Win_pd(mo, "Capacity")) / 1024 / 1024 /
                          1024).ToString("f2") + "G)");
        listBox1.Items.Add("读取速度：" + Win_pd(mo, "Speed") + "Mhz");
        listBox1.Items.Add("简短说明：" + Win_pd(mo, "Caption"));
        listBox1.Items.Add("数据宽度：" + Win_pd(mo, "DataWidth"));
        listBox1.Items.Add("安装日期：" + Win_pd(mo, "InstallDate"));
        listBox1.Items.Add("物理类型：" + restr.ncwllx(Win_pd(mo, "MemoryType")));
        listBox1.Items.Add("当前状态：" + Win_pd(mo, "Status"));
        listBox1.Items.Add("硬件版本：" + Win_pd(mo, "Version"));
    }
}
```

(9) 添加获取硬盘信息的按钮相应代码：

```
private void button8_Click(object sender, EventArgs e)
```

```
    {
        listBox1.Items.Clear();
        listBox1.Items.Add("_____该信息是硬盘已分区和未分区的属性_____");
        sercher = new ManagementObjectSearcher("SELECT    *    FROM    Win32_DiskPartition");
        foreach (ManagementObject mo in sercher.Get())
        {
            listBox1.Items.Add("_____");
            listBox1.Items.Add("名称： " + Win_pd(mo, "Caption"));
            listBox1.Items.Add("访问： " + restr.YPdqsx(Win_pd(mo, "Access")));
            listBox1.Items.Add("存储程度的块大小： " + Win_pd(mo, "BlockSize") + "  字节");
            listBox1.Items.Add("计算机是否可以从此分区启动： " + Win_pd(mo, "Bootable"));
            listBox1.Items.Add("索引： " + Win_pd(mo, "DiskIndex"));
            listBox1.Items.Add("描述： " + Win_pd(mo, "Description"));
            listBox1.Items.Add("ID： " + Win_pd(mo, "DeviceID"));
            listBox1.Items.Add("支持此存储程度的误差检测和校正的类型： "+Win_pd(mo,
                            "ErrorMethodology"));
            listBox1.Items.Add("在分区的隐藏扇区数： " + Win_pd(mo, "HiddenSectors"));
            listBox1.Items.Add("容量大小： " + (double.Parse(Win_pd(mo, "Size")) / 1024 / 1024 /
                                    1024).ToString("f2") + "G");
            listBox1.Items.Add("生产厂家： " + Win_pd(mo, "Manufacturer"));
            listBox1.Items.Add("起始偏移量(以字节为单位)的分区： " + Win_pd(mo, "StartingOffset"));
            listBox1.Items.Add("状态： " + Win_pd(mo, "Status"));
            listBox1.Items.Add("数据类型： " + Win_pd(mo, "Type"));
            listBox1.Items.Add("PNPDeviceID： " + Win_pd(mo, "PNPDeviceID"));
            listBox1.Items.Add("所服务系统用户： " + Win_pd(mo, "SystemName"));
        }
    }
```

(10) 添加获取主板信息的按钮相应代码：

```
private void button15_Click(object sender, EventArgs e)
{
    listBox1.Items.Clear();
    sercher = new ManagementObjectSearcher("SELECT    *    FROM    Win32_BaseBoard");
    foreach (ManagementObject mo in sercher.Get())
    {
        listBox1.Items.Add("_____");
        listBox1.Items.Add("名称： " + Win_pd(mo, "Name"));
        listBox1.Items.Add("标题： " + Win_pd(mo, "Caption"));
        listBox1.Items.Add("可更换： " + Win_pd(mo, "Replaceable"));
        listBox1.Items.Add("是否必须配套子卡或副卡： " + Win_pd(mo,
```

```
                        "RequiresDaughterBoard"));
        listBox1.Items.Add("生产厂家：" + Win_pd(mo, "Manufacturer"));
        listBox1.Items.Add("序列号：" + Win_pd(mo, "SerialNumber"));
        listBox1.Items.Add("状态：" + Win_pd(mo, "Status"));
        listBox1.Items.Add("版本：" + Win_pd(mo, "Version"));
        listBox1.Items.Add("物理封装深度：" + Win_pd(mo, "Depth") + "  英寸");
        listBox1.Items.Add("物理封装高度：" + Win_pd(mo, "Height") + "  英寸");
        listBox1.Items.Add("模型：" + Win_pd(mo, "Model"));
    }
}
```

(11) 按 F5 编译运行，即可得到如图 10-2 所示的结果。

上述程序，需要大家重点注意的是如何利用 WMI 的相关服务来获取硬件信息。以此为契机，提出一个思考题，能否利用 WMI 获取更多的信息?

> **问题：** 利用 WMI 相关类和函数，完成如图 10-3 所示的能显示进程控制、开机启动项、网络信息、系统资源信息等功能的加强版的"我的电脑"管理器程序。

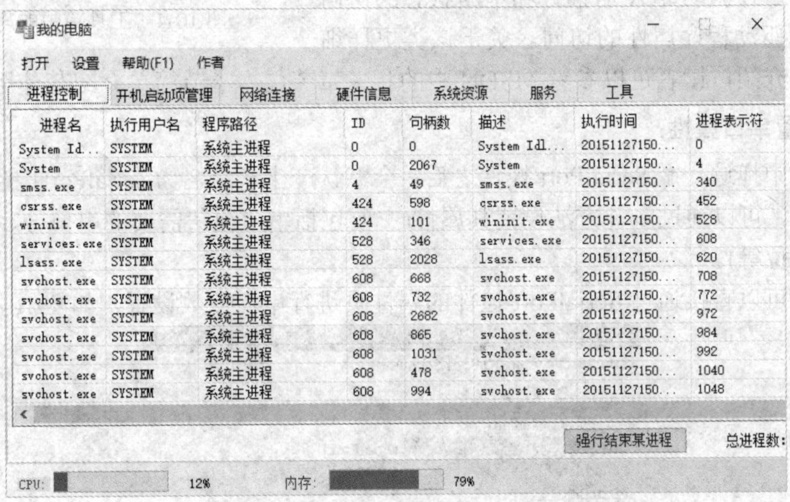

图 10-3 　"我的电脑"详细信息

10.2　基于 C# 的上位机程序设计

在工程中经常需要对现场数据进行统计、分析、制表、打印、绘图、报警等，同时，又要求对现场装置进行实时控制，完成各种规定操作，达到集中管理的目的。在这样的应用环境当中，下位机通常采用单片机、DSP 或 FPGA 等芯片来实现，完成数据的采集及对装置的控制，而由 PC 机作为上位机，完成各种复杂的数据处理及对下位机的控制。这时候我们就需要设计一款友好、易用的上位机程序来帮助用户进行数据的处理和分析。

实现上位机程序的方法有很多，适合的语言也很多，包括 Visual Basic、Visual C++，当然也可以利用 C# 来实现。而具体的实现上位机和下位机通信的接口也可以有很多种，如串口、USB 接口、GBIP 接口、LAN 口，甚至通过 WiFi 来进行通信。通过 LAN 口和 WiFi 的方式传送数据，可以直接利用第九章中介绍的 C# 的网络通信方法来实现，利用 USB 口和 GBIP 方式通信也都有标准的调用方式，而最简单最常用的，还是利用串口进行数据通信，在此我们所讨论的就是基于 C# 如何设计一款简单易用的串口通信上位机程序。

10.2.1　基于 C# 的串口通信方法

串口通信，即通过电脑的 COM 口与下位机控制芯片的串口进行连接通信，主要功能是下位机和上位机交互通信，是二者形成整体的关键模块，没有合理的上位机串口通信设置，就无法与下位机匹配成实时数据接收的完整系统，因此串口通信是二者形成关联的桥梁。

利用 C# 是非常容易实现的。在 VS2012 的工具箱中，直接拖放一个 SerialPort 控件到相关解决方案当中即可使用串口进行通信，如图 10-4 所示。

SerialPort 类用于控制串行端口文件资源。该类提供同步和事件驱动 I/O、对插针和中断状态的访问以及对串行驱动程序属性的访问。关于该类更详细的使用方法介绍，读者可以参考 MSDN 中的相关章节，本小节简单介绍其使用方法。

图 10-4　工具箱中的串口控件

1. 设置串口属性

在项目中拖进一个 SerialPort 控件之后，会默认产生一个名为 serialPort1 的对象。有了这个对象后，可以通过多种方法设置其属性(主要包括串口通信需要的串口号、波特率、数据位、停止位等)。

首先，可以直接通过 SerialPort 控件的属性页进行串口参数设置，如图 10-5 所示。

属性	▾ ↕ ×
serialPort1 System.IO.Ports.SerialPort	
⊞ (ApplicationSettings)	
(Name)	serialPort1
BaudRate	57600
DataBits	8
DiscardNull	False
DtrEnable	False
GenerateMember	True
Handshake	None
Modifiers	Private
Parity	None
ParityReplace	63
PortName	COM3
ReadBufferSize	4096
ReadTimeout	100
ReceivedBytesThreshold	1
RtsEnable	False
StopBits	One
WriteBufferSize	2048
WriteTimeout	-1

图 10-5　SerialPort 控件的属性页内容

其中必须保证设置正确的是波特率(BaudRate)和端口名称(PortName)，否则将无法正确进行数据通信。关于每个属性的含义可参见表 10-5 中的说明，更加详细的说明可以参考 MSDN 中的相关章节：https：//msdn.microsoft.com/zh-cn/library/system.io.ports.serialport。

表 10-5　SerialPort 控件公共属性说明

属性名称	说　　明
BaseStream	获取 Stream 对象的基础 SerialPort 对象
BaudRate	获取或设置串行波特率
BreakState	获取或设置中断信号状态
BytesToRead	获取接收缓冲区中数据的字节数
BytesToWrite	获取发送缓冲区中数据的字节数
CDHolding	获取端口的载波检测行的状态
CtsHolding	获取 "可以发送" 行的状态
DataBits	获取或设置每个字节的标准数据位长度
DiscardNull	获取或设置一个值，该值指示 null 字节在端口和接收缓冲区之间传输时是否被忽略
DsrHolding	获取数据设置就绪(DSR)信号的状态
DtrEnable	获取或设置一个值，该值在串行通信过程中启用数据终端就绪(DTR)信号
Encoding	获取或设置传输前后文本转换的字节编码
Handshake	使用 Handshake 中的值获取或设置串行端口数据传输的握手协议
IsOpen	获取一个值，该值指 SerialPort 对象的打开或关闭状态
NewLine	获取或设置用于解释 ReadLine 和 WriteLine 方法调用结束的值
Parity	获取或设置奇偶校验检查协议
ParityReplace	获取或设置一个字节，该字节在发生奇偶校验错误时替换数据流中的无效字节
PortName	获取或设置通信端口，包括但不限于所有可用的 COM 端口
ReadBufferSize	获取或设置 SerialPort 输入缓冲区的大小
ReadTimeout	获取或设置读取操作未完成时发生超时之前的毫秒数
ReceivedBytesThreshold	获取或设置 DataReceived 事件发生前内部输入缓冲区中的字节数
RtsEnable	获取或设置一个值，该值指示在串行通信中是否启用请求发送(RTS)信号
StopBits	获取或设置每个字节的标准停止位数
WriteBufferSize	获取或设置串行端口输出缓冲区的大小
WriteTimeout	获取或设置写入操作未完成时发生超时之前的毫秒数

从上面的介绍可以看出，表 10-5 中出现的某些属性项并没有直接出现在图 10-5 中可以直接设置的属性项中，如果要对这些属性进行设置，可以直接通过代码的方式来进行。如：

```
serialPort1.BaudRate = 9600;
```

```
serialPort1.PortName = "COM2";
```

在实际的使用过程中，由于每次都需要对一些常用属性进行设置，因此可以将设置过程写成一个配置界面，并将设置结果保存到 xml 文件或者 ini 文件中去，如图 10-6 所示。

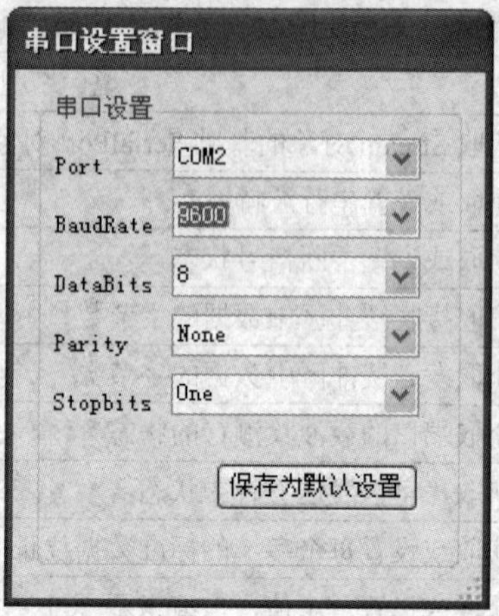

图 10-6　串口配置程序界面

> **问题：** 利用 C# 完成如图 10-6 所示的串口信息设置程序，要求将配置结果保存成 ini 文件，同时将程序输出成动态库文件。
>
> **注意：** 为了能够在别的项目中充分利用该配置程序，需要将该程序输出为 dll 的形式，而不是 exe 的形式，因此在新建项目的时候需要选择"类库"而不再是"Windows 窗体应用程序"。

2. 串口操作(打开关闭)

打开关闭串口的函数包含在 SerialPort 类中，利用 SerialPort 对象来引用，直接调用相应的函数即可完成串口的打开和关闭功能：

```
serialPort1.Open();
serialPort1.Close();
```

3. 数据发送

利用串口进行数据发送的方法是直接调用 SerialPort 对象的 Write()方法来实现的，SerialPort.Write 是一个重载函数，MSDN 中关于其重载方法的定义如表 10-6 所示。

表 10-6　SerialPort.Write 函数重载定义

函数名称	说　　明
SerialPort.Write (String)	将参数字符串写入输出
SerialPort.Write (Byte[], Int32, Int32)	将指定数量的字节写入输出缓冲区中的指定偏移量处
SerialPort.Write (Char[], Int32, Int32)	将指定数量的字符写入输出缓冲区中的指定偏移量处

(1) 利用串口发送十六进制数据。根据表 10-6 中介绍的 Write 函数的定义，要向串口发送整数只能采用第二种重载方法，具体实例：

```
Byte[] BSendTemp = new Byte[1];        //建立临时字节数组对象
```

```
        BSendTemp[0] = 0xff;                    //想要发送的数据，可以根据实际情况动态获取
        this.serialPort1.Write(BSendTemp, 0, 1);        //发送数据
```

(2) 利用串口发送字符串数据。根据表 10-6 中介绍的 Write 函数的定义，要向串口发送字符串，可以使用第一种重载或者第三种重载，如：

```
        string Tmpstr = "teststring";
        this.serialPort1.Write(Tmpstr); //发送数据
```

4．数据接收

数据的接收大体有两种方案：一是主动定时读取，二是事件响应驱动。

主动定时读取方式的适应能力较弱，当数据来源为定时并且不是很快的情况时可以考虑采用这种方法，这种方法主要适用于数据采集系统而不适用于随机事件发生时的通信或控制系统。当然，这种方法的缺点是如果接收的数据不是定时的，则读取定时器的触发频率就要很小，这样才能保证及时读取串口缓冲区，这也将大大浪费系统资源。

事件响应驱动方式是串口通信上位机程序的主要方式，其采用中断思想，当串口输入缓冲区中的字节数据大于某个设定的个数时，触发串口输入中断，这时在中断程序中读取串口输入缓冲区中的数据，具有实时性和灵活性，是常用的较好的方法。在 C#中，利用 SerialPort 控件的 ReceivedBytesThreshold 属性，即可达到利用事件驱动方式完成数据接收的目的。从表 10-5 中可以知道，ReceivedBytesThreshold 的含义是获取或设置 DataReceived 事件发生前内部输入缓冲区中的字节数，也就是说，设置串口输入缓冲区中的数据字节大于 ReceiveBytesThreshold 时触发 DataReceived 事件。因此，我们需要做的事情就是设置好 ReceiveBytesThreshold 属性的值，然后在设计器双击串口 serialPort1 的 DataReceived 事件，在代码中就会自动加入 serialPort1_DataReceived 函数作为 DateReceived 的事件触发函数。

```
    private void serialPort1_DataReceived(object sender, SerialDataReceivedEventArgs e)
    {
        serialReadString += serialPort1.ReadExisting();
    }
```

这里，serialReadString 即为读取到串口输入缓冲区的数据。

需要注意的是，从 SerialPort 对象接收数据时，将在辅助线程上引发 DataReceived 事件，由于这个事件在辅助线程而不是在主线程上引发，因此尝试修改主线程中的一些元素(如 UI 元素)时会引发线程异常。如果有必要修改主 Form 或 Control 中的元素，必须使用 Invoke 回发更改请求，这样才能在正确的线程上执行相应的操作。

如果想要将辅助线程中所读到的数据显示到主线程的 Form 控件上，只有通过 Invoke 方法来实现，将 Invoke 方法内的命令在调用 Invoke 方法的对象所在的线程上执行。如：

```
    private void serialPort1_DataReceived(object sender, SerialDataReceivedEventArgs e)
    {
        int SDateTemp = this.serialPort1.ReadByte(); //读取串口中一个字节的数据
        //在拥有此控件的基础窗口句柄的线程上执行委托 Invoke(Delegate)
        this.tB_ReceiveDate.Invoke(
            new MethodInvoker(     //表示一个委托，该委托可执行托管代码中声明为 void 且不接
```

```
                              //受任何参数的任何方法。在对控件的 Invoke 方法进行调用时
                              //或需要一个简单委托又不想自己定义时可以使用该委托。
            delegate{
                //以下就是要在主线程上实现的功能,但是有一点要注意,这里不适宜处理过多的方法,
                //因为 C# 消息机制是消息流水线响应机制,如果这里在主线程上处理语句的时间过长
                //会导致主 UI 线程阻塞,停止响应或响应不顺畅,这时主 Form 界面会延迟或卡死
                    this.tB_ReceiveDate.AppendText(SDateTemp.ToString()); //输出到主窗口
                    this.tB_ReceiveDate.Text += " ";
            }
        )
    );
}
```

10.2.2　案例 10-2　利用计算机串口进行通信

【题目要求】

利用 C#语言实现一个可以利用计算机串口进行通信的程序,主要功能如图 10-7 所示。

图 10-7　串口数据收发程序界面

【设计步骤】

(1) 在 Visual Studio 2012 中新建一个项目名称为 app10_2 的 WindowsForm 程序。

(2) 按照图 10-7 布置界面控件。

(3) 拖放一个 SerialPort 控件到该界面上,默认建立的对象名称为 serialPort1。

(4) 添加"发送"按钮的点击事件响应代码:

```
private void buttonSend_Click(object sender, EventArgs e)
{
    serialPort1.PortName = "COM1";   //设置端口名称
    serialPort1.BaudRate = 9600;            //设置端口波特率
    serialPort1.Open();                     //打开端口
    byte[] data = Encoding.Unicode.GetBytes(textBox1.Text);
    string str = Convert.ToBase64String(data);
    serialPort1.WriteLine(str);            //往串口写数据
    MessageBox.Show("数据发送成功! ","系统提示");
}
```

(5) 添加"接收"按钮的点击事件响应代码：

```
private void button2_Click(object sender, EventArgs e)
{
    byte[] data = Convert.FromBase64String(serialPort1.ReadLine());
    textBox2.Text = Encoding.Unicode.GetString(data);
    serialPort1.Close();
    MessageBox.Show("数据接收成功！", "系统提示");
}
```

(6) 按 F5 编译运行程序即可。

上述例程清楚地说明了利用串口进行数据传输的基本方法。读者可以尝试一下利用串口来控制远程的计算机关机。实现思路提示：首先利用串口给对方发送一个关机的指令——"关机"；然后对方计算机利用串口接收到这个指令之后，调用本机的 cmd.exe 程序，利用 shutdown /s 命令即可完成关机。

10.2.3 其他接口的通信

基于 C#实现的上位机程序，除了使用串口和下位机进行通信之外，还可以通过其他很多接口和方法实现上位机和下位机的数据传输和控制。

比如，将上位机和下位机置于同一个 WiFi 网络环境下，就可以实现通过网络的方式进行通信。同样地，如果将上位机和下位机直接通过 LAN 口用网线连接起来，同样可以实现网络通信，通信的方式通常是使用上一章介绍的 Socket 的方式实现的。

另外，实现上位机对仪器仪表的控制，通常会通过 GBIP 接口来实现。通用接口总线(General-Purpose Interface Bus，GPIB)是一种设备和计算机连接的总线。大多数台式仪器是通过 GPIB 线以及 GPIB 接口与电脑相连的。最初的 GPIB 是在 20 世纪 60 年代后半期由惠普(当时称为 HP-IB)开发的，用于连接和控制惠普制造的可编程仪器。在引进了数字控制器和可编程测试设备之后，对来自多个厂商的仪器和控制器之间进行标准高速通信接口的需求也应运而生。1975 年，美国电气与电子工程师学会(IEEE)发布了 ANSI/IEEE 标准488-1975，即用于可编程仪器控制的 IEEE 标准数字接口，它包含了接口系统的电气、机械和功能规范。最初的 IEEE 488-1975 在 1978 年主要修改了出版声明和附录。现在这个总线已经在全世界范围内被使用，它有通用接口总线(GPIB)、惠普接口总线(HP-IB)、IEEE 488总线三个名字。

由于最初的 IEEE 488 文档并没有包含关于使用的语法和格式规范的叙述，这部分工作最终形成了一个附加标准 IEEE 488.2，用于 IEEE 488(被更名为 IEEE 488.1)的代码、格式、协议和通用指令。IEEE 488.2 并没有替换 IEEE 488.1。许多设备还只是符合 IEEE 488.1。IEEE 488.2 是建立在 IEEE 488.1 的基础上的，它定义了设备接口功能的最小集合、一套通用的数据代码和格式、一个设备消息协议、一个常用通用设备指令集合以及一个全新的状态报告模型。1990 年，IEEE 488.2 规范包含了用于可编程仪器控制的标准指令(SCPI)文档。SCPI定义了每个仪器级别(通常包含来自多个厂商的仪器)所必须遵守的专用指令。因此，SCPI保证了在这些仪器之间系统功能的完整性和可配置性。对于 SCPI 兼容的系统而言，不必再为每一个仪器学习一套新的指令集，从来自一家厂商的仪器更换到来自另一家厂商的仪器也变得更加容易。

利用 GPIB 进行通信，只需要按照设备提供商(如安捷伦)提供的指令格式进行命令的发送和接收就可以了。为了方便大家使用，网上有很多封装好的类，大家可以直接借用，大多都是直接基于 NI 公司提供的 Gpib-32.dll 动态库的调用。以下两个案例推荐给大家，由于版权问题，此处不引入详细内容：

- http：//blog.csdn.net/wf_car/article/details/3997562；
- http：//blog.csdn.net/wf_car/article/details/3997507。

除此之外，上位机和下位机之间还可以通过 USB 接口进行通信。上位机程序通过 USB 设备驱动程序和外部的 USB 硬件进行通信，USB 固件程序执行所用的硬件操作。一般来说，根据选择开发平台的不同，可以使用 Visual C++、Visual C# 和 LabVIEW 等开发上位机程序。和 USB 接口的通信通常和 USB 芯片有关，USB 芯片厂商通常也会提供一些开发用的 SDK，用户可以基于此进行二次开发，此处就不再赘述了。

 习题 10

1. 请尝试编写一个用于波形显示的上位机程序，数据通过串口读入。
2. 请尝试编写一个温度采集并显示管理的上位机程序，数据通过串口读入。

第 11 章　图书租赁系统

通过前面章节的学习，大家已经基本掌握了大部分 C#程序设计的相关知识，本章将设计并完成一套图书租赁系统，以实现对图书的分类管理，以及读者的管理和图书的借阅管理，综合利用全书学习的内容，完成对所掌握知识的理解和提高。

11.1　系 统 设 计

11.1.1　【需求分析】

根据软件开发流程，我们首先必须分析系统的需求，了解系统要求完成的功能，为后续的设计和代码提供基础的内容。也就是分析我们这个系统的内容是什么？目标是什么？

1. 信息需求

- 图书信息：包括图书编号，书名，作者，出版社信息，定价，数量等。
- 图书借阅信息：包括读者姓名，图书编号，书名，作者，借阅时间，数量等。
- 出版社信息：出版社名称，地址等。
- 读者信息：读者编号、读者姓名、部门、类型、联系电话等。
- 图书管理员工作记录：操作类型，图书名称，价格，读者姓名等。
- 图书借阅信息：图书编号、借阅人姓名、借阅人数量、应归还时间等。
- 图书续借信息：图书编号、读者姓名、借阅日期等。
- 图书预借信息：图书编号、书名、预借者姓名、预借时间等。
- 图书管理员信息：管理员姓名、管理员密码、类型、状态等。
- 图书罚金信息：图书编号、读者姓名、罚金类型、金额、操作员姓名等。
- 备忘录信息：提醒内容、提醒时间、操作时间等。
- 系统设置信息：不同类型读者借阅数量等信息。

2. 功能需求

- 图书管理功能：图书的增加、下架等。
- 出版社信息管理：出版社信息的增加、删除和修改。
- 读者信息管理：读者增加、删除、修改。
- 图书借阅管理：借阅、归还、预借、续借、罚金等。
- 备忘录信息管理：备忘录的增加、删除、修改等。
- 图书管理人员信息管理：人员的增加、删除和修改，以及密码修改等。

11.1.2　【系统设计】

图书租赁系统管理的对象就是图书、所有的内容都围绕图书进行，包括借阅、归还、以及读者信息。针对上述的需求，我们的系统采用以下的开发环境：

· 操作系统：Windows 7；

· 开发工具：Visual Studio 2012；

· 数据库：SQL Server 2008。

本系统中，核心问题就是对数据库中数据的有效存取查询操作。系统拟采用 Visual Studio 中对于数据库操作的类来进行数据的读取，没有使用存储过程的方式。同时为了方便对数据库的操作，又对这些类进行了一定的封装，这样使得数据库的操作、逻辑处理、界面显示三层架构的设计得以真实的体现。

三层架构是指表现层(UI)、业务逻辑层(BLL)、数据访问层(DAL)。表现层通俗来讲就是展现给用户的界面，数据访问层就是对数据库的操作部分，业务逻辑层就是对系统中的内容进行逻辑处理的部分。

【数据库设计】

根据前面的需求分析，我们已经大致获得了系统中需要管理的信息内容，也就是数据库中的实体。

(1) 图书实体 E-R 实体关系如图 11-1 所示。

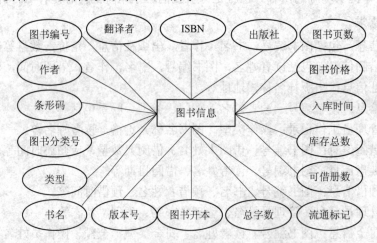

图 11-1　图书信息实体

(2) 出版社信息 E-R 实体关系如图 11-2 所示。

图 11-2　出版社信息实体

(3) 图书管理人员信息实体 E-R 实体关系如图 11-3 所示。

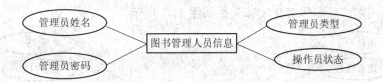

图 11-3　图书管理人员实体

(4) 读者信息实体 E-R 实体关系如图 11-4 所示。

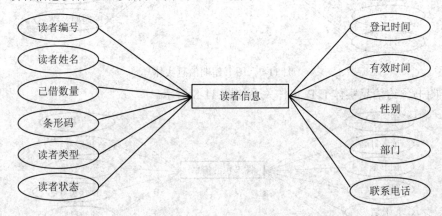

图 11-4　读者信息实体

(5) 图书借阅信息实体 E-R 实体关系如图 11-5 所示。

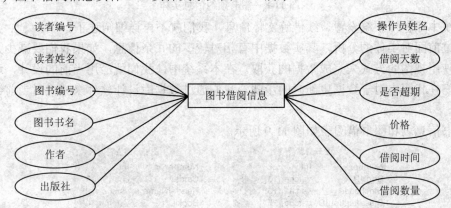

图 11-5　图书借阅信息实体

(6) 备忘录信息实体 E-R 实体关系如图 11-6 所示。

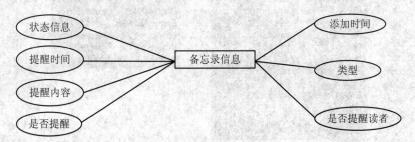

图 11-6　备忘录信息实体

(7) 图书超期信息实体 E-R 实体关系如图 11-7 所示。

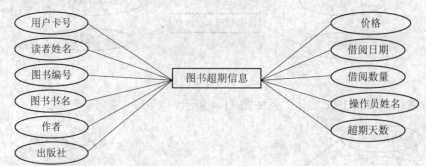

图 11-7 图书超期信息实体

(8) 图书预约信息实体 E-R 实体关系如图 11-8 所示。

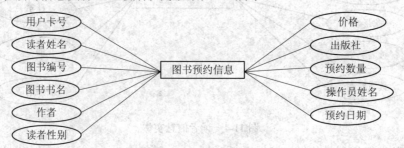

图 11-8 图书预约信息实体

系统中还包括系统设置、续借等实体信息，我们就不再详细阐述了。

通过前面对实体的分析，其实数据中有相对较多的冗余信息，如果我们要减少冗余，就可以使用视图的方式来完成数据的获取。在本系统中，我们就沿用当前的设计，这样增加了我们在代码中对于数据更新时的步骤。我们通过数据库设计软件来完成对当前数据库的设计。

图书信息表和图书借阅表如图 11-9 所示。

图书信息表		
Number	int	
BookID	varchar(10)	<pk>
Strichcode	varchar(10)	
SlassificationID	varchar(5)	
BookName	varchar(40)	
Type1	varchar(10)	
Author	varchar(20)	
Translator	varchar(20)	
ISBN	varchar(17)	
Publisher	varchar(30)	
Revision	varchar(8)	
Format	varchar(2)	
Word	int	
Page	int	
Price	int	
EnterTime	varchar(16)	
Qty	int	
Extant	int	
Circulate	bit	

图书借阅表	
Number	int
CardID	char(5)
ReaderName	varchar(10)
BookID	varchar(10)
BookName	varchar(20)
Author	varchar(20)
Publisher	varchar(30)
Price	int
BorrowDate	varchar(16)
BorrowNumber	varchar(2)
UserName	varchar(10)
BroTieme	varchar(3)
IsOverdue	char(2)

图 11-9 数据库图书信息表和图书借阅表

数据库借阅流水信息表和超期信息表设计如图 11-10 所示。

借阅流水信息表	
HandleNumber	int
HandleType	varchar(8)
HandleUser	varchar(12)
BookName	varchar(20)
BookStrichcode	varchar(10)
ReaderID	char(5)
ReaderName	varchar(10)
ReaderSex	char(2)
BookNumber	varchar(2)
BookPrice	int
HandleDate	varchar(16)

超期信息表	
Number	int
CardID	char(5)
ReaderName	varchar(10)
BookID	varchar(10)
BookName	varchar(20)
Author	varchar(20)
Publisher	varchar(30)
Price	int
BorrowDate	varchar(16)
BorrowNumber	varchar(2)
UserName	varchar(10)
SpilthDay	int

图 11-10 借阅流水信息表和超期信息表

数据库罚金信息表和超期信息表设计如图 11-11 所示。

罚金信息表	
Number	int
CardID	char(5)
ReaderName	varchar(10)
BookName	varchar(40)
BookID	varchar(10)
Type	varchar(20)
PenaltyMoney	money
Paytime	varchar(16)
HandleUser	varchar(12)

出版社信息表		
PulNumber	int	
PulName	varchar(30)	<pk>
PulAdress	varchar(50)	
PulExplain	varchar(100)	

读者信息表		
Number	int	
CardID	char(5)	<pk>
ReaderName	varchar(10)	
BorrowNumber	int	
Strichcode	char(5)	
ReaderTypeID	char(10)	
Mode	varchar(10)	
RegistrationTime	varchar(16)	
ValidTime	varchar(16)	
Sex	char(2)	
Dept	varchar(20)	
Call	varchar(15)	

图 11-11 罚金信息表、出版社信息表和读者信息表

数据库备忘录信息表、续借信息表和预约信息表设计如图 11-12 所示。

备忘录信息表	
Number	int
Statue	char(8)
RemindTime	varchar(20)
Content	varchar(100)
IsRemind	char(2)
Type	varchar(20)
IsToReader	varchar(10)
Addtime	varchar(20)

续借信息表	
Number	int
CardID	char(5)
ReaderName	varchar(10)
BookID	char(10)
BookName	varchar(20)
Author	varchar(20)
Publisher	varchar(30)
Price	int
BorrowDate	varchar(16)
UserName	varchar(10)

预约信息表	
r_Number	int
r_BookId	varchar(10)
r_BookName	varchar(40)
r_BookAuthor	varchar(20)
r_ReaderId	char(5)
r_ReaderName	varchar(10)
r_ReaderSex	char(2)
r_BookNumber	varchar(2)
r_BookPrice	int
r_Publisher	varchar(30)
r_HandleUsr	varchar(16)
r_ReadyTime	varchar(16)

图 11-12 备忘录信息表、续借信息表和预约信息表

数据库系统设置信息表和图书管理人员信息表设计如图 11-13 所示。

系统设置信息表	
TeaBroNumber	int
StuBroNumber	int
PayMoney	varchar(3)
SetReserDay	int
IsOpenOverdue	char(2)

图书管理人员信息表	
u_Name	varchar(16)
u_Pass	varchar(16)
u_Type	char(8)
u_Stopuser	char(2)

图 11-13 系统设置信息表和图书管理人员信息表

注意：在实际的数据库中，我们都增加了 Number 字段，作为主键。表与表还有外键的关联，这里我们就不再累述。

【详细设计】

前面我们分析了数据库，并对数据库进行了详细的设计，接下来就是对系统的详细设计。本系统主要处理的还是数据库中的内容，按照三层架构的模式，对于数据库数据的处理部分，我们设计专用的模块进行处理。对于其他数据的处理，在本系统中，为了体现多种处理方式，系统采用多种方式共同完成数据的逻辑处理，既通过 DataGridView 直接显示处理数据，又通过使用类的方式，将逻辑处理进行封装。但是这种混合模式是我们实际项目中的最不能接受的方式。

根据前面的需求分析，系统模块的划分如图 11-14 所示。

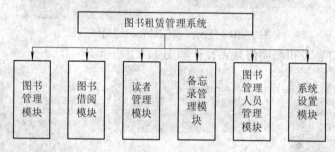

图 11-14　图书租赁管理系统模块划分

接下来我们设计了图书信息和图书管理人员信息类。

(1) 图书信息类。如图 11-15 所示，Bookinfo 类中包含了图书的基本属性，如编号、作者、书名等。同时有修改图书信息的方法和添加的方法函数。

(2) 图书管理人员信息类。如图 11-16 所示，UserInfo 类包含图书管理人员的基本属性，如用户姓名、密码、类型等。同时提供修改信息和添加的函数。

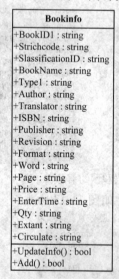

```
        Bookinfo
+BookID1 : string
+Strichcode : string
+SlassificationID : string
+BookName : string
+Type1 : string
+Author : string
+Translator : string
+ISBN : string
+Publisher : string
+Revision : string
+Format : string
+Word : string
+Page : string
+Price : string
+EnterTime : string
+Qty : string
+Extant : string
+Circulate : string
+UpdateInfo() : bool
+Add() : bool
```

```
     UserInfo
+User : string
+Pass : string
+Type : string
+Statue : string
+Update()
+Add()
```

图 11-15　图书信息类结构　　　　图 11-16　图书管理人员信息类结构

(3) 数据库连接类。主要提供数据库连接，执行 SQL 语句，如图 11-17 所示。

(4) 数据库操作类。主要提供获取数据数据，在 DataGridView 中显示数据等其他数据库操作，如图 11-18 所示。

DataBaseConnection
+Dblink() : SqlConnection
+ExeInfochange(in sql : string) : int
+ExecuteSelect(in sql : string) : object
+ds(in str1 : string) : DataSet

图 11-17　数据库连接类

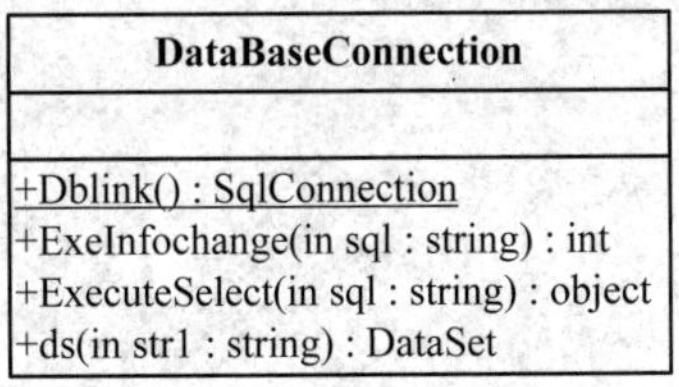

DataBaseInfo
+GetDataset(in sql : string) : DataSet
+GetDatasetReport(in sql : string, in table : string) : DataSet
+ShowDgvInfo(in gridView : DataGridView, in isShowExcle : bool) : bool
+ShowInfoList(in Sql : string, in field : string, in name : ComboBox)
+GetTime(in Number : int) : string
+Remindtime() : string
+AutoNumber(in Sql : string) : int
+InfoShow(in str : string, in dgv : DataGridView)

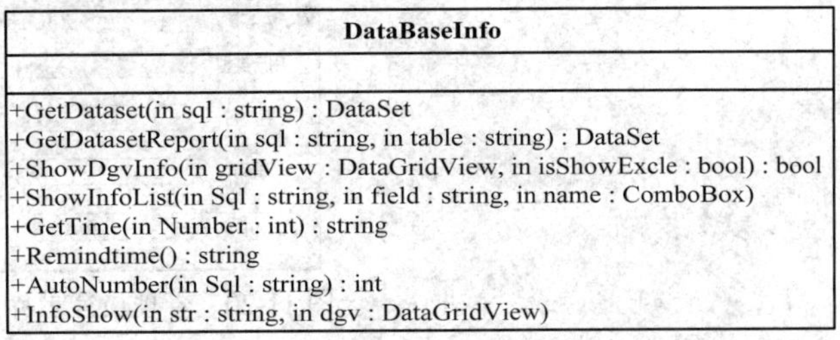

图 11-18　数据库操作类

11.2 系 统 实 现

系统解决方案中包括 BookManage、ClassLibrary 两个项目。其中 BookManage 项目主要包括系统中的各个操作界面以及相关的操作，如图 11-19 所示。

解决方案资源管理器
解决方案'图书租赁系统' (2 个项目)
解决方案项目
BookManage
Properties
引用
Resources
App.config
ClassBookinfo.cs
ClassUserInfo.cs
frmAbout.cs
frmAdduser.cs
frmBackup.cs
frmBookAbout.cs
frmBookCheck.cs
frmBookCorA.cs
frmBookManage.cs
frmBorrowReport.cs
frmBorselect.cs
frmChangepass.cs
frmDataDelete.cs
frmHandleNote.cs
frmLeavetime.cs
frmLodingJournal.cs
frmlogin.cs
frmMain.cs
frmMemorandum.cs
frmPubChange.cs
frmPublishing.cs
frmReaderAdd.cs
frmReaderChange.cs
frmReaderCheck.cs
frmReaderManage.cs
frmReserBroInfo.cs
frmSystemSet.cs
frmUsercontrol.cs
frmUserRework.cs
LibraryDataSet.xsd
LibraryReport1.rpt
Program.cs
ClassLibrary

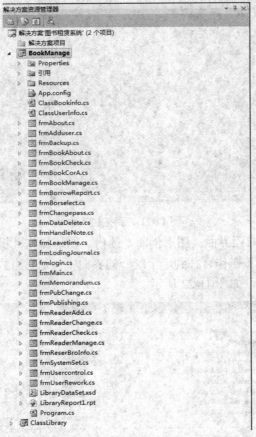

图 11-19　系统解决方案

【系统界面】

(1) 用户登录界面如图 11-20 所示。

根据用户类型自动获得系统中的该类型管理员，提供下拉框选择，输入用户密码，完成登录。

图 11-20　管理员登录界面

(2) 系统主界面。分为菜单区、快捷操作区、导航区、主显示区。通过菜单和快捷按钮等多种方式提供用户操作入口，如图 11-21 所示。

图 11-21　系统主界面

(3) 借阅、续借、归还界面。图书借阅、续借、归还操作其操作方式以及显示内容都大致相同，所以可以将该操作合并到一个统一的界面中，通过方式的选择，有细微的显示差异，完成各自的功能，如图 11-22 所示。

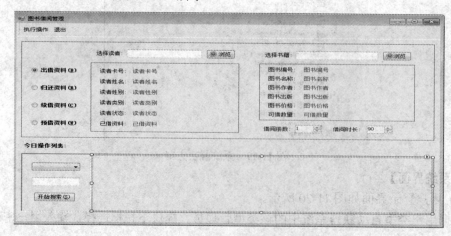

图 11-22　借阅、续借、归还界面

(4) 预借详情界面。图书预借管理主要会提醒指定时间的预借情况，便于图书管理人员提前进行准备，界面主要展示图书的预借情况，如图 11-23 所示。

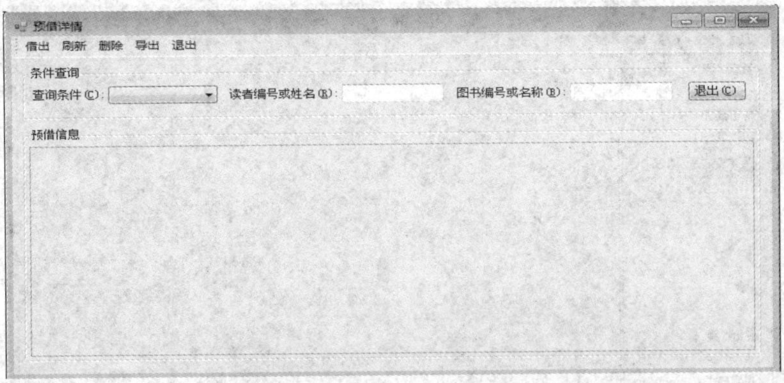

图 11-23　预借详情界面

(5) 图书管理界面。系统中图书资料是比较重要的管理对象。可以通过多种方式检索到需要的图书，并能查看该图书的详细情况，包括库存、借阅记录等，如图 11-24 所示。在该界面我们可以同时对图书进行修改，增加等操作。

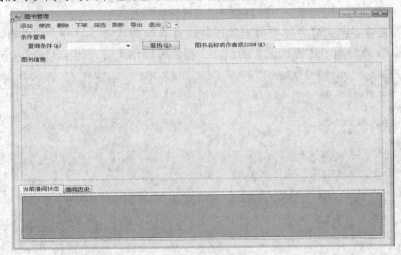

图 11-24　图书管理界面

(6) 新增图书界面。图书新增界面与修改界面相同，主要就是展示所有的图书基本信息，如图 11-25 所示。

图 11-25　新增图书界面

(7) 备忘录管理界面。备忘录管理负责显示备忘录的基本信息、提醒时间，同时提供管理人员增加备忘录的操作入口，如图 11-26 所示。

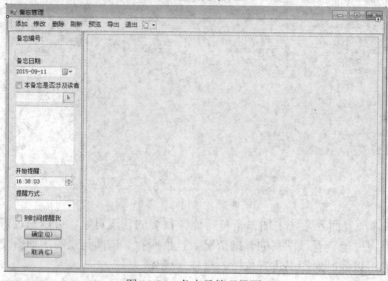

图 11-26　备忘录管理界面

(8) 读者管理界面。读者管理界面除了能快速查询到读者信息外，还能查看到该读者的借阅状况。在该界面中还提供读者的增加、删除等操作入口，如图 11-27 所示。

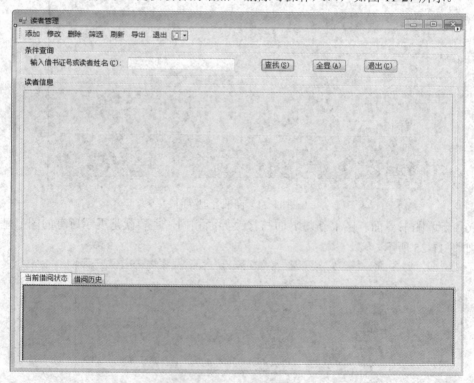

图 11-27　读者管理界面

(9) 图书管理人员管理界面。图书管理员的管理界面主要提供管理员的增加、删除等操作，如图 11-28 所示。

图 11-28　图书管理人员管理界面

【代码分析】

图书租赁系统解决方案中包括数据库访问(ClassLibrary)、图书管理(BookManage)两个项目，如图 11-29 所示。

图 11-29　图书租赁系统代码解决方案

1. ClassLibrary

数据库访问项目主要为图书租赁系统提供数据库访问的类，同时提供一些指定的函数。DataBaseConnection.cs 主要提供数据库连接，SQL 语句执行等操作。主要代码内容如下：

(1) 数据库连接。

```
/// SQL-server 数据库连接
public static SqlConnection Dblink()
{
    string connectionString = "server=(local); database = Library; integrated security = true";
    SqlConnection myConnection = new SqlConnection(connectionString);
    return myConnection;
}
```

(2) 执行非查询 SQL 语句。

```
/// 执行 SQL 语句
```

```csharp
/// <param name = "sql">被执行的 SQL 语句</param>
public int ExeInfochange(string sql)
{
    try
    {
        SqlConnection myConnection = Dblink();
        SqlCommand myCommand = myConnection.CreateCommand();
        myCommand.CommandText = sql;
        myConnection.Open();
        int number = myCommand.ExecuteNonQuery();
        myConnection.Close();
        myConnection.Dispose();
        return number;
    }
    catch (Exception e)
    {
        return 0;
    }
}
```

(3) 执行查询语句。

```csharp
/// 执行 Select 语句
public object ExecuteSelect(string sql)
{   try
    {
        SqlConnection myConnection = Dblink();
        SqlCommand myCommand = myConnection.CreateCommand();
        myCommand.CommandText = sql;
        myConnection.Open();
        int number = Convert .ToInt32(myCommand.ExecuteScalar());
        myConnection.Close();
        myConnection.Dispose();
        return number;
    }
    catch (Exception)
    {
        return 0;
    }
}
```

(4) 执行获得数据集 SQL 语句。

```
/// 获取数据集
public DataSet ds(string    sql)
{
    try
    {
            SqlConnection myConnection = Dblink();
            SqlCommand myCommand = myConnection.CreateCommand();
            myCommand.CommandText = sql;
            myConnection.Open();
            SqlDataAdapter myDataReader = new SqlDataAdapter();
            myDataReader.SelectCommand = myCommand;
            DataSet ds = new DataSet();
            myDataReader.Fill(ds);
            myConnection.Close();
            myConnection.Dispose();
            return ds;
    }
    catch (Exception)
    {
        return null;
    }
}
```

DataBaseInfo.cs 主要提供一些特定的数据显示内容，具体代码如下：

(5) 获得水晶报表内容。

```
/// 获得水晶报表数据集
/// <returns>DataSet GetDatasetReport</returns>
public DataSet GetDatasetReport(string sql, string table)
{    try
    {    DataSet ds = new DataSet();
        string strConn = "server=(local); database = Library; integrated security = true";
        SqlConnection conn = new SqlConnection(strConn);
        SqlCommand command = new SqlCommand(sql, conn);
        SqlDataAdapter adapter = new SqlDataAdapter();
        adapter.SelectCommand = command;
        int i = adapter.Fill(ds, table);
        if (i == 0)
                return null;
        else
                return ds;
```

```
    }
    catch
    {
        return null;
    }
}
```

(6) DataGridView 数据导出到 Excel。

```
/// 将 DataGridView 控件中数据导出到 Excel
/// <param name = "gridView">DataGridView 对象</param>
/// <param name = "isShowExcle">是否显示 Excel 界面</param>
public bool ShowDgvInfo(DataGridView gridView, bool isShowExcle)
{
    if (gridView.Rows.Count == 0)
        return false;
    //建立 Excel 对象
    Microsoft.Office.Interop.Excel.Application excel = new Microsoft.Office.Interop.Excel.Application();
    excel.Application.Workbooks.Add(true);
    excel.Visible = isShowExcle;
    //生成字段名称
    for (int i = 0; i < gridView.ColumnCount; i++)
    {
        excel.Cells[1, i + 1] = gridView.Columns[i].HeaderText; }
    //填充数据
    try
    {
        for (int i = 0; i < gridView.RowCount; i++)
        {
            for (int j = 0; j < gridView.ColumnCount; j++)
            {
                if (gridView[j, i].ValueType == typeof(string))
                {
                    excel.Cells[i + 2, j + 1] = "'" + gridView[j, i].Value.ToString();
                }
                Else
                {
                    excel.Cells[i + 2, j + 1] = gridView[j, i].Value.ToString();
                }
            }
        }
```

```
    }
    catch (Exception)
    {; }
    return true;
}
```

(7) 提取 ComboBox 数据。

```
///   下拉形式显示数据
public void ShowInfoList(string Sql, string field, ComboBox name)
{
    try
    {
        SqlConnection conn = new SqlConnection("server = (local); database = Library; integrated
                                        security = true");
        SqlDataAdapter da = new SqlDataAdapter(Sql, conn);
        DataSet ds = new DataSet();
        da.Fill(ds);
        name.DataSource = ds.Tables[0]; //以下拉的形式显示所有用户名
        name.DisplayMember = field;
        conn.Close();
    }
    catch (Exception)
    {; }
}
```

(8) 获取时间字符串。

```
///获得时间字符串
/// <returns>时间字符串</returns>
public string GetTime(int Number)
{
    DateTime Str = Convert.ToDateTime(DateTime.Now.ToString ());
    string Mditime = Str.ToString("yyyy/MM/dd HH:mm:ss");
    string Time = Mditime.Substring(0, Mditime .Length -Number);
    return Time;
}
```

(9) 获取备忘录时间。

```
///获得备忘时间
public string Remindtime()
{
    DateTime Str = Convert.ToDateTime(DateTime.Now.ToString());
    string RemindTime = Str.ToString();
```

```
        return RemindTime;
    }
```

(10) 获取自动编号时间。

```
///自动编号
public int AutoNumber(string Sql)
{
    DataSet ds = new DataSet ();
    string SqlMax = Sql;
    ds = GetDataset(SqlMax);
    int Number = Convert.ToInt32(ds.Tables[0].Rows[0][0].ToString())+1;
    return Number;
}
```

(11) DataGridView 显示数据。

```
public void InfoShow(string str, DataGridView dgv)        //显示 DGV 数据
{    try
    {    DataSet dsNote;
        string strSql = str;
        DataBaseConnection dbc = new DataBaseConnection();
        dsNote = dbc.ds(strSql);
        dgv.DataSource = dsNote;
        dgv.DataMember = dsNote.Tables[0].ToString();
    }
    catch (Exception)
    {; }
}
```

2. BookManage

图书租赁系统中图书管理项目是重点内容，我们选择部分代码进行分析。

ClassBookinfo.cs 负责图书基本信息的单元文件，其代码如下：

(1) BookInfo 类的属性如下所示：

```
public string BookID1;              //图书编号
public string Strichcode;           //条形码
public string SlassificationID;     //分类编号
public string BookName;             //图书名称
public string Type1;                //图书类型
public string Author;               //作者
public string Translator;           //翻译者
public string ISBN;                 //ISBN 号
public string Publisher;            //出版社
```

```
public string Revision;              //版本号
public string Format;                //开本信息
public string Word;                  //字数
public string Page;                  //页数
public string Price;                 //价格
public string EnterTime;             //入库时间
public string Qty;                   //总册数
public string Extant;                //库存量
public string Circulate;             //流通标记
```

(2) 图书基本信息修改。

```
public bool UpdateInfo()
{
    try
    {
        DataBaseConnection db = new DataBaseConnection();
        //修改图书信息表基本信息
        if (db.ExeInfochange("update Book set BookID = '" + this.BookID1.Trim() + "', Strichcode = '" +
            this.Strichcode.Trim() + "', SlassificationID = '" + this.SlassificationID.Trim() +
            "', BookName = '" + this.BookName.Trim() + "', Type1 = '" + this.Type1.Trim() +
            "', Author = '" + this.Author.Trim() + "', Translator = '" + this.Translator.Trim() +
            "', ISBN = '" + this.ISBN.Trim() + "', Publisher = '" + this.Publisher.Trim() +
            "', Revision = '" + this.Revision.Trim() + "', Format = '" + this.Format.Trim() +
            "', Word = '" + this.Word.Trim() + "', Page = '" + this.Page.Trim() + "', Price = '" +
            this.Price.Trim() + "', EnterTime    = '" + this.EnterTime.Trim() + "', Qty = '" +
            this.Qty.Trim() + "', Extant = '" + this.Extant.Trim() + "', Circulate = '" +
            this.Circulate.Trim() + "' where BookID = '" + this.BookID1.Trim() + "'") == 1)
        {//修改借阅信息表基本信息，这就是一些冗余信息，所以我们要单独处理
            db.ExeInfochange("update Borrow set BookName = '" + this.BookName.Trim() +
                "', Author = '" + this.Author.Trim() + "', Publisher = '" + this.Publisher.Trim() +
                "', Price = " + this.Price.Trim() + " where BookID = '" + this.BookID1.Trim() + "'");
            db.ExeInfochange("update OverdueInfo set BookName = '" + this.BookName.Trim() +
                "', Author = '" + this.Author.Trim() + "', Publisher = '" + this.Publisher.Trim() +
                "', Price = " + this.Price.Trim() + " where BookID = '" + this.BookID1.Trim() + "'");
            db.ExeInfochange("update HandleNote set BookName = '" + this.BookName.Trim() +
                "', Price = " + this.Price.Trim() +"where BookStrichcode = "+this.Strichcode.Trim() + "'");
            db.ExeInfochange("update ReserBroInfo set r_BookType = '" + this.Type1.Trim() +
                "', r_BookName = '" + this.BookName.Trim() + "', r_BookAuthor = '" + this.Author.Trim() +
                "', r_BookPrice = " + this.Price.Trim() + " where r_BookId = '" + this.BookID1.Trim() + "'");
            db.ExeInfochange("update Borrow set BookName = '" + this.BookName.Trim() + "' where
```

```csharp
                BookID = '" + this.BookID1.Trim() + "'");
            db.ExeInfochange("update RenewNote set BookName = '" + this.BookName.Trim() +
                "', Author = '" + this.Author.Trim() + "', Publisher = '" + this.Publisher.Trim() + "', Price = " +
                this.Price.Trim() + " where BookID = '" + this.BookID1.Trim() + "'");
        return true;
         }
        else
        {
             return false;
         }
     }
    catch (Exception e)
    {
        MessageBox.Show("数据格式不合法，图书修改失败!");
        return false;
    }
}
```

(3) 添加图书基本信息。

```csharp
public bool Add()
{
    try
    {
        DataBaseInfo dbl = new DataBaseInfo();
        DataBaseConnection db = new DataBaseConnection();
        int number = dbl.AutoNumber("select max(Number) from Book");
        if (db.ExeInfochange("insert into Book values(" + number + ",'" + this.BookID1.Trim() + "', '"
            + this.Strichcode.Trim() + "','" + this.SlassificationID.Trim() + "', '"
            +this.BookName.Trim() + "', '" + this.Type1.Trim() + "', '"
            +this.Author.Trim() + "', '" +this.Translator.Trim() + "', '"
            +this.ISBN.Trim() + "', '" +this.Publisher.Trim() + "', '"
            +this.Revision.Trim() + "', '" +this.Format.Trim() + "', '"
            +this.Word.Trim() + "', '" +this.Page.Trim() + "', '"
            +this.Price.Trim() + "', '" +this.EnterTime.Trim() + "', '"
            +this.Qty.Trim() + "', '" +this.Extant.Trim() + "', '"
            + this.Circulate.Trim() + "')") == 1)
        {
            return true;
        }
        else
```

```
            {
                return false;
            }
        }
    catch (Exception e)
    {
            MessageBox.Show("此图书已存在或数据不合法，添加失败!" );
    return false;
    }
}
```

ClassUserInfo.cs 中包含管理人员信息类，其代码如下：

```
using System;
using System.Collections.Generic;
using System.Text;
using ClassLibrary;
using System.Data.SqlClient;

namespace BookManagerMent
{
    public class UserInfo
    {
        public string User;            //用户名
        public string Pass;            //用户密码
        public string Type;            //用户类型
        public string Statue;          //用户状态

        //修改用户信息
        public void Update()
        {
            DataBaseConnection db = new DataBaseConnection();
            db.ExeInfochange("update Users set u_Name = '" + this.User.Trim() + "', u_Pass = '"
                + this.Pass.Trim() + "', u_Type = '" + this.Type.Trim() + "', u_Stopuser = '"
                + this.Statue.Trim() + "'where u_Name = '" + this.User + "'");
            db.ExeInfochange("update Borrow set UserName = '" + this.User.Trim()
                + "' where UserName = '" + this.User + "'");
            db.ExeInfochange("update OverdueInfo set UserName = '" + this.User.Trim()
                + "' where UserName = '" + this.User + "'");
            db.ExeInfochange("update Backupinfo set lodUser = '" + this.User.Trim()
                + "' where UserName = '" + this.User + "'");
```

```
            db.ExeInfochange("update HandleNote set HandleUser = '" + this.User.Trim()
                + "' where UserName = '" + this.User + "'");
            db.ExeInfochange("update ReserBroInfo set r_HandleUsr = '" + this.User.Trim()
                + "' where UserName = '" + this.User + "'");
            db.ExeInfochange("update PenaltryInfo set HandleUser = '" + this.User.Trim()
                + "' where UserName = '" + this.User + "'");
            db.ExeInfochange("update RenewNote set UserName = '" + this.User.Trim()
                + "' where UserName = '" + this.User + "'");
        }
        //添加用户
        public void Add()
        {
            SqlConnection Strconn1 = DataBaseConnection.Dblink();
            Strconn1.Open();                          //打开连接
            string sqlName1 = "insert into Users values ('" + this.User+ "', '" + this.Pass + "', '"
                + this.Type+ "', '" + "否" + "')";
            SqlCommand scomd1 = new SqlCommand(sqlName1, Strconn1);
            scomd1.ExecuteNonQuery();
            Strconn1.Close();
        }
    }
}
```

frmUserControl.cs 用户管理界面代码如下：

```
using System;
using System.Collections.Generic;
using System.ComponentModel;
using System.Data;
using System.Drawing;
using System.Text;
using System.Windows.Forms;
using System.Data.SqlClient;
using ClassLibrary;

namespace BookManagerMent
{
    public partial class frmUsercontrol : Form
    {
        public frmUsercontrol()
        {
```

```
        InitializeComponent();
    }
    DataBaseInfo su = new DataBaseInfo();
    string name;
    private UserInfo userinfo = new UserInfo();

    //窗体创建过程
    private void frmUsercontrol_Load(object sender, EventArgs e)
    {
        //控件的可用性的设置
        this.MinimizeBox = false;
        this.MaximizeBox = false;
        txtUsername.Enabled = false;
        txtPass.Enabled = false;
        txtRepass.Enabled = false;
        comboxUsertype.Enabled = false;
        comboxUsertype.SelectedIndex = 0;
        butSuerAdd.Enabled = false;
        butCancel.Enabled = false;
        if (frmlogin.type == "普通用户")
        {
            butAdd.Enabled = false;
            butDelete.Enabled = false;
        }
            Reflesh();
    }

    public void Reflesh()      //更新显示
    {
        DataSet dsUsers;
        string strSql = "select u_Name 用户名称, u_Pass 用户密码,
                u_Type 用户类型, u_Stopuser 是否停用  FROM Users";
        dsUsers = su.GetDataset(strSql);

        dgvUserselect.DataSource = dsUsers;
        dgvUserselect.DataMember = dsUsers.Tables[0].ToString();
    }

    private void butExit_Click(object sender, EventArgs e)
    {
```

```csharp
        this.Close();
}

    //删除按钮 Click 事件
private void butDelete_Click(object sender, EventArgs e)
{
    try
    {
        name = dgvUserselect.SelectedCells[0].Value.ToString();
        //如果选中的是自己那么提示能删除
        if (frmlogin.userName == name)
        {
            MessageBox.Show("删除错误，不能删除自己！", "提示");
        }
        else
        {
            if (MessageBox.Show("您将删除'"+name+"'用户是否继续？", "提示",
                MessageBoxButtons.YesNo, MessageBoxIcon.Question) == DialogResult.Yes)
            {
                SqlConnection conn = DataBaseConnection.Dblink();
                conn.Open();
                DataSet DS;
                string strSql = "delete from Users where u_Name='" + name + "'";
                DS = su.GetDataset(strSql);
                conn.Close();
                //调用更新显示
                Reflesh();
            }

        }
    }
    catch (Exception)
    {
        ;
    }
}

    //添加用户按钮 Click 事件
private void butSuerAdd_Click_1(object sender, EventArgs e)
```

```
{
    //控件的可用性的设置
    comboxUsertype.SelectedIndex = 0;
    butSuerAdd.Enabled = false;
    butAdd.Enabled = true;
    txtUsername.Enabled = false;
    txtPass.Enabled = false;
    txtRepass.Enabled = false;
    comboxUsertype.Enabled = false;
    butCancel.Enabled = false;

    if (txtUsername .Text .Length <3 || txtUsername .Text.Length >12|| txtPass.Text.Length < 5
        || txtPass.Text.Length > 12 || txtPass.Text.Length == 0 || txtRepass.Text.Length < 5
        || txtRepass.Text.Length > 12 || txtRepass.Text.Length == 0)
    {
        MessageBox.Show("密码长度不符合规定，请重新输入!", "提示");
        txtUsername.Clear();
        txtPass.Clear();
        txtRepass.Clear();
    }
    else
    {
        if (txtPass.Text != txtRepass.Text)
        {
            MessageBox.Show("两次输入的密码不一致，请重新输入!", "提示");
            txtUsername.Clear();
            txtPass.Clear();
            txtRepass.Clear();
        }
        else
        {
            try
            {
                if (MessageBox.Show("您将添加用户'" + txtUsername .Text .Trim ()
                    + "', 是否继续?", "提示", MessageBoxButtons.YesNo,
                    MessageBoxIcon.Question) == DialogResult.Yes)
                {
                    this.userinfo.User = this.txtUsername.Text.Trim();
                    this.userinfo.Pass = this.txtPass.Text.Trim();
```

```csharp
                this.userinfo.Type = this.comboxUsertype.Text.Trim();
                this.userinfo.Statue = "否";

                this.userinfo.Add();
                //实现实时更新
                Reflesh();
                txtUsername.Clear();
                txtPass.Clear();
                txtRepass.Clear();
            }
        }
        catch (Exception c)
        {
            Console.WriteLine(c.Message);
        }
    }
}

private void butAdd_Click(object sender, EventArgs e)
{
    //控件的可用性的设置
    txtUsername.Enabled = true;
    txtPass.Enabled = true;
    txtRepass.Enabled = true;
    comboxUsertype.Enabled = true;
    butSuerAdd.Enabled = true;
    butAdd.Enabled = false;
    butCancel.Enabled = true;

}
private void butCancel_Click_1(object sender, EventArgs e)
{
    //控件的可用性的设置
    butCancel.Enabled = false;
    txtUsername.Enabled = false;
    txtPass.Enabled = false;
    txtRepass.Enabled = false;
    comboxUsertype.Enabled = false;
```

```
        comboxUsertype.SelectedIndex = 0;
        butSuerAdd.Enabled = false;
        butAdd.Enabled = true;
        txtUsername.Clear();
        txtPass.Clear();
        txtRepass.Clear();
}

private void txtPass_TextChanged(object sender, EventArgs e)
{
        try
        {
            SqlConnection Strconn = DataBaseConnection.Dblink(); ; //调用连接
            Strconn.Open(); //打开连接
            string sqlName = "select u_Name from Users";
            SqlCommand scomd = new SqlCommand(sqlName, Strconn);
            scomd.ExecuteNonQuery();
            SqlDataReader sDR = scomd.ExecuteReader();
            while (sDR.Read())
            {
                    string name = sDR["u_Name"].ToString();
                    if (txtUsername.Text == name)
                    {
                        MessageBox.Show("用户名'" + txtUsername .Text.Trim ()
                            + "'已存在, 请重新选择用户名!", "提示");
                        txtUsername.Focus();
                        txtUsername.SelectAll();
                        break;
                    }
            }
            Strconn.Close();
        }
        catch (Exception j)
        {
            Console.WriteLine(j.Message);
        }
}

//用户列表双击事件, 显示详细信息
```

```csharp
        private void dgvUserselect_CellDoubleClick(object sender, DataGridViewCellEventArgs e)
        {
            this.userinfo.User =dgvUserselect.SelectedCells[0].Value .ToString ();
            this.userinfo.Pass=dgvUserselect .SelectedCells [1].Value .ToString ();
            this.userinfo.Type = dgvUserselect.SelectedCells[2].Value.ToString();
            this.userinfo.Statue = dgvUserselect.SelectedCells[3].Value.ToString();
            frmUserRework fur = new frmUserRework();
            fur.SetUser(this.userinfo);
            fur.ShowDialog();
        }

        private void frmUsercontrol_Paint(object sender, PaintEventArgs e)
        {
            Reflesh();
        }
    }
}
```

frmBookCorA.cs 为图书增加和修改的窗体，其代码如下：

```csharp
using System;
using System.Collections.Generic;
using System.ComponentModel;
using System.Data;
using System.Drawing;
using System.Text;
using System.Windows.Forms;
using System.Data.SqlClient;
using ClassLibrary;

namespace BookManagerMent
{
    public partial class frmBookCorA : Form
    {
        public frmBookCorA()
        {
            InitializeComponent();
        }
        DataBaseConnection db = new DataBaseConnection();
        DataBaseInfo dbl = new DataBaseInfo();
        frmPublishing fpl = new frmPublishing();
```

```
private Bookinfo bookInfo;
public void Setbook(Bookinfo varbook)
{
    this.bookInfo = varbook;

    cmbCirculate.SelectedIndex = 0;
    if (this.Text == "图书管理(修改)")
    {
        txtBookID.ReadOnly = true;
        groupBox1.Text = "修改图书";
    }
    if (this.Text == "图书管理(添加)")
    {
        groupBox1.Text = "添加图书";
    }

    if (varbook.Circulate == "True")
    {
        cmbCirculate.Text = "1";
    }
    //下拉的形式显示出版社名称
    dbl.ShowInfoList("select * from Publishing", "PulName", cmbBookPublisher);

    #region 获取数值
    this.txtBookID.Text = bookInfo.BookID1;
    this.txtBookName.Text = bookInfo.BookName;
    this.txtBookAhour.Text = bookInfo.Author;
    this.txtBookCode.Text = bookInfo.Strichcode;
    this.txtSlassificationID.Text = bookInfo.SlassificationID;
    this.cmbBookType.Text = bookInfo.Type1;
    this.cmbBookPublisher.Text = bookInfo.Publisher;
    this.txtTranslator.Text = bookInfo.Translator;
    this.txtISBN.Text = bookInfo.ISBN;
    this.cmbRevision.Text = bookInfo.Revision;
    this.cmbFormat.Text = bookInfo.Format;
    this.txtBookWord.Text = bookInfo.Word;
    this.txtBookPage.Text = bookInfo.Page;
    this.txtBookPrice.Text = bookInfo.Price;
    this.dateTimePicker1.Text = bookInfo.EnterTime;
    this.txtQty.Text = bookInfo.Qty;
```

```csharp
            this.txtBookExtant.Text = bookInfo.Extant;
            //this.txtBookCirculate.Text = frmBookManage.Circulate;
            #endregion

        }

        private void GetInfoFrom()
        {
            #region  获取基本信息
            bookInfo.BookID1 = this.txtBookID.Text;
            bookInfo.BookName = this.txtBookName.Text;
            bookInfo.Author = this.txtBookAhour.Text;
            bookInfo.Strichcode=this.txtBookCode.Text ;
            bookInfo.SlassificationID=this.txtSlassificationID.Text ;
            bookInfo.Type1=this.cmbBookType.Text;
            bookInfo.Publisher=this.cmbBookPublisher.Text ;
            bookInfo.Translator=this.txtTranslator.Text ;
            bookInfo.ISBN=this.txtISBN.Text ;
            bookInfo.Revision=this.cmbRevision.Text ;
            bookInfo.Format=this.cmbFormat.Text ;
            bookInfo.Word=this.txtBookWord.Text ;
            bookInfo.Page=this.txtBookPage.Text ;
            bookInfo.Price=this.txtBookPrice.Text ;
            bookInfo.EnterTime=this.dateTimePicker1.Text ;
            bookInfo.Qty=this.txtQty.Text ;
            bookInfo.Extant=this.txtBookExtant.Text ;
            bookInfo.Circulate = "False";
            if (this.cmbCirculate.Text == "1")
            bookInfo.Circulate="True" ;
            #endregion
        }

        private void frmBookCorA_Load(object sender, EventArgs e)
        {
            this.MaximizeBox = false;
            this.MinimizeBox = false;
        }

        private void butSure_Click(object sender, EventArgs e)
        {
```

```
            if (txtBookID.Text.Length == 0 || txtBookName.Text.Length == 0 ||
                txtBookAhour.Text.Length == 0)
    {
        MessageBox.Show("图书编号、图书名称、图书作者均不能为空！", "提示");
    }
    else
    {
        try
        {
            // DateTime time = Convert.ToDateTime(DateTime.Now.ToString());
            DataBaseConnection db = new DataBaseConnection();
            if (this.Text == "图书管理(修改)")
            {
                txtBookID.ReadOnly = true;
                if (MessageBox.Show("您将修改图书编号为：'" + txtBookID.Text.Trim() +
                    "'的信息，是否继续?", "提示", MessageBoxButtons.YesNo,
                    MessageBoxIcon.Question) == DialogResult.Yes)
                {
                    this.GetInfoFrom();
                    if (this.bookInfo.UpdateInfo())
                    {
                        this.Close();
                    }
                }
            }
            if (this.Text == "图书管理(添加)")
            {
                if (MessageBox.Show("您将添加图书名为:'" + txtBookName.Text.Trim() +
                    "'的信息，是否继续?", "提示", MessageBoxButtons.YesNo,
                    MessageBoxIcon.Question) == DialogResult.Yes)
                {
                    this.GetInfoFrom();
                    if (this.bookInfo.Add())
                    {
                        this.Close();
                    }
                }
            }
        }
```

```
                    catch (Exception)
                    {
                        ;
                    }
                }
            }

            private void butClose_Click(object sender, EventArgs e)
            {
                this.Close();
            }

            private void butPublishing_Click(object sender, EventArgs e)
            {
                fpl.ShowDialog();
            }
        }
    }
```

以上是系统中的一小部分，具体代码可以参见附件。

> 软件开发需要大家多练习，积累经验，特别是对于系统的分析与设计。软件开发也会涉及到操作系统、数据库、多媒体、互联网等多方面的内容，这也要求大家在以后的学习和工作中持续地提高自己的知识水平！

11.3　本章小结

本实例从数据库设计以及应用程序设计的角度详细描述了如何开发一个图书租赁管理系统的应用程序。从软件工程的角度完成系统的分析、设计过程。读者从该实例中可以学习到各种控件的使用方法，以及常用的一些数据库操作方法和基本的软件结构等，为今后的程序开发打下一个良好的基础。

本实例采用 Microsoft Visual Studio 2012 以及 MicroSoft SQL Server 2008 进行开发，运行时需要安装 .Net Framework 4.5。

本实例程序采用 C/S 架构，该模式多偏重于操作部分，因而需要充分考虑用户的需求，尽可能在界面中提供完善的功能，并且降低用户的操作难度。至于是否采用 B/S 结构，因不同的项目而异，不可强制区分其优劣，合适的就是最好的！